普通高等教育电子通信类国家级特色专业系列规划教材

通信系统课程设计与实验教程

雷　菁　主编

黄　英　李保国
熊春林　赵海涛　编著

科学出版社
北　京

内 容 简 介

本书基于典型的通信系统模型，描述了系统的设计、分析和仿真方法，提供了多层次(基础性、系统性、应用性)的设计和实验项目，并给出了大量具有参考价值的实验例程。全书共10章，包括模拟信号数字化、信源压缩编码、信道编码、数字基带传输、数字频带传输、同步技术、信道建模与仿真、信道均衡等，以及涉及DVB-C、CCSDS、IEEE 802.16、蓝牙等实用标准的综合设计内容，反映了当前通信系统的新发展。

本书可作为高等院校电子信息类专业高年级本科生的教材，也可为本科生的课程设计、创新设计、毕业设计以及研究生相关实验、专业技术人员从事现代通信系统设计提供参考。

图书在版编目(CIP)数据

通信系统课程设计与实验教程 / 雷菁主编. —北京 ：科学出版社，2012

(普通高等教育电子通信类国家级特色专业系列规划教材)

ISBN 978-7-03-033166-3

Ⅰ. ①通… Ⅱ. ①雷… Ⅲ. ①通信系统-课程设计-高等学校-教材 Ⅳ. ①TN914

中国版本图书馆CIP数据核字(2011)第275665

丛书策划：匡　敏　潘斯斯

责任编辑：潘斯斯　张丽花 / 责任校对：钟　洋

责任印制：徐晓晨 / 封面设计：迷底书装

科 学 出 版 社 出版

北京东黄城根北街16号

邮政编码：100717

http://www.sciencep.com

北京虎彩文化传播有限公司 印刷

科学出版社发行　各地新华书店经销

*

2012年1月第　一　版　开本：787×1092　1/16

2019年1月第六次印刷　印张：16　3/4

字数：450 000

定价：49.00 元

前　　言

高等学校本科教学评估和教育部《关于进一步深化本科教学改革，全面提高教学质量的若干意见》明确提出，高度重视实践环节，提高学生实践能力。要大力加强实验、实习、实践和毕业设计(论文)等实践教学环节，特别要加强专业实习和毕业实习等重要环节。

从目前实际情况看，通信技术飞速发展，而专业的实验教学却明显滞后，难以满足社会对通信工程专业人才日益增长的需求。根据多年的教学和科研实践经验，编者深感若能将最新科研成果和前沿课题的研究内容引入到实验教学中，学生通过自己动手实验，将进一步加深对课本知识的理解，获得理论课上无法领悟的知识和体会，教学质量将得到真正的提高。本书基于此出发点而编写，期望能够实践教育部提出的质量工程和创新工程思想，为实现以培养学生的创新意识、创新思维和创新能力为主线的新型教学模式作出贡献。

本书共 10 章。

第 1 章为绪论，首先介绍了模拟通信系统和数字通信系统的基本组成，然后对实验设计技术和实验测量技术进行了简单介绍，该部分内容奠定了全书的基础。

第 2 章为模拟信号数字化实验，主要有抽样定理实验、PCM/ADPCM 实验、CVSD 编译码实验，通过三个主要的实验强化学生对于信源编码基本原理的理解。

第 3 章为信源压缩编码实验，主要有 Huffman 编解码实验、算术编解码实验、二维 DCT 图像压缩编码实验、小波变换图像压缩实验、图像压缩综合系统实验。

第 4 章为信道编码实验，主要有汉明码编译码实验、RS 码编译码实验、Turbo 码编译码实验、乘积码编译码实验和 LDPC 编译码实验。

第 5 章为数字基带传输系统实验，包括码型变换实验、CMI 线路编码通信系统实验、HDB3 线路编码通信系统实验、RS422 接口实验。

第 6 章为数字频带传输系统实验，包括 BPSK 传输系统实验、MPSK 调制系统实验、MQAM 调制系统实验、OQPSK/π/4-QPSK 调制系统实验和 MSK/GMSK 调制系统实验。

第 7 章为同步技术实验，包括模拟锁相环载波同步实验、数字锁相环载波同步实验、数字锁相环位同步实验和帧成形及同步提取实验。

第 8 章为信道建模与仿真实验，包括加性高斯白噪声信道建模与仿真、瑞利衰落信道建模与仿真、莱斯衰落信道建模与仿真实验。

第 9 章为信道均衡实验，包括基带传输系统中码间干扰抑制实验、多径信道的自适应线性均衡实验和多径信道的自适应判决反馈均衡实验。

第 10 章为综合设计实验，包括数字基带传输系统设计、数字频带传输系统设计、差错控制系统设计和综合通信系统设计。其中，数字基带传输系统设计实验包括基带传输系统眼图的仿真、基带传输系统误码率的仿真和 CDMA 数字基带收发系统的设计；数字频带传输系统设计包括短波通信系统设计和基于卫星信道的 QAM 传输系统设计；差错控制系统设计包括基于 DVB-C 标准的前向纠错系统设计与实现和基于 CCSDS 的前向纠错系统设计与实现；综合通信系统设计包括蓝牙传输系统、卫星数字电视传输系统、IEEE 802.16d 传输系统。

附录中给出了本书中相关章节的实验示例，供读者参考使用。

本书可作为“通信原理”、“信息论与编码基础”、“通信系统”等课程实验及通信类课程设计的配套教材。全书由雷菁主编，黄英、李保国、熊春林、赵海涛等共同编著。其中，第 1、2、5 章及第 10 章由雷菁编写，第 4、6、7 章由黄英编写，第 8 章及第 10 章由李保国编写，第 9 章由熊春林编写，第 3 章由赵海涛编写。大纲的构思、全书的修改完善由雷菁负责，在全书的编排过程中，黄英、李保国还参与了文稿的修订与校对工作。此外感谢武汉凌特电子技术有限公司、南京捷辉科技有限公司、南京东大移动互联技术有限公司以及长沙鑫三知科教设备有限公司提供的实验设备。

在本书的成书过程中得到了许多专家、同行的关心与帮助，特别是在与国防科学技术大学的唐朝京教授、魏急波教授以及东南大学的沈连丰教授等专家的交流中受益颇深。在本书的写作和相关教学与辅导工作中还得到雍玲、文磊、陈明霜等老师的帮助与支持，陈彬、龚政辉等研究生也协助完成了本书的校阅工作，在此对他们表示衷心的感谢。

本书的初稿及其系列实验在我校本科教学中使用并取得良好效果，但将科研成果引入实践教学是一项长期的工作，限于时间和水平，书中可能存在不少缺点和错误，敬请广大读者批评指正。

编　者

2011 年 11 月于国防科学技术大学电子科学与工程学院

目　　录

第1章　绪　　论

本章主要实验内容：

√　通信系统

√　实验设计技术

√　实验测量技术

在人类社会发展的近十多年间，信息科学技术迅猛发展，在社会各个领域得到了越来越广泛的应用。信息技术快速发展的显著特征之一是通信技术的快速发展。各种通信新系统的不断涌现也为人们提供了更好更快的通信方式，极大地改变了人们的生活方式。

1.1　通信系统介绍

通信的目的是为了有效可靠地传递和交换信息，传递信息所需的一切技术设备的总和称为通信系统，通信系统的一般模型如图 1-1 所示。

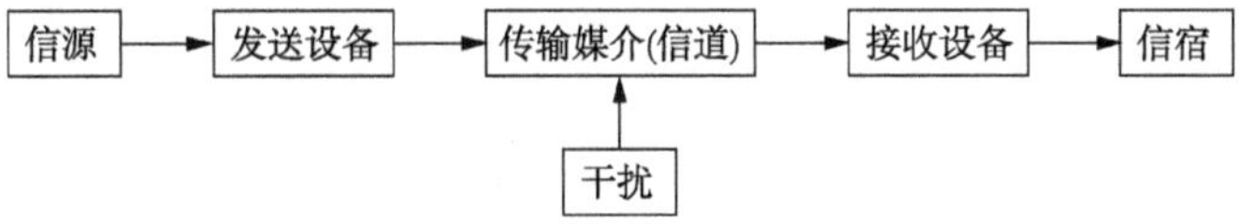

图 1-1　通信系统的组成

通信系统由信源、发送设备、信道、接收设备和信宿等五个部分构成。信源是发出信息的源，信宿是传输信息的归宿点，信源可以是模拟的，也可以是离散的数字信源。发送设备的作用是产生适合于在信道中传输的信号，使发送信号的特性与传输媒介相匹配，将信源产生的消息信号变换为便于传输的形式。变换的方式是多种多样的，如信号的放大、滤波、调制等，发送设备还包括为达到某些特殊的要求而进行的各种处理，如多路复用、保密处理、纠错编码处理等。信道是指传输信号的通道，按照从发送设备到接收设备之间信号传递所经过的媒介，划分可以是有线信道，如明线、双绞线、同轴线缆或光纤，也可以是无线信道。信道既给信号以传输通路，也会对信号产生各种干扰和噪声，信道的固有特性和干扰直接关系到通信的质量。接收设备的基本功能是完成发送过程的反变换，即将信号进行放大并进行解调、译码、解码等，其目的是从带有噪声和干扰的信号中正确恢复出原始消息。对于多路复用信号，还包括解除多路复用，实现正确分路功能。此外，在接收设备中，还需要尽可能减小在传输过程中噪声与干扰所带来的影响。

1.1.1　模拟通信系统

模拟通信系统是利用模拟信号来传递信息的通信系统，常用的模拟通信系统包括中波/短波无线电广播、模拟电视广播、调频立体声广播等通信系统。虽然当前通信技术发展的主流是数字通信技术，但是在实际应用中还有大量的模拟通信系统，并且模拟通信系统是数字通信的基础。

模拟移动通信系统包括 AMPS、TACS、NMT 等商用移动通信系统，虽然 2001 年我国已经全部停止了商用模拟移动通信服务，但是目前仍有很多专业机构采用模拟制式的无线集群通信系统。另外，随着我国对常规无线对讲机频段使用的放开(无需向无线电管理委员会申请)，常规无线对讲机在日常生活中的应用日渐广泛。表 1-1 是模拟移动通信系统的工作频段、发射功率和调制体制参数。

与模拟线性调制技术相比，由于频率调制和相位调制具有较强的抗干扰能力，能够获得更大的信噪比增益，并且能够减小信号振幅变化引起的附加噪声，因此在模拟制 VHF/UHF 电台和移动通信系统中，频率和相位调制是最常用的调制体制。

表 1-1　典型模拟移动通信系统的主要参数

		TACS	AMPS	NMT	Motorola SmartNet
工作频段	双工工作频段/MHz	890～915	824～849	454～468	806～821
	信道间隔/kHz	25	30	25	25
	双工间隔/MHz	45	45	10	45
	总信道数	1000	832	180/220	600
功率特性	基站功率/W	40～100	20～100	25/50	150
	用户台功率/W	10/14/1.6/0.6	4/0.6	15	35
	小区覆盖半径/km	5～10	5～20	20～40	50
话音调制	调制方式	FM	FM	FM	FM
	峰值频偏/kHz	9.5	12	5	5
信令调制	调制方式	FSK	FSK	FSK	FSK
	速率/(kb/s)	8	10	1.2	3.6
	纠错编码	BCH	BCH	Hagelbargar	BCH

说明：

(1) 表中所列 TACS 工作频段是我国所采用的频段规定，AMPS 的工作频段是北美地区使用的频率规定。

(2) 工作频段所列的频率是移动台发射的频率，基站发射频率为移动台法频率加上双工间隔。

(3) 用户台功率的数据信息中，10/14/1.6/0.6 表示 TACS 用户台有四个等级的信号功率。其余以此类推。

(4) TACS 曾经在英国、爱尔兰、中国及中国香港使用，AMPS 是北美地区及澳大利亚、新西兰、新加坡、韩国等国家使用模拟制蜂窝移动通信标准。NMT 顾名思义，最早在北欧地区采用，后来扩展到荷兰、比利时、瑞士等国家。

(5) Motorola SmartNet 是典型的模拟制集群通信系统，采用半双工工作方式，在话音信道中还包含 150b/s 的亚音频信令。

模拟通信系统如图 1-2 所示。模拟调制是模拟通信系统中最重要的部分，它决定了通信系统的性能。模拟调制时使用调制信号控制载波的振幅、相位或频率，以达到信息传输的目的。如在中波广播中，音频节目信号经过常规双边带调幅后，载波的振幅就跟随音频节目信号的电平而发生变化，收音机从接收到的中波信号检测出这种幅度的变化就能够重现音频信号。在多数模拟系统中，调制一般在中频进行，调制之后还需要经过上变频，将信号搬移到射频频段发送；接收端将从信道中接收到的信号进行下变频，在中频实现信号的解调。

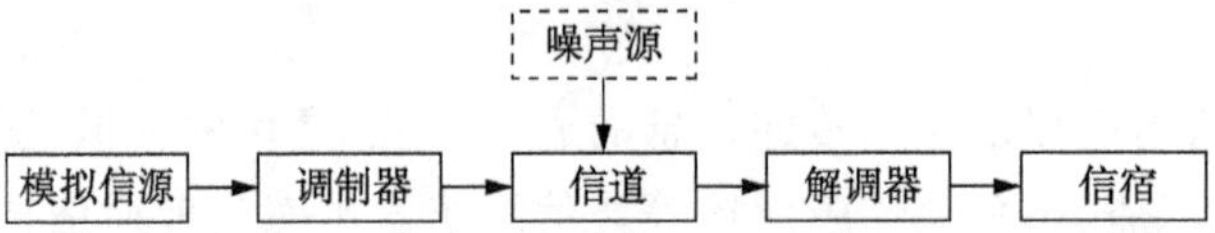

图 1-2　模拟通信系统

1.1.2 数字通信系统

目前，无论是模拟通信还是数字通信，在不同的通信业务中都有广泛的应用。但是，数字通信的发展速度已经超过模拟通信，成为当今通信发展的主流。与模拟通信相比，数字通信具有抗干扰能力强、传输差错可控、便于数字化处理、易于集成化和微型化、易于加密处理等优点。图1-3给出了数字通信传输系统的组成，分为数字基带传输系统和数字频带传输系统两类。

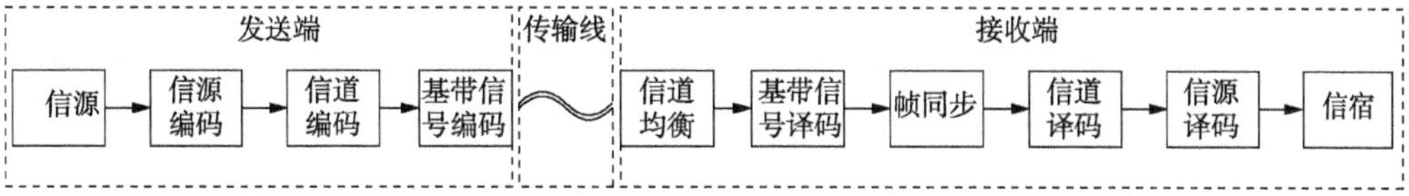

(a)数字基带传输系统

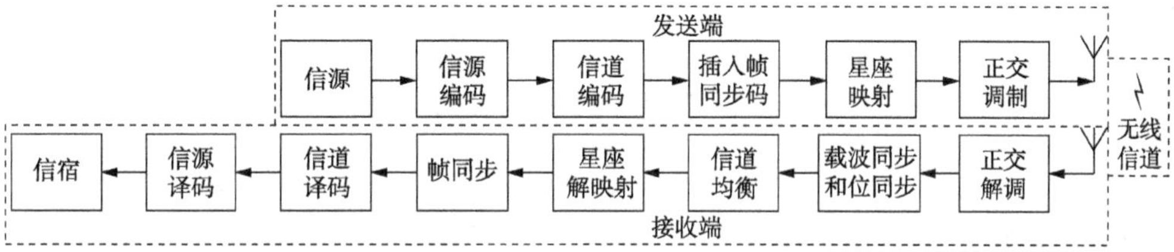

(b)数字频带传输系统

图1-3 数字通信传输系统

在数字基带传输系统(图1-3(a))中，其传输对象通常是二元数字信息，它可能来自计算机、电传打字机或其他数字设备的各种数字代码，也可能来自数字电话终端的PCM脉冲编码信号等。这些信号往往含有丰富的低频分量，甚至直流分量，因而称为数字基带信号。在某些有线信道中，特别是传输距离不太远的情况下，如Ethernet、数字用户线等，数字基带信号可以直接传送，我们称为数字信号的基带传输。而在另外一些信道，特别是无线信道和光信道中，数字基带信号则必须经过调制，将信号频谱搬移到高频处才能在信道中传输，我们把这种传输系统称为数字频带传输系统(图1-3(b))。数字通信传输系统包括信源编译码、信道编解码、调制解调、信道、同步等各个部分，下面分别进行介绍。

1)信源编码与译码

信源编码主要有两个作用：一是完成模拟信源的数字化，如果信源产生的信号是模拟信号，首先需要对模拟信号进行数字化后才能在数字通信系统中传输。模拟信源的数字化包括采样、量化和编码三个过程，电话系统中话音信号的数字化是典型的模拟信源数字化过程。信源编码的另外一个作用是为提高信息传输的有效性而采用适当的压缩技术减小信息速率。如电话系统中采用PCM编码的语音速率为64kb/s，而如果采用压缩编码后，单路话音的速率则可以降低到32kb/s或更低，这样在同样的信道中能够同时传输的话路就增加了。

2)信道编码与译码

信道编码的目的是为了增强通信信号的抗干扰能力。由于信号在信道传输时受到噪声和干扰的影响，接收端恢复数字信息时可能会出现差错，为了减小接收差错，信道编码器对传输的信息按照一定的规则加入保护成分(监督元)，组成差错控制编码。接收端的信道译码器按照相应的逆规则进行解码，从中发现错误或纠正错误，提高通信系统的抗干扰性。在计算机中广泛使用的奇偶校验码就是最简单的一种差错控制编码，它具有一比特差错的检错能力。

3）数字调制和解调

基本的数字调制方式有振幅键控（ASK）、频移键控（FSK）和相移键控（PSK）。在接收端可以采用相干解调或非相干解调还原基带信号，此外还有在三种基本调制方法上发展起来的其他数字调制方式，如 QPSK、QAM、OQPSK、MSK、GMSK 等。

4）同步

同步是使收发两端的信号在时间上保持步调一致，是保证数字通信系统有序、准确和可靠工作的前提条件。按照同步的不同作用，可以将同步分为位同步、帧同步和网同步。同步分散在系统的各个部分，如码元同步主要在调制和基带处理部分，而帧同步通常是处在调制解调之后。

需要指出的是，图 1-3 给出的只是点到点数字通信系统的一般化模型，实际的数字通信系统不一定包括所有的环节。数字基带传输系统无需调制和解调，实际数字频带通信系统也有可能增加部分处理环节。

1.2　实验设计技术介绍

1.2.1　系统仿真技术

仿真是衡量系统性能的工具，它通过仿真模型的仿真结果来推断原系统的性能，从而为新系统的建立和原系统的改造提供可靠的参考。仿真是科学研究和工程建设中不可缺少的方法。

通信系统是多种多样的，为了说明基于仿真的方法用于性能评估，可以考察一个一般通信系统的简化模型，如图 1-4 所示。

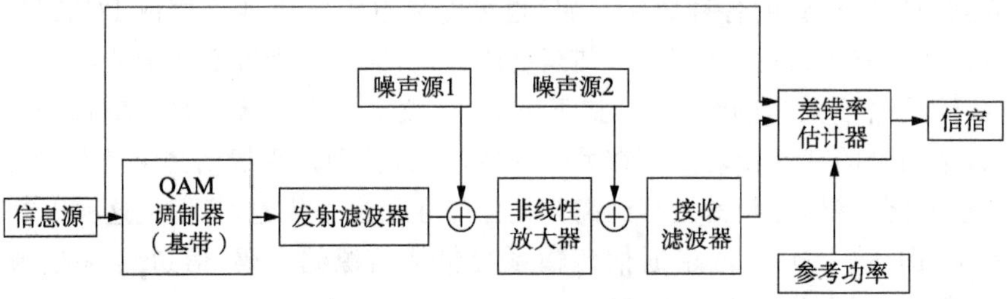

图 1-4　仿真的通信系统

由于滤波器及非线性的存在，分析法评估该系统的性能是困难的。带宽受限的滤波器引入符号间干扰（ISI），而噪声经过非线性单元会导致非高斯和非加性现象，这些都是很难描述和分析的。可以做某些近似，如忽略非线性单元前的滤波器的影响，将两个噪声源合并，并将这两个噪声源的总效应当做加性、高斯噪声源处理。这样的简化对于得到系统性能的初步评估是有用的，但对于进行详细性能分析则不够准确。

仿真在通信系统设计和工程实现的所有阶段都能起到重要作用，从早期的概念设计到各个工程实现阶段，以及现场实验。设计过程一般从概念定义开始，即对系统予以高层说明，如信息速率，性能目标等。任何通信系统的性能由两个重要因素控制，即信号噪声比（S/N）和累计的信号失真（误码率等）。一般来说，它们互相影响，必须做一些折中。在大多数通信系统中，利用链

路预算来跟踪影响 S/N 的各种因素。

通信系统的设计从候选系统和有关的设计参数表开始。在设计早期阶段，信噪比和信号质量下降的估计都是用较简单的模型和理论推测得到的。例如，为计算 S/N，滤波器可以用有一定带宽的理想低通滤波器做模型，实际滤波器引入的失真用信噪比 S/N 的下降等效。若初始设计产生的候选参数满足性能目标，则设计继续进行下一步。否则，设计的拓扑逻辑就不得不改变，失真的参数也必须修改。下一阶段的设计是对子系统和部件拟定详细的规格及验证信号失真。例如，若一个滤波器规定为七阶巴特沃思滤波器，带宽-符号时间积为 0.7，则波形级仿真可用来证实滤波器引入失真大小。若经过仿真信道的性能下降小于规定值，则这儿的节省可用来放松其他一些部件的要求。对于这种折中研究和建立硬件开发的详细规格，仿真灵活而有效，经常是唯一可用的方法。当系统的硬件模型完成后，对它进行测试，并将测试结果与仿真结果比较。硬件和仿真结果之间吻合的程度是仿真是否有效的基础。

总之，仿真在通信系统设计中起着重要作用。在概念定义阶段，导出高层的技术条件；在设计进行和开发过程中，与硬件开发一起确定最后的技术条件并检查子系统对整个系统性能的影响；在运行情况下，仿真可作检修故障的工具，并预计系统的寿命。

必须指出，要使系统仿真结果精确地与实际情况一致，仿真的模型就应尽可能详细。这样，仿真占用的资源和耗费的时间与精力也随之而增加。如何在模型复杂性与仿真的准确性之间找到合适的平衡和折中，将是实现仿真时需要注意的。

通信系统仿真一般分为三个步骤，即仿真建模、仿真实验和仿真分析。应该注意的是，通信仿真是一个螺旋式发展的过程，因此，这三个步骤可能需要循环执行多次之后才能获得满意的仿真结果。

1)仿真建模

仿真建模是根据实际通信系统建立仿真模型的过程，它是整个通信仿真过程中的一个关键步骤，因为仿真模型的好坏直接影响着仿真的结果以及仿真结构的真实性和可靠性。仿真模型是对实际系统的一种模拟和抽象。在仿真建模过程中，可以先建立一个相对简单的仿真模型，然后再根据仿真结果和仿真过程的需要逐步增加仿真模型的复杂度。

目前工程技术人员比较倾向于更加专业和方便使用的专门的仿真软件。比较常见的包括 MATLAB、OPNET 和 NS2 等。

2)仿真实验

仿真实验室一个或一系列针对仿真模型的测试。在仿真实验过程中，通常需要多次改变仿真模型输入信号的数值，以观察和分析仿真模型对这些输入信号的反应，以及仿真系统在这个过程中表现出来的性能。对于需要较长时间的仿真，应该尽可能使用批处理方式，使得仿真过程在完成一种参数配置的仿真之后，能够自动启动针对下一个仿真参数配置的下一次仿真。这种方式减少了仿真过程中的人工干预，提高了系统利用率和仿真效率。

3)仿真分析

仿真分析是一个通信仿真流程的最后一个步骤。在仿真分析过程中，用户已经从仿真过程中获得了足够多的关于系统性能的信息，但是这些信息只是一些原始数据，一般还需要经过数值分析和处理才能获得衡量系统性能的尺度，从而获得对仿真性能的一个总体评价。

应该强调的是，仿真分析并不一定意味着通信仿真过程的完全结束。如果仿真分析得到的结果达不到预期的目标，用户还需要重新修改通信仿真模型，这时候仿真分析就成为一个新循环的开始。

1.2.2　EDA 技术

现代电子产品正在以前所未有的速度，向着功能多样化、体积最小化、功耗最低化等方向迅速发展。现代电子产品设计与传统电子产品设计的显著区别之一就是大量使用大规模可编程逻辑器件，以提高产品性能、缩小产品体积、降低产品消耗。EDA 技术正是为了适应现代电子产品设计的要求，伴随着计算机、集成电路、电子系统设计的发展，吸收数据库、图形学、图论与拓扑逻辑、计算数学、优化理论等多学科最新成果而逐步形成的一门新技术。

利用 EDA 技术进行电子系统的设计，具有以下几个特点：①用软件的方式设计硬件；②用软件方式设计的系统到硬件系统的转换是由有关的开发软件自动完成的；③设计过程中可用有关软件进行各种仿真；④系统可现场编程，在线升级；⑤整个系统可集成在一个芯片上，体积小、功耗低、可靠性高；⑥从以前的“组合设计”转向真正的“自由设计”；⑦设计的移植性好，效率高；⑧非常适合分工设计，团队协作。因此，EDA 技术是现代电子设计的发展趋势。

随着 EDA 技术的深入发展和 EDA 技术软硬件性能价格比的不断提高，EDA 技术的应用将向广度和深度两个方面发展，其表现形式如下。

(1)CPLD/FPGA 系统。使用 EDA 技术开发 CPLD/FPGA，使自行开发的 CPLD/FPGA 作为电子系统、控制系统、信息处理系统的主体。

(2)“CPLD/FPGA＋MCU”系统。综合应用 EDA 技术与单片机技术，将自行开发的“CPLD/FPGA＋MCU”系统作为电子系统、控制系统、信息处理系统的主体。

(3)“CPLD/FPGA＋专用 DSP 处理器”系统。将 EDA 技术与 DSP 专用处理器配合使用，用“CPLD/FPGA＋专用 DSP 处理器”构成一个数字信号处理系统的整体。

(4)基于 FPGA 实现的现代 DSP 系统。基于 SOPC 技术、EDA 技术与 FPGA 技术实现方式的现代 DSP 系统。

(5)基于 FPGA 实现在 SoC 片上系统。使用超大规模的 FPGA 实现的，内含 1 个或数个嵌入式 CPU 或 DSP，能够实现复杂系统功能的单一芯片系统。

(6)基于 FPGA 实现的嵌入式系统。使用 CPLD/FPGA 实现的，内含嵌入式处理器，能满足对象系统要求的特定功能，能够嵌入宿主系统的专用计算机应用系统。

传统的电路设计方法都是自底而上进行设计的，也就是首先确定可用的元器件，然后根据这些器件进行逻辑设计，完成各模块后进行连接，最后形成系统。而基于 EDA 技术的设计方法则是自顶而下进行设计的，也就是首先采用可完全独立于目标器件芯片物理结构的硬件描述语言，在系统的基本功能或行为级上对设计的产品进行描述和定义，结合多层次的仿真技术，在确保设计的可行性与正确性的前提下，完成功能确认。然后利用 EDA 工具的逻辑综合功能，把功能描述转换成某一具体目标芯片的网表文件，输出给该器件厂商的布局布线适配器，进行逻辑映射及布局布线，再利用产生的仿真文件进行包括功能和时序的验证，以确保实际系统的性能。

在基于 EDA 技术的系统设计的最重要环节——在系统的基本功能或行为级上对设计的产品进行描述和定义时，我们采用自顶而下分析，自底而上设计的方法。所谓“自顶而下分析”，就是指将数字系统的整体逐步分解为各个子系统和模块，若子系统规模大，则还需将子系统进一步分解为更小的子系统和模块，层层分解，直至整个系统中各子系统关系合理，并便于逻辑电路级的设计和实现为止。所谓“自底而上设计”，就是在自顶而下分析建立各种设计模型的基础上，先进行低层模块的设计，完成低层模块的设计后再进行高一层次的设计，以此类推，直到完成顶层的设计为止。采用该方法进行分析和设计时，高层次设计进行功能和接口描述，说明模块的功能和接口，模块功能的更详细描述在下一设计层次说明，最底层的设计才涉及具体的寄存器和逻辑门电路等实现方式的描述。

1.3　实验测量技术介绍

1.3.1　概念及方法

测量是通过实验方法对客观事物取得定量数据的过程，是人类认识和改造世界的一种重要手段。测量是为了确定被测对象的量值而进行的实验过程。测量要有测量对象（测量的客体），测量要由人（测量主体）来实施，测量需要专门的仪器设备（硬件）做工具，测量要有理论和方法（软件）进行指导，测量总是在一个特定的环境中进行，因此构成测量的基本要素是被测对象、测量仪器、测量技术、测量人员和测量环境。

电子测量是测量领域的主要组成部分，它泛指以电子技术为基本手段的测量技术，其主要内容如下。

（1）电能量测量。包括各种频率及波形下的电压、电流和功率等的测量。

（2）电信号特性测量。包括波形、频率、周期、相位、失真度、调幅度、调频指数及数字信号的逻辑状态等的测量。

（3）电路及电路元件参数测量。电路参数包括阻抗、传输系数和网络参数等；电路元件参数测量包括电阻、电感、电容、品质因数及电子器件的参数等的测量。

（4）电子设备的性能测量。包括增益、衰减、灵敏度、频率特性和噪声系数等的测量。

一个物理量的测量，可以通过不同的方法来实现。目前采用的主要测量方法有如下几种。

（1）直接测量。用已标定的仪器，直接地测量出某一待测未知量的量值方法。或者是将未知量与同类标准的量在仪器中进行比较，从而直接获得未知量的数值方法。

（2）间接测量。当被测量对象由于种种原因不能测量时，通过直接测量与被测量有一定关系的物理量，按函数关系计算出被测量的数值。

（3）组合测量。当某项测量结果需要用多个未知参数表达时，可通过改变测量条件进行多次测量，根据函数关系列出方程组求解，从而得到未知量的值。

1.3.2　主要仪器

在通信系统测量中，主要针对通信信号时频特性，及系统性能进行测量，主要用到以下仪器。

1）信号发生器

信号源是用于产生测量信号的一种仪器设备，信号源广泛应用于待测设备的激励、信号环境的仿真，以及作为标准校准用的标准信号。目前，信号发生器在频率覆盖范围上可以达到60（同轴系统）～178GHz（波导系统），频率分辨率1Hz（低频信号源的频率达到μHz级），频率准确度达到10^{-8}，具有灵活多变的调制能力，几乎可以产生电子测量所需要的任何类型的信号。

2）示波器

示波器是一种用荧光屏显示电量随时间变化过程的电子测量仪器。它能把人的肉眼无法直接观察的电信号，转换成人眼能够看到的波形，具体显示在示波屏幕上，以便对信号进行直观的定性和定量观测。示波器主要用于观测电信号波形；测量电压电流的幅度、频率、时间、相位等电量参数；显示电子网络的频率特性和显示电子器件的伏安特性。它是一种广泛应用的电子测量仪器，普遍应用于国防、科研、学校以及工、农、商业等各个领域。

3)频谱分析仪

频谱分析仪是用于频域测量的通用射频测试仪表，其功能强大，频率范围可覆盖到毫米波段。它可以用于测量正弦信号的频谱(包括幅度、频率、谐波、杂散、相位噪声等)、调制信号的频谱(包括调制系数、调制谱频带特性、信道功率、包络等)、噪声频率、功率、电磁干扰，还可进行雷达、通信信号的监测接收，以及进行器件传输特性和非线性特性的测试。频谱分析仪广泛应用于通信、雷达、导航、电子对抗等各个领域。

4)误码率测量仪

误码率是通信系统中一个重要的性能指标，因此，其测试和分析非常重要。误码率测量仪是用于测量误码率的重要测量仪器，它包含发送和接收两部分。发送部分是图形发生器，向被测数字系统提供测试图形作为激励信号；接收部分是误码检测器，能对误码的位数进行计数。误码仪除检测出误码并计算误码率之外，还可对测量数据进行分析，如根据不同的误码率占测量时间的百分比确定被测系统的工作状况等。

第 2 章　模拟信号数字化

本章主要实验内容：

- √　抽样定理
- √　PCM/ADPCM 编译码
- √　CVSD 编译码
- √　时分复用(TDM)通信系统

模拟信号数字化过程简称为模数转换(A/D)，要经过抽样、量化和编码三个步骤。抽样定理是模拟信号数字化传输、分析与处理的理论基础；脉冲编码调制(PCM)、自适应差分脉码调制(ADPCM)、增量调制(DM 或 ΔM)、连续可变斜率增量调制(CVSD)等为模数转换的常用方法。时分复用(TDM)通信系统则采用不同时隙来传输模数转换后的数字信号。

2.1　抽样定理实验

2.1.1　实验原理

一、基本原理

通常人们谈论的调制技术是采用连续振荡波形(正弦型信号)作为载波的，然而，正弦型信号并非唯一的载波形式。在时间上离散的脉冲串，同样可以作为载波，这时的调制是用基带信号去改变脉冲的某些参数而达到的，常把这种调制称为脉冲调制。脉冲振幅调制(PAM)，是脉冲载波的幅度随基带信号变化的一种调制方式。

如果脉冲载波是由冲激脉冲组成的，则抽样定理就是脉冲振幅调制的原理。但是，实际上真正的冲激脉冲串是不可能实现的，通常采用窄脉冲串来实现，这种方式称为自然抽样。自然抽样中的已抽样信号的脉冲“顶部”保持了原信号变化的规律，这是一种“曲顶”的脉冲调幅。另外还有一种是“平顶”的脉冲调幅，每一抽样脉冲的幅度正比于瞬时抽样值，可采用抽样保持电路实现，得到的脉冲为矩形脉冲。

对限制最高频率为 3400Hz 的语音信号，通常采用 8kHz 抽样频率。这样可以留出一定的防卫带(1200Hz)。当抽样频率低于 2 倍语音信号的最高频率时，会出现频谱混叠现象，产生混叠噪声，影响恢复出的话音质量。

在验证抽样定理的实验中，采用标准的 8kHz 抽样频率，并用函数信号发生器产生一个信号，通过改变函数信号发生器的频率，观察抽样序列和重建信号，检验抽样定理的正确性。

二、实验电路组成及原理

PAM 电路原理组成框图见图 2-1，电路图见图 2-2。

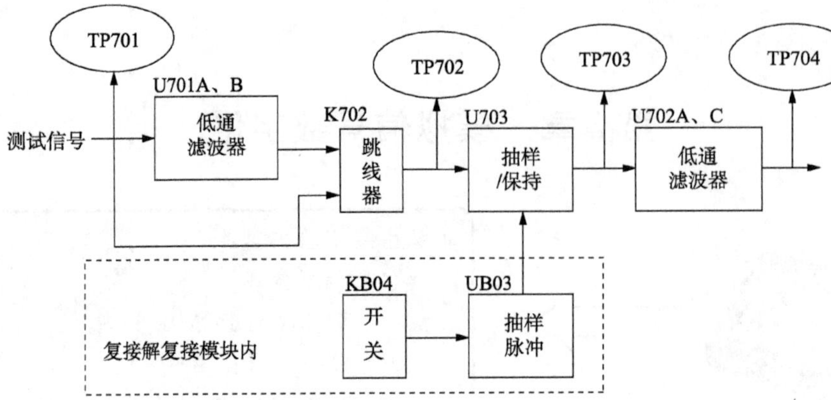

图 2-1　抽样定理实验电路组成框图

如图 2-1 所示，抽样定理实验原理为：根据实验的要求，选择适当的输入信号作为测试信号。测试信号经过低通滤波器（或直接）进入抽样电路。利用模拟开关，通过抽样时钟完成对信号的抽样，形成抽样序列信号。本实验电路模块及测试点说明详见表 2-1 和表 2-2。

表 2-1　抽样定理实验电路模块说明

标号	名称	功能描述
K501	信号选择跳线开关	置于左端，输入信号来自电话接口 2； 置于右端，测试信号由 TP001 输入
K702	低通滤波器选择跳线开关	置于 1_2 位置（左端），送入抽样电路的信号经过 3400Hz 的 LPF；置于 2_3 位置（右端），信号直接送入抽样电路，可用于观测混叠现象
U701A、B U702A、C	运放 （TL084）	与周边阻容器件组成一个 3dB 的 3400Hz 的低通滤波器
U703	模拟开关 （CD4066）	通过抽样时钟完成对信号的抽样，形成抽样序列信号
KB04	抽样脉冲选择开关	设置在左端为平顶抽样； 设置在右端为自然抽样

表 2-2　抽样定理实验测试点说明

测试点	说明	测试点	说明
TP701	输入模拟信号	TP703	抽样序列
TP702	抽样前输入模拟信号	TP704	恢复模拟信号

2.1.2　实验方法

一、实验目的

1. 验证抽样定理；
2. 观察 PAM 信号形成的过程；
3. 了解混叠效应产生的原因；
4. 学习抽样的基本方法。

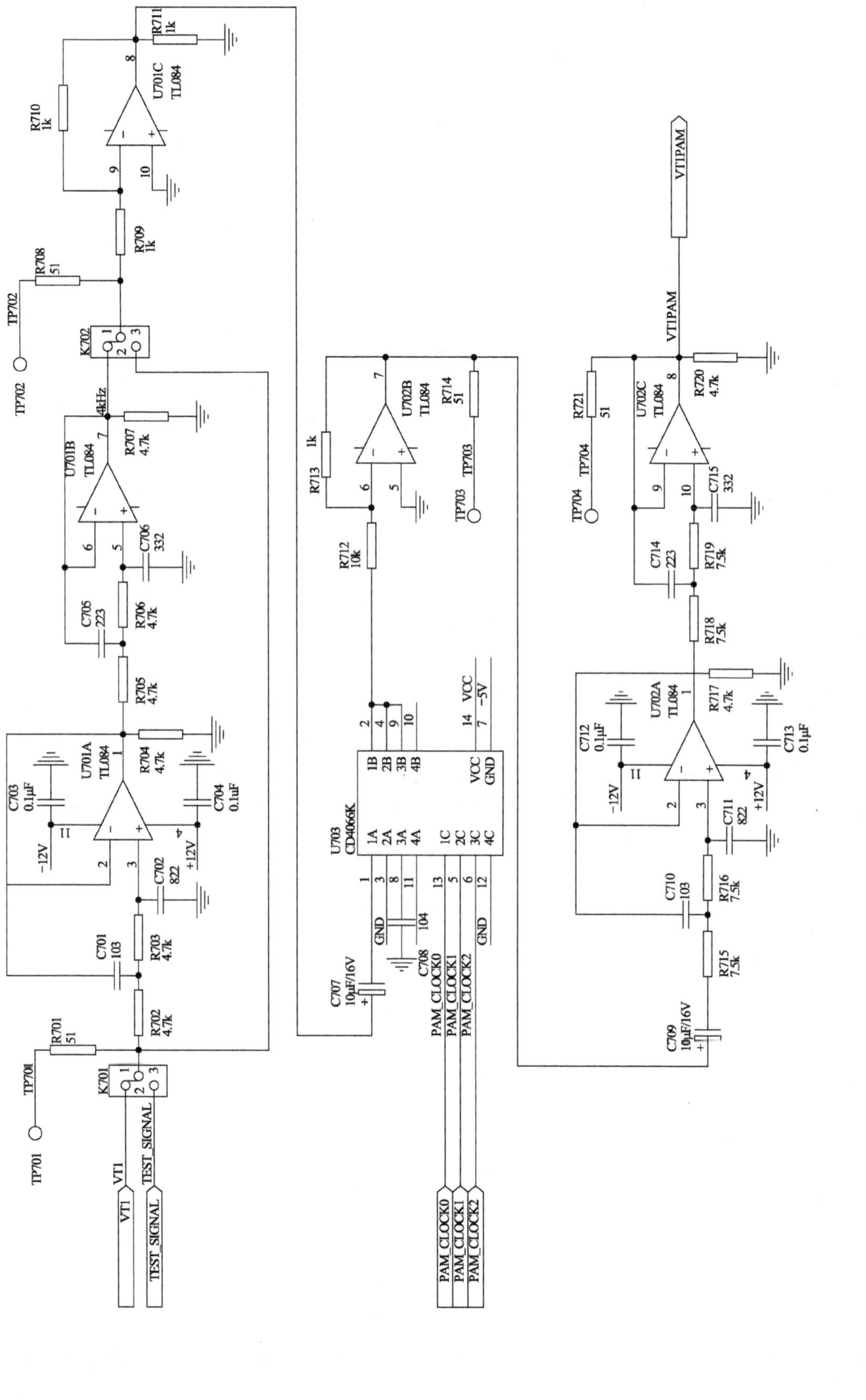

图2-2　PAM模块电路原理框图

二、实验工具与平台

1. 通信原理综合实验平台；
2. 数字示波器；
3. 函数信号发生器。

三、实验内容及步骤

准备工作：由于 PAM 实验用的抽样信号由复接解复接模块提供，因此首先用 10 针排线连接排针插槽 JK501 和 JKB01，以获取抽样信号。

1. 自然抽样脉冲序列测量

(1)将复接解复接模块中的抽样脉冲选择开关设置为自然抽样；将输入信号选择开关设置为输入测试信号。将低通滤波器选择开关设置在滤波位置，为便于观测，调整函数信号发生器正弦波输出频率为 200～1000Hz、输出电平为 2Vp-p 的测试信号送入信号 PCM/PAM 模块的测试端 TP001 和接地端 TP002。

(2)PAM 脉冲抽样序列观察：用示波器同时观测输入模拟信号（正弦波）和抽样序列，观测时以输入模拟信号做同步。调整示波器同步电平和微调调整函数信号发生器输出频率，使抽样序列与输入测试信号基本同步。测量抽样脉冲序列信号与正弦波输入信号的对应关系。

(3)PAM 脉冲抽样序列重建信号观测：保持测试信号不变，用示波器同时观测恢复模拟信号和输入模拟信号，观测时以输入模拟信号做同步。

2. 平顶抽样脉冲序列测量

参照步骤 1 的实验过程，请同学们自拟实验方案，记录分析结果，并与自然抽样结果做比较。

3. 信号混叠观测

(1)将低通滤波器选择跳线开关设置为无输入滤波器的位置，信号直接进入抽样电路。调整函数信号发生器使正弦波输出频率为 7.5kHz 左右、电平为 2Vp-p 的测试信号送入信号测试端口 TP001 和 TP002(地)。

(2)用示波器观测恢复模拟信号输出波形。缓慢变化测试信号输出频率，注意观察输入模拟信号与恢复模拟信号波形的变化是否对应一致，分析解释测量结果。

四、实验思考

1. 根据电路图 2-2，查阅相应元器件手册，对实验流程进行描述；

2. 分析抗混叠滤波器的功能：在不采用抗混滤波器，$f_s>2f_h$ 和 $f_s<2f_h$ 时，低通滤波器输出的波形是什么？总结一般规律。

2.2　PCM/ADPCM 编译码实验

2.2.1　实验原理

一、PCM/ADPCM 基本原理

PCM 编码是实现模拟信号数字化的重要方法之一，属于信源编码的范畴。我国采用 13 折线编码，其 A 律特性的 8 位非线性编码码组结构如下：

极性码	段落码	段内码
M_1	$M_2M_3M_4$	$M_5M_6M_7M_8$

在语音压缩国际标准中，采用 PCM 编码方法的输出数据率为 64kb/s。为了降低数字电话信号的比特率，改进办法之一是采用预测编码方法。差分脉冲编码调制（DPCM）是其中广泛应用的一种基本的预测方法。在预测编码中，每个抽样值不是独立地编码，而是先根据前几个抽样值计算出一个预测值，再取当前抽样值和预测值之差，将此差值编码并传输，此差值称为预测误差。

为了改善 DPCM 体制的性能，将自适应技术引入量化和预测过程，得到自适应差分脉码调制（ADPCM）体制，它能大大提高信号的信噪比和动态范围。经过大量研究表明，ADPCM 是话音压缩编码中复杂度较低的一种方法，它能在 32kb/s 的比特率上达到符合 64kb/s 比特率的话音质量要求，即能符合长途电话通信的质量要求。CCITT 已将 32kb/s ADPCM 作为音频G. 721 标准的编码方法。

二、实验电路组成及原理

PCM/ADPCM 编译码模块由语音编译码集成电路（MC145540）、运放（TL082）、晶振（20. 48MHz）组成，其框图与电路图分别如图 2-3 和图 2-4 所示。

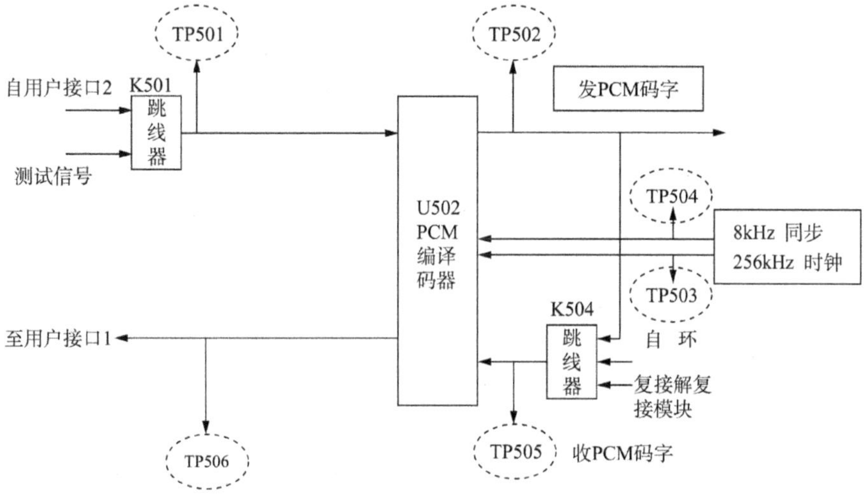

图 2-3　PCM 模块电路组成框图

PCM/ADPCM 编译码模块将来自用户接口 2 的模拟信号进行 PCM/ADPCM 编译码，采用 MC145540 集成电路完成编译码功能。PCM/ADPCM 编译码器的工作过程：发送支路的信号经运放放大后，送入编译码器的 2 引脚进行 PCM/ADPCM 编码。编码的输出时钟为 BCLK（256kHz），编码数据从编译码器的 20 引脚输出（DT_ADPCM），FSX 为编码抽样时钟信号（8kHz）。译码之后的模拟信号经运放放大缓冲输出，送到用户接口 1 模块中。PCM/ADPCM 编译码电路模块说明及测试点说明见表 2-3 和表 2-4。

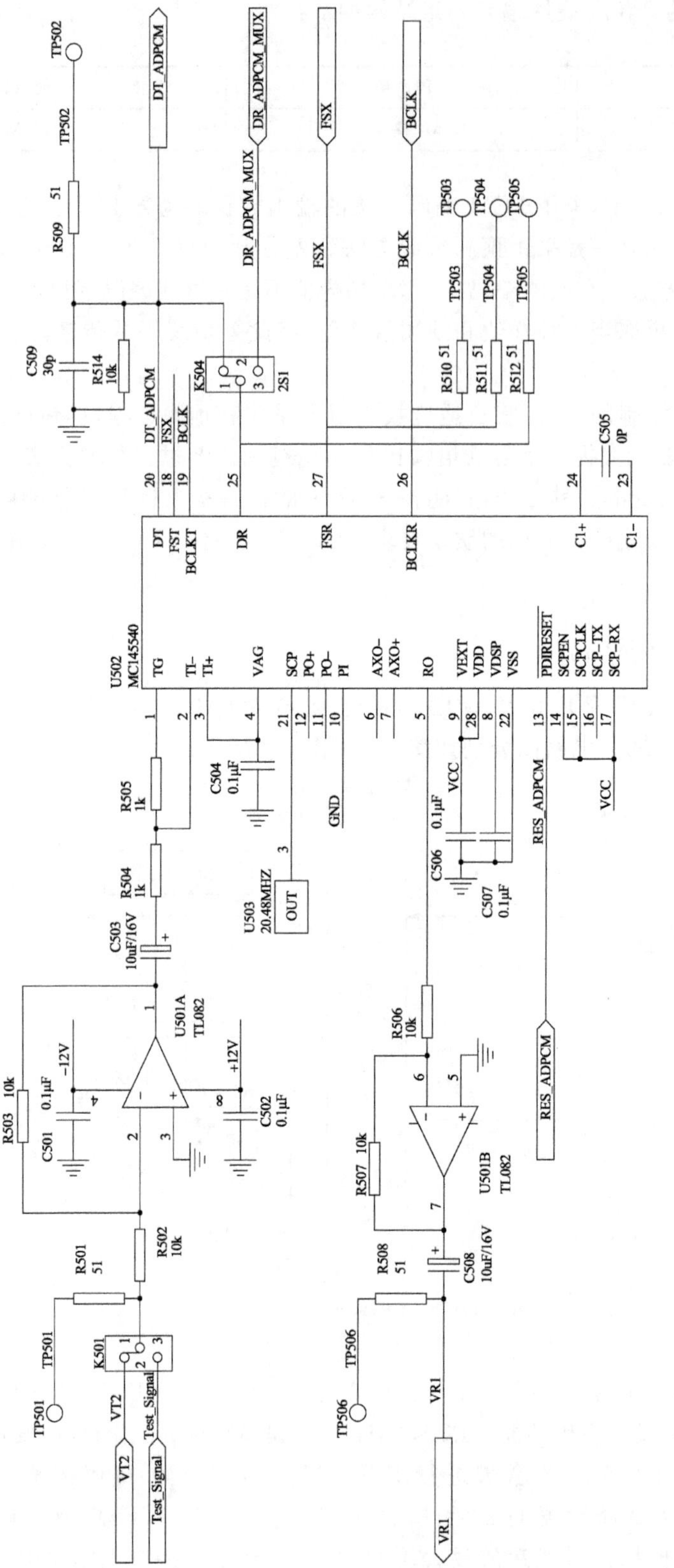

图2-4 PCM/ADPCM模块电路原理图

表 2-3　PCM/ADPCM 编译码电路模块说明

标号	名称	功能描述
U501A、B	运放(TL082)	
U502	PCM/ADPCM 编译码器(MC145540)	
U503	晶振	20.48MHz，提供 MC145540 内部信号处理使用
K504	跳线器	置于 1_2(左端)时，输入数据来自解复接模块单元； 置于 5_6(右端)时，PCM/ADPCM 模块自环工作
KB03	跳线开关	置于左端时，MC145540 工作在 PCM 编码状态； 置于右端时，MC145540 工作在 ADPCM 编码状态
TP001	输入点	模拟测试端输入

表 2-4　PCM/ADPCM 编译码电路测试点说明

测试点	功能	测试点	功能
TP501	发送模拟信号测试点	TP502	发送 PCM/ADPCM 码字(DT_ADPCM)
TP503	PCM/ADPCM 编码所需的 256kHz 主时钟(BCLK)	TP504	PCM/ADPCM 编码抽样时钟(FSX)
TP505	接收 PCM/ADPCM 码字	TP506	PCM/ADPCM 译码器模拟输出信号

硬件小常识

MC145540P(ADPCM 编解码器)

该电路是 MOTOROLA 公司生产的自适应差分 PCM(ADPCM)编解码器。内含 A/μ 律 PCM 编解码(Codec)与滤波器、模拟接口单元、ADPCM 编解码器、串行数据接口与控制接口及稳压电源等部分，可以实现模拟话音信号的线性，A 或 μ 律压扩的 PCM、ADPCM 编解码。可广泛用于数字电话、数字用户载波设备、固体录放机等低速语音终端或传输系统中。其基本特性为：

①具有 64kb/s PCM 线性，A 或 μ 律压扩编解码与滤波功能，由寄存器状态选择。

②提供 32kb/s 或 24kb/s、16kb/s ADPCM 编解码能力，由输入帧同步信号波形决定。

③内含可编程 DTMF 产生单元。

④发送、接收与测音增益可编程控制。

⑤具有微音器、扬声器与振铃器的接口(300Ω)。

⑥提供与微处理器串行接口功能，以控制电路各种工作状态。

⑦电源　　　+5V 或+2.7～+5.25V

⑧功耗(+5v)工作时：150mW

　　　　　降功耗时：0.3mW

⑨工艺　　CMOS

⑩封装　　DIP-28Pin

MC145540 内部包含模拟接口、PCM 编解码、串行控制接口(SCP)、ADPCM 码变换、数字接口及稳压电源等主要功能单元。

电路可以工作于 64kb/s PCM(CCITT G.714)、32kb/s ADPCM (CITT G.721 与 AN-

SIT1.301)、24kb/s ADPCM(CCITT G.723)和 16kb/s ADPCM (CCITT G.726)或 16kb/s MOTOROLA ADPCM(即类似 MC145532 ADPCM 码变换器)状态。具体通过帧同步 FST、FSR 的脉冲宽度控制 DSP 的算法而实现。

2.2.2 实验方法

一、实验目的

1. 了解语音编码的工作原理,验证 PCM/ADPCM 编译码原理;
2. 熟悉 PCM/ADPCM 编码数据和输入/输出时钟之间的关系;
3. 了解 PCM/ADPCM 专用大规模集成电路的工作原理和应用;
4. 熟悉语音数字化技术的主要指标及测量方法。

二、实验工具与平台

1. 通信原理综合实验平台;
2. 数字示波器;
3. 函数信号发生器。

三、实验内容及步骤

准备工作:

(1)由于本实验用的时钟信号由复接解复接模块的 UB03 提供,因此首先用 10 针排线连接排针插槽 JK501 和 JKB01,以获取时钟信号;

(2)设置复接解复接模块中的跳线开关 KB03。

1. PCM/ADPCM 串行接口时序观察

(1)输出时钟和帧同步时隙信号观测。用示波器同时观测抽样时钟信号和输出时钟信号,观测时以抽样时钟信号做同步。分析和掌握 PCM/ADPCM 编码抽样时钟信号与输出时钟的对应关系(同步沿、脉冲宽度等)。

(2)抽样时钟信号与 PCM/ADPCM 编码数据测量。用示波器同时观测抽样时钟信号和编码输出信号端口,观测时以抽样时钟做同步。分析和掌握编码输出数据与抽样时钟信号(同步沿、脉冲宽度)及输出时钟的对应关系。

2. PCM/ADPCM 编码

(1)用模拟信号源产生一个频率为 2kHz、电平为 1Vp-p 的正弦波测试信号送入该模块的信号测试端口;

(2)用示波器同时观测抽样时钟信号和编码输出信号端口,观测时以前者做同步。分析和掌握编码输出数据与抽样时钟信号(同步沿、脉冲宽度)及输出时钟的对应关系。

3. PCM/ADPCM 译码

(1)将 PCM/ADPCM 输出编码数据直接送入本地译码器,构成自环。相应设置跳线开关 K501、K504。

(2)PCM/ADPCM 译码器输出模拟信号观测。用示波器同时观测解码器输出信号端口和编码器输入信号端口,观测信号时以后者做同步。定性的观测解码信号与输入信号的关系,如质量、电平、延时。

4. PCM/ADPCM 频率响应测量

将测试信号电平固定在 1Vp-p，调整测试信号频率，定性的观测解码恢复出的模拟信号电平。观测输出信号电平相对变化随输入信号频率变化的相对关系。

5. PCM/ADPCM 动态范围测量

将测试信号频率固定在 2kHz，改变测试信号电平，定性的观测解码恢复出的模拟信号质量，测量译码输出信号的信噪比。观测信噪比随输入信号电平变化的相对关系。注意，对于没有条件测量的可对输出信号的质量作定性观察，即观察输入、输出信号李沙育图形的模糊度。

四、思考题

1. 自拟测量方案，测量 ADPCM 的群延时特性。

输入频率/Hz	300	500	1000	1500	2000	3000	3100	3400
延时/μs								

2. 简述 PCM/ADPCM 在实际中的应用情况。

2.3　CVSD 编译码实验

2.3.1　实验原理

一、CVSD 基本原理

一位二进制码只能代表两种状态，当然就不可能表示模拟信号的抽样值。可是，用一位码却可以表示相邻抽样值的相对大小，而相邻抽样值的相对变化将能同样反映模拟信号的变化规律。简单增量调制就是利用二进制“0”、“1”码分别代表相对前一抽样时刻抽样值的上升或下降。

简单增量调制由于量阶 Δ 固定不变，因此量化噪声功率是不变的，因而在信号功率 S 下降时，量化信噪比也随之下降。改进的方法很多，其基本原理是采用自适应方法使量阶 Δ 的大小随输入信号的统计特性变化而跟踪变化。如量阶能随信号瞬时压扩，则称为瞬时压扩 ΔM，记作 DM；若量阶 Δ 随音节时间间隔（5～20ms）中信号平均斜率变化，则称为连续可变斜率增量调制，记作 CVSD。应当强调指出，这里音节相当于语音准周期信号的基音周期，不是指语音学中音节（100ms 左右）。由于这种方法中信号斜率是根据码流中连“1”或连“0”的个数来检测的，所以在欧洲、日本又称为数字检测、音节压扩的自适应增量调制，简称数字压扩增量调制。

CVSD 编码方案的性能优于 PCM，它的误码率即使达到 4%，话音质量也可以接受。这种调制方式的输出比特跟随波形变化而变化，可以体现出估计值是大于或小于现在的取样值。输入 CVSD 编码器的是 64k 采样值/s 的线性 PCM，其编码与解码框图如图 2-5 和图 2-6 所示，系统时钟是 64kHz。

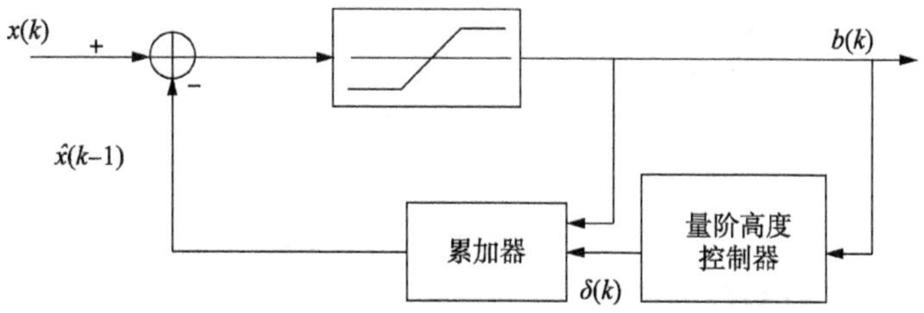

图 2-5　CVSD 编码框图

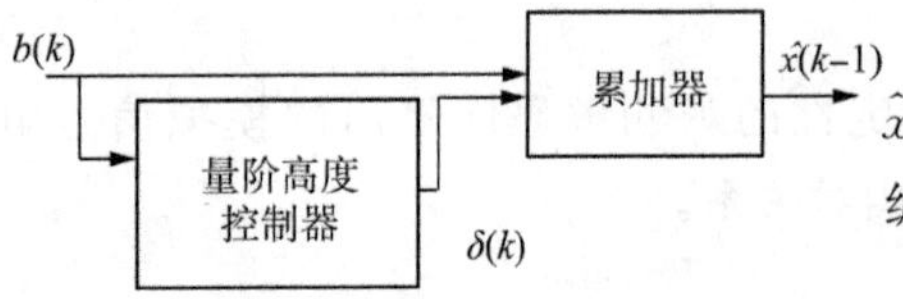

图 2-6　CVSD 解码框图

图 2-5 中，$x(k)$为当前输入 CVSD 编码器的采样值，$\hat{x}(k-1)$是前一采样值的估计值。符号函数 sgn 用来得到编码值 $b(k)$，有

$$b(k)=\mathrm{sgn}\{x(k)-\hat{x}(k-1)\}$$

$$\mathrm{sgn}(x)=\begin{cases}1, x>0\\0, x=0\\-1, x<0\end{cases}$$

图 2-5 中的累加器原理框图如图 2-7 所示。其中，符号函数由饱和函数 Sat. 代替，h 为累加器的衰落因子。

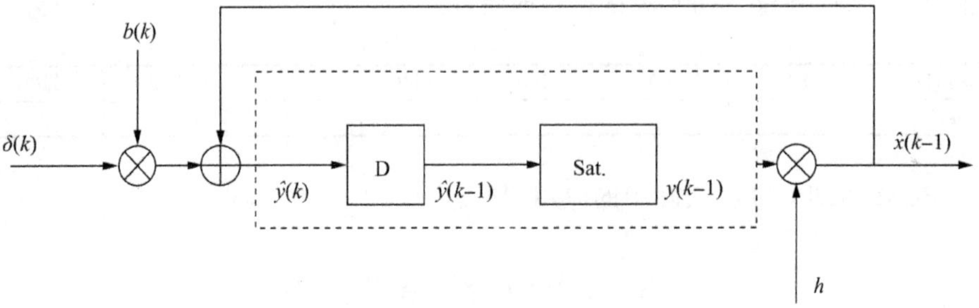

图 2-7　累加器工作原理框图

编码过程及公式说明：在计算当前的编码值后，需要计算当前值的估计值 $\hat{x}(k)$，其具体步骤如下。

1. 结合表 2-5 中的 CVSD 编码参数值，$\delta(k)$计算如下：

$$\delta(k)=\begin{cases}\min\{\delta(k-1)+\delta_{\min}, \delta_{\max}\}, & \sigma=1\\ \max\{\beta\delta(k-1), \delta_{\min}\}, & \sigma=0\end{cases}$$

式中，$\delta_{\max}$和 $\delta_{\min}$分别为量阶的最大值和最小值；β 为量阶的衰减因子；σ 为音节压缩参数，有

$\sigma=1$，　若连续 4 比特编码值均相同

$\sigma=0$，　其他情况

表 2-5　CVSD 编码参数值

参　数	取　值
h	$1-(1/32)$
β	$1-(1/1024)$
$\delta_{\min}$	10
$\delta_{\max}$	1280
$y_{\min}$	-2^{15}或$-2^{15}+1$
$y_{\max}$	$2^{15}-1$

2. $b(k)$的计算

$$b(k)=\mathrm{sgn}\{x(k)-\hat{x}(k-1)\}$$

3. $\hat{y}(k)$的计算

$$\hat{y}(k)=\hat{x}(k-1)+b(k)\cdot\delta(k)$$

4. $\hat{x}(k)$的计算

$$\hat{x}(k)=h\cdot y(k)$$

式中

$$y(k)=\begin{cases}\min\{\hat{y}(k),y_{\max}\}, & \hat{y}(k)\geqslant 0\\ \max\{\hat{y}(k),y_{\min}\}, & \hat{y}(k)<0\end{cases}$$

$y_{\max}$和 $y_{\min}$分别为累加器的正负饱和值。

二、实验电路组成及原理

CVSD 编译码系统分别由 CVSD 发送模块和 CVSD 译码模块完成。CVSD 编译码器使用大规模集成电路 MC34115 芯片，该芯片可同时用于 CVSD 编解码，具体功能取决于芯片第 15 脚(E/D)的使能信号："1"电平为编码方式，"0"电平为译码方式。

表 2-6　CVSD 编译码电路模块说明

标号	名称	功能描述
K801	跳线开关	置于 1_2(左端)，选择来自用户 1 接口模块； 置于 2_3(右端)，选择外部测试信号
K802	跳线开关	当跳线插入时，系统为 CVSD 编码方式； 当跳线拔出时，系统为 ΔM 编码方式
U802A U902A	运放(TL082)	用于对输入的话音信号进行缓冲放大
U801 (U901)	CVSD 编译码器(MC34115)	
K901	跳线开关	置于 1_2(左端)，送入 CVSD 译码模块的数据来自信道；置于 2_3(右端)，送入 CVSD 译码模块的数据直接来自 CVSD 发送模块
K902	跳线开关	置于 1_2(左端)，译码时钟来自接收信道恢复的时钟信号；置于 2_3(右端)，译码时钟直接来自发送编码时钟
	非线性网络	由 U802B(U902B)与 D801、D802 以及周围电阻组成非线性网络，使大信号输入时，量化阶自适应地增加，提高 CVSD 编译码器的动态范围
	音节滤波器	由 R813、R814 和 C806 构成，用于对连码一致性脉冲进行平滑
	双积分器	由 R806、R807、R808、C805 和 C804 组成，完成本地译码

表 2-7　CVSD 编译码电路测试点说明

测试点	功能	测试点	功能
TP801	CVSD 编码模拟信号输入	TP802	本地译码器输出(单积分网络)
TP803	本地译码器输出(双积分网络)	TP804	编码一致性检测输出
TP805	编码输入时钟(32kHz)	TP806	CVSD 编码数据输出(32kb/s)
TP807	量化阶距调整	TP808	非线性电路输出
TP901	译码数据输入(32kb/s)	TP902	译码输入时钟(32kHz)
TP903	译码一致性检测输出	TP904	译码器输出
TP905	CVSD 译码模拟信号输出		

CVSD 发送模块主要由 CVSD 编码集成电路 MC34115、运放 TL082、本地译码器、音节滤波器和非线性网络组成，其原理框图及电路原理图分别如图 2-8、图 2-10 所示。外部输入的话音信号经运放缓冲放大之后，送 MC34115 的 1 脚进行 CVSD 话音编码(CLKT_Data 为 32kHz 的编码时钟)，CVSD 编码之后的数据经 9 脚输出(CVSD_ENOUT)。由积分网络完成本地译码；本地译码器输出(双积分网络)信号是恢复的原始模拟信号(近似值)，该信号通过 2 脚送入比较器与输入信号进行比较。在编码一致性检测输出测试点可以观测到连码一致性脉冲信号。在本实验平台中，CVSD_ENOUT 编码信号可直接送到 CVSD 译码模块中，亦可经调制系统(BPSK 或

DBPSK)送到接收端。

CVSD 译码模块主要由 CVSD 解码集成电路 MC34115、运放 TL082、本地译码器、音节滤波器和非线性网络组成,CVSD 译码模块框图及电路原理图分别如图 2-9、图 2-11 所示。信道上来的 CVSD 数字信号送入 MC34115 的 13 脚,进行 CVSD 译码处理(14 脚为译码时钟),译码之后还原的模拟信号经运放缓冲放大输出。

CVSD 编译码电路模块及测试点说明见表 2-6 和表 2-7。

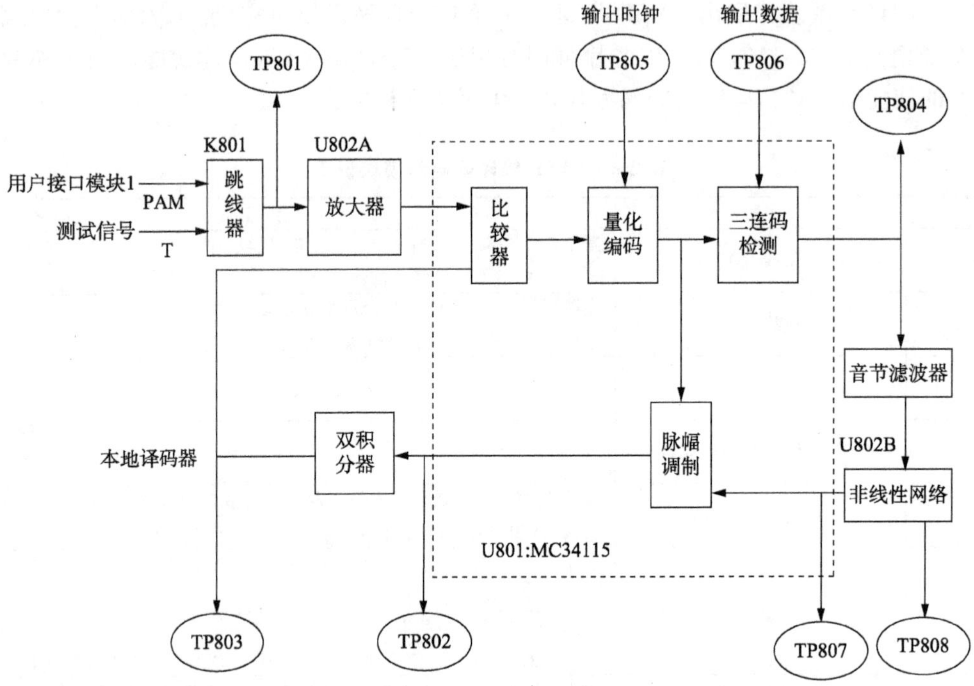

图 2-8　CVSD 发送模块原理框图

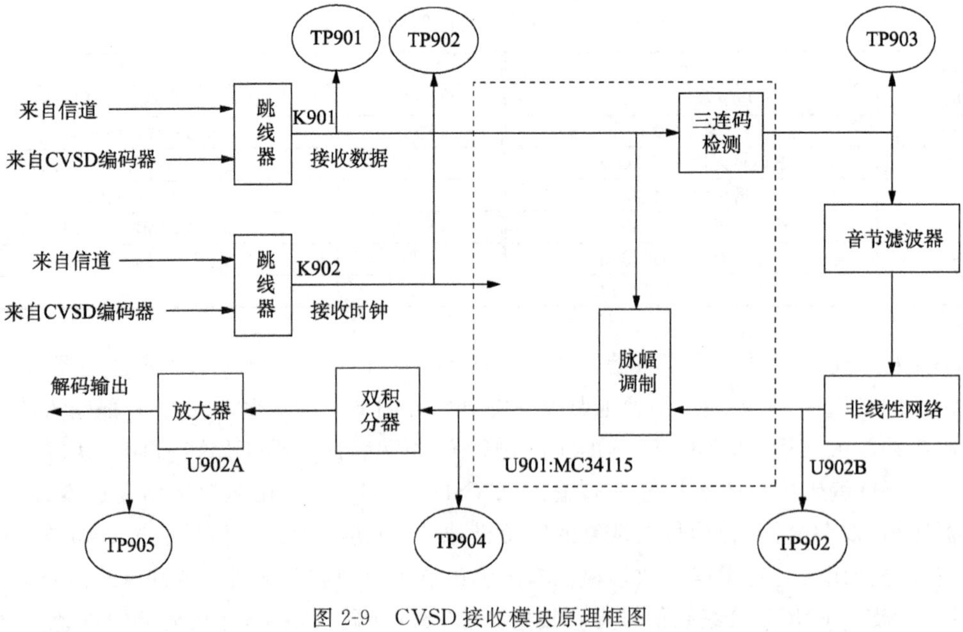

图 2-9　CVSD 接收模块原理框图

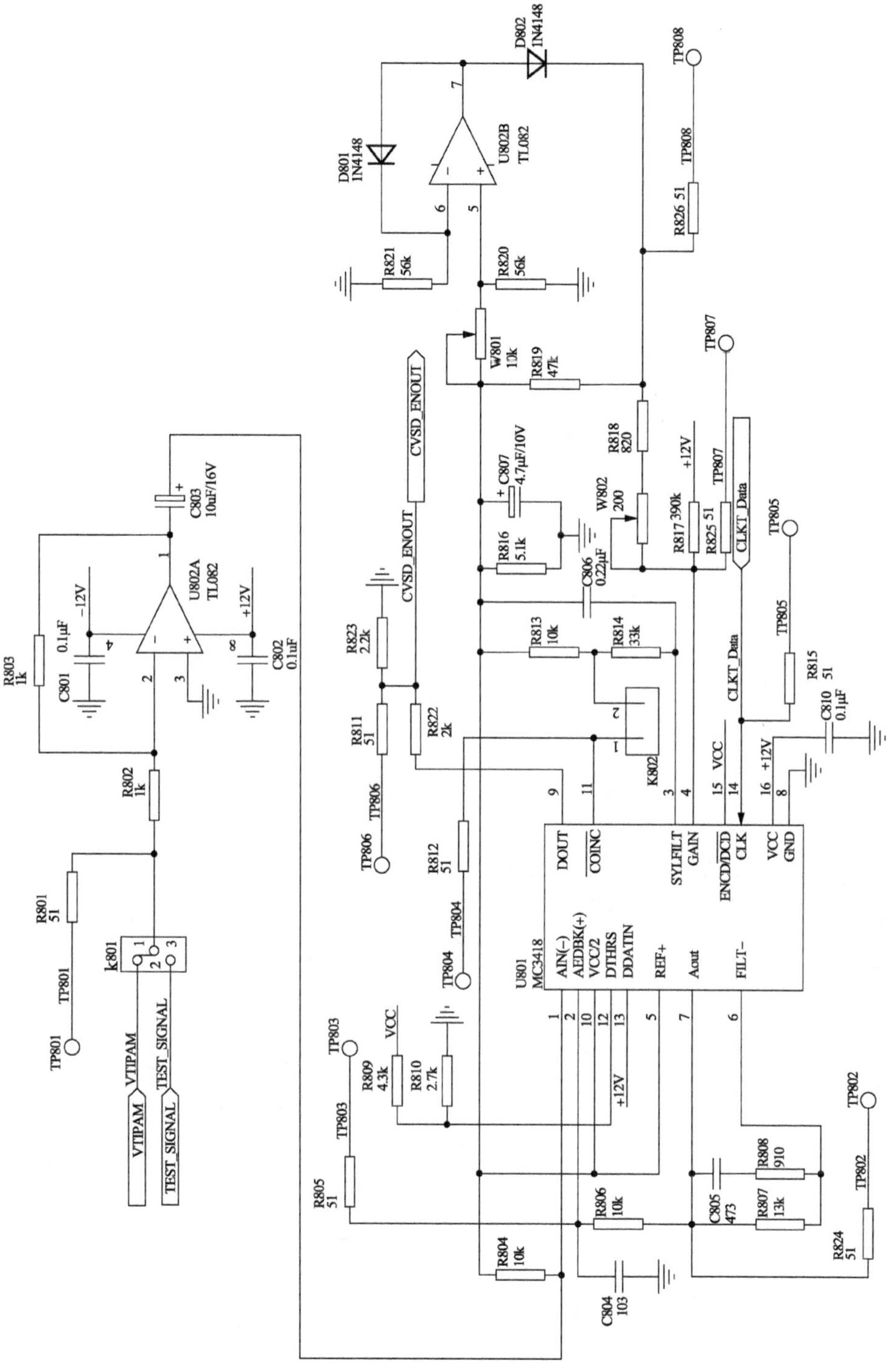

图2-10　CVSD编码模块电路原理图

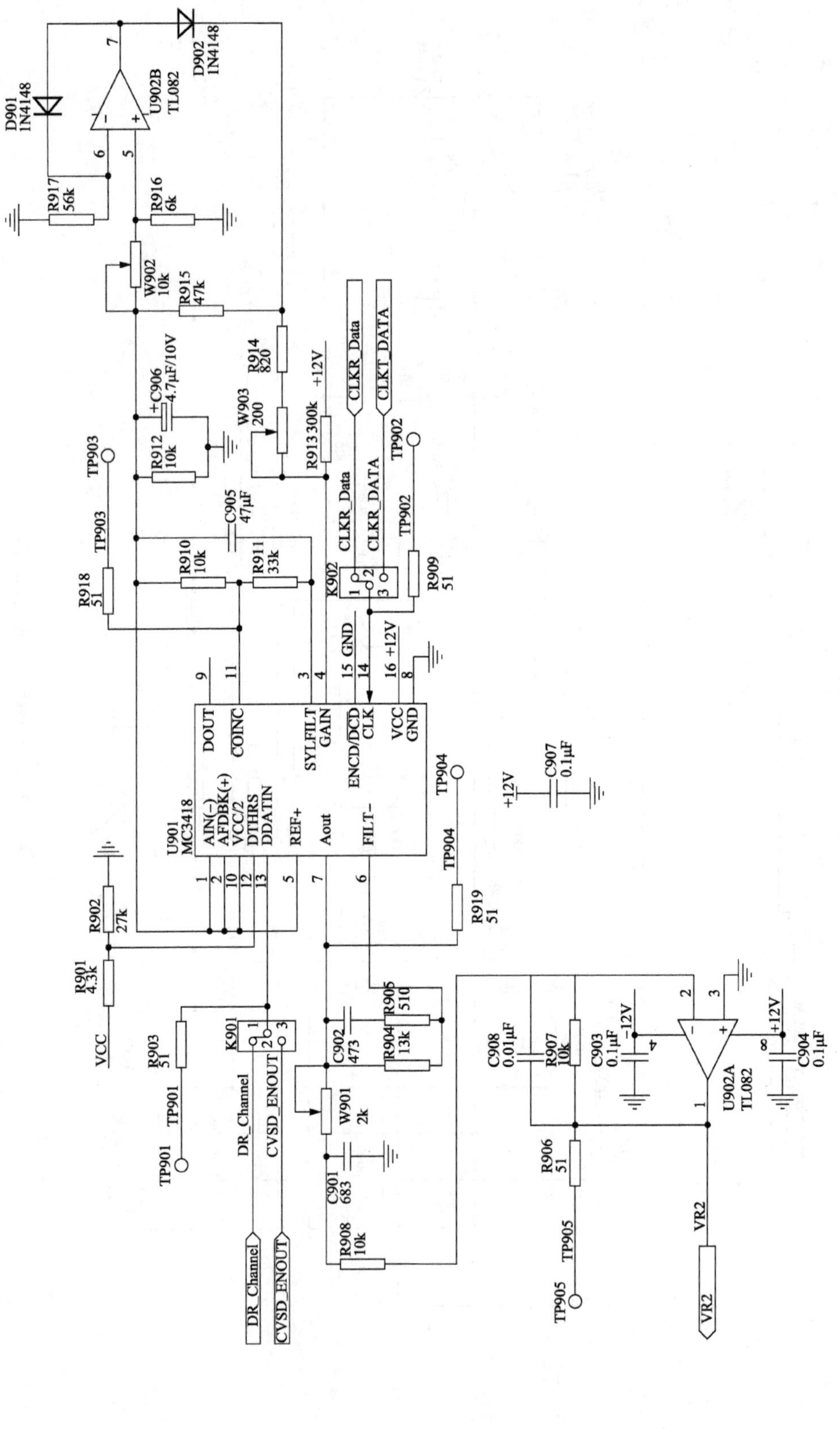

图2-11　CVSD译码模块电路原理图

硬件小常识

MC34115(CVSD 调制解调器)

MC34115 是 Motorola 公司生产的连续可变斜率增量(CVSD)调制/解调电路。是实现语音数字化的最简单方法之一,可用于电话数字终端或交换设备中。其基本特性如下。

(1)可工作在 DM 编码或解码状态,由外接信号电平选择。

(2)采用 3 比特算法。

(3)数字输入信号门限可选。

(4)数字输出电平与 CMOS 兼容。

(5)电源为+5V 或+12V。

(6)工艺为双极型。

(7)封装为 DIP-16Pin。

引出端符号说明如下:

符号	功能	符号	功能
ANI	模拟信号输入	DO	编码数据输出
ANF	模拟反馈输入	VCC/2	参考电压输出
SYL	量阶控制信号输入	COIN	一致脉冲输出
GC	增益控制输入	DTH	数字接口电平控制
VREF	参考电压输入	DDI	解码数据输入
FIL	外接滤波器输入	CK	时钟输入
ANO	模拟信号输出	E/D	编/解码方式选择
VEE	负电源(地)	VCC	正电源(+4.75~16.5V)

2.3.2　实验方法

一、实验目的

1. 了解语音信号的增量调制编译码的工作原理;
2. 验证 CVSD 编译码原理;
3. 了解 CVSD 专用大规模集成电路的工作原理、外围电路和一般使用方法;
4. 熟悉语音数字化技术的主要指标及测量方法。

二、实验工具与平台

1. 通信原理综合实验平台;
2. 数字示波器;
3. 函数信号发生器。

三、实验步骤

准备工作：

(1)由于CVSD实验用的32kHz时钟信号由基带成形模块UG01提供，因此首先用10针排线连接排针插槽JK902和JKG02，以获取时钟信号；

(2)信号源模块产生一个频率为1000Hz、电平为2Vp-p的正弦波作为测试信号送入该模块信号测试端口，并设置输入信号选择跳线开关。

1. 发送时钟和CVSD编码数据测量

(1)用示波器同时观测输入信号和编码输出数据信号的波形，观测时以前者做同步。观察和分析编码输出数据与输入信号的对应关系。

(2)将测试信号频率固定在1000Hz，调整测试信号电平，观察编码输出连码数据随输入信号电平变化的对应关系。

(3)将测试信号电平固定在2Vp-p，调整测试信号频率，观察编码输出连码数据随输入信号频率变化的对应关系。

2. 一致性脉冲(连码检测)观测

(1)用示波器同时观测输入信号端口和编码一致性检测输出端口的波形，观测时以前者做同步。一致性脉冲低电平有效。分析一致性脉冲与输入模拟信号斜率的关系。

(2)参考步骤1中的(2)、(3)点进行实验。

3. CVSD量化阶电平调整观测

(1)用示波器同时观测输入信号和量化阶电平调整信号的波形，观测时以前者做同步。观察量化阶随输入信号电平变化情况。分析量化电平与输入模拟信号斜率的关系。

(2)参考步骤1中的(2)、(3)进行实验。

4. CVSD本地译码器信号观测

(1)用示波器同时观测输入信号和本地译码输出(双积分网络)信号的波形，观测时以前者做同步。观察本地译码输出信号跟踪输入信号的情况。

(2)参考步骤1中的(2)、(3)进行实验。

准备工作：直接将发送端CVSD编码数据和发送时钟送入CVSD译码器，相应设置各开关。

5. CVSD译码模拟输出信号观测

(1)用示波器同时观测译码器输出信号和编码器输入信号的波形，观测时以后者做同步。定性的观测解码恢复出的模拟信号质量。

(2)将测试信号频率固定在1000Hz，改变测试信号电平，定性的观测解码恢复出的模拟信号质量。观察量化噪声和过载失真随输入信号电平变化的相关关系。

(3)将测试信号电平固定在2Vp-p，调整测试信号频率，定性的观测解码恢复出的模拟信号质量。观察量化噪声和过载失真随输入信号频率变化的相关关系。

6. 系统性能指标测量

说明：与信噪比、噪声有关的指标可以用示波器直观定性地观测。

(1)频率特性测量。输入一个电平为2Vp-p的正弦波测试信号送入信号测试端口和地。用示波器(或电平表)测量CVSD译码输出信号端口的电平。改变信号频率，用点频法测量。测量频率范围为250～4000Hz。

(2)信道增益测量。用信号源模块产生一个频率为1000Hz、电平为2Vp-p的正弦波测试信号送入信号测试端口。用示波器(或电平表)测量 CVSD 译码输出信号端口的电平。将收发电平的倍数(增益)换算为 dB 表示。

(3)CVSD 编译码系统空闲噪声测量。在无信号输入时测量 CVSD 译码输出噪声的大小。

四、思考题

1. CVSD 是连续可变斜率增量编码,如何从输出编码数据中反映出信号斜率的大小?

2. CVSD 与简单增量调制相比性能有哪些提高?

2.4　时分复用(TDM)通信系统综合实验

2.4.1　实验原理

一、TDM 基本原理

为了提高通信系统信道的利用率,语音信号的传输往往采用多路复用通信的方式。复用技术有多种工作方式,如频分复用、时分复用以及码分复用。

时分复用的 PCM 系统(TDM-PCM)的信号代码在每一个抽样周期有 Nk 个,这里 N 表示复用路数,k 表示每个抽样值编码的二进制码元位数。因此,二进制码元速率可以表示为 Nkf_s,也就是 $R_b=Nkf_s$。但实际码元速率要比 Nkf_s 大。因为在 PCM 数据帧中,除了话音信号的代码以外,还要加入同步码元、振铃码元和监测码元等。

对于多路数字电话系统,国际上已建议的有两种标准化制式,即 PCM 30/32 路(A 律压扩特性)制式和 PCM 24 路(μ 律压扩特性)制式,并规定国际通信时,以 A 律压扩特性为准(即以 30、32 路制式为准)。凡是两种制式的转换,其设备接口均由采用 μ 律特性的国家负责解决。

目前我国和欧洲等国采用 PCM 系统,以 2048kb/s 传输 30/32 路话音、同步和状态信息作为一次群。为了能使电视等宽带信号通过 PCM 系统传输,就要求有较高的码率。而上述 PCM 基群(或称一次群)显然不能满足要求,因此,出现了 PCM 高次群系统。在时分多路复用系统中,高次群是由若干个低次群通过数字复用设备汇总而成的。对于 PCM 30/32 路系统来说,其基群的速率为 2048kb/s。其二次群则由 4 个基群汇总而成,速率为 8448kb/s。话路数为 4×30=120,对于速率更高,路数更多的三次群以上的系统,目前在国际上尚无统一的建议标准。

二、实验电路组成及原理

本实验的系统连接框图如图 2-12 所示。

数字复接/解复接由复接和解复接两个独立的模块构成。本实验平台实现在信道传输上采用类似 TDM 的传输方式:定长组帧、帧定位码与信息格式。一帧共有 4 个时间间隔,按 8 个 bit 一组分成了一个一个的固定时隙,帧结构组成如图 2-13 所示。各时隙从 0 到 3 顺序编号,分别记为 TS0、TS1、TS2 和 TS3。TS0 时隙为帧定位码,帧定位码选用 7 位 Barker 码(1110010),使接收端具有良好的相位分辨能力。TS1 时隙为话音业务 PCM 编码信号,TS2 时隙为开关信号,TS3 时隙为特殊码序列。TS0～TS3 复合成一个 256kb/s 数据流在同一信道上传输,见表 2-8 和表 2-9。

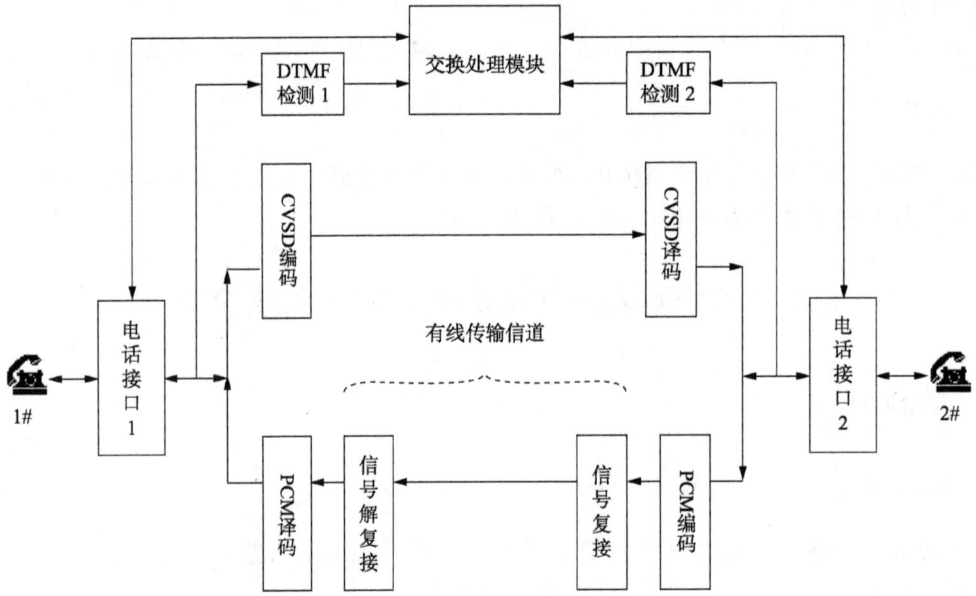

图 2-12　时分复用(TDM)系统测试组成框图

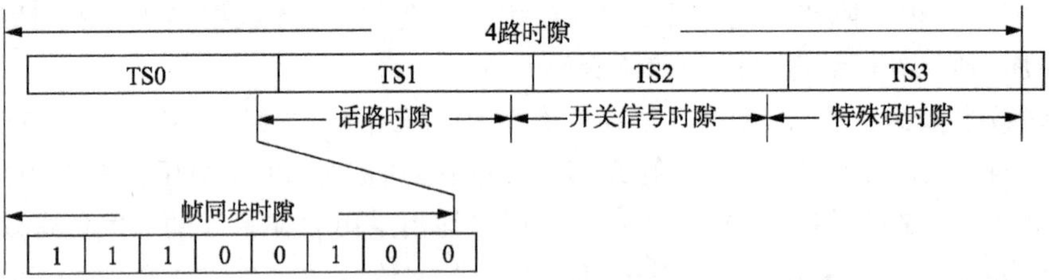

图 2-13　帧结构组成图

表 2-8　时分复用通信系统实验测试点说明

测试点	功能	测试点	功能
TPB01	发送 m 序列输出(复接模块)	TP101	接电话机 T1 线(用户接口模块 *i*)
TPB02	插入错码指示(复接模块)	TP102	接电话机 R1 线(用户接口模块 *i*)
TPB03	输入复接信号(解复接模块)	TP103	摘、挂机状态检测(用户接口模块 *i*)
TPB04	输入时钟(解复接模块)	TP104	振铃控制 CA(用户接口模块 *i*)
TPB05	接收 m 序列输出(解复接模块)	TP105	振铃控制 CB(用户接口模块 *i*)
TPB06	收端帧同步指示(解复接模块)	TP106	发送话音信号电平(用户接口模块 *i*)
TPB07	发端帧同步指示(复接模块)	TP107	接收话音信号电平(用户接口模块 *i*)

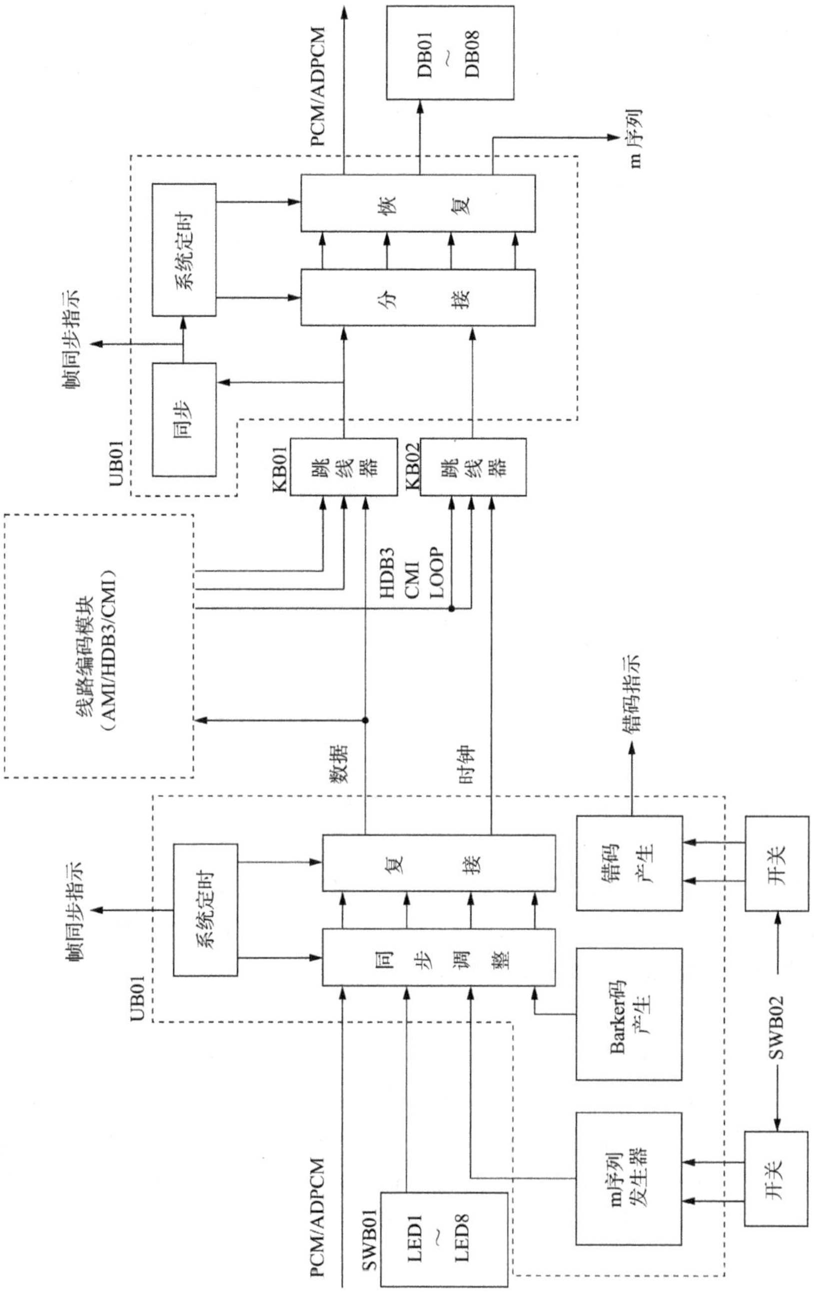

图 2-14　复接/解复接模块原理框图

表 2-9　时分复用通信系统实验模块说明

标号	名称	功能描述
SWB01	信号跳线开关	设置改变码型
UB01	EMP7064	可编程门阵列
UB02	EMP7128	可编程门阵列
DB01～DB08	发光二极管	显示开关码字信号

续表

<table>
<tr><th>标号</th><th>名称</th><th>功能描述</th></tr>
<tr><td>SWB02</td><td>跳线开关</td><td>可进行 m 序列码型及信道误码率选择，如下所示：
<table>
<tr><td>选项</td><td colspan="4">SW02 设置状态</td></tr>
<tr><td>M_SEL0</td><td>□ □</td><td>□━□</td><td>□ □</td><td>□━□</td></tr>
<tr><td>M_SEL1</td><td>□ □</td><td>□ □</td><td>□━□</td><td>□━□</td></tr>
<tr><td>m 序列</td><td>全 0 码</td><td>全 1 码</td><td>m1</td><td>m2</td></tr>
</table>
<table>
<tr><td>选项</td><td colspan="4">SW02 设置状态</td></tr>
<tr><td>M_SEL0</td><td>□ □</td><td>□━□</td><td>□ □</td><td>□━□</td></tr>
<tr><td>M_SEL1</td><td>□ □</td><td>□ □</td><td>□━□</td><td>□━□</td></tr>
<tr><td>Pe</td><td>0</td><td>4×10^{-3}</td><td>1.6×10^{-2}</td><td>1×10^{-1}</td></tr>
</table>
</td></tr>
<tr><td>KB01
KB02</td><td>跳线开关</td><td>置 KB01 于最上端，KB02 于中间：输入解复接模块信号来自 HDB3 码模块；置 KB01、KB02 于中间：输入解复接模块信号来自 CMI 码模块；置 KB01 于最下端，KB02 于最下端：输入解复接模块信号来自复接模块</td></tr>
</table>

复接/解复接原理组成框图如图 2-14 所示。

1. 复接模块

帧传输复接模块主要由 Barker 码产生、同步调整、复接、系统定时单元所组成；帧传输解复接模块(亦称分接器)是由同步、定时、分接和恢复单元组成。

复接模块主要由一片现场可编程门阵列 EMP7064 芯片、跳线开关和工作方式选择开关组成。其电路工作原理如下所述。

(1)话音编码数据：输入的话音编码信号来自 PCM/ADPCM 电路。

(2)开关信号：开关信号码字为 8bit，学生可以直接通过跳线开关设置来改变码型。

在解复接模块正常工作并同步时，该开关码字信号从解复接模块的发光二极管一一对应直观的显示出来。

(3)Barker 码：码型 1110010，不足部分补零。

(4)系统定时、同步调整及复接：复接器定时用于提供统一的基准时间信号；调整单元的作用是把各输入支路数字信号进行必要的频率或相位调整，形成与内部定时信号完全同步的数字信号，然后由复接单元完成时间复用形成合路数字信号流。该部分电路功能由 EMP7064 芯片完成。复接后的信号可以在解复接模块中的输入复接信号(左上角)观测到；发端帧同步指示信号用于观测复接信号做示波器同步用。

(6)错码产生器：错码产生器用于学生了解帧传输复接/解复接器在有误码的环境下接收端帧同步过程和抗误码性能，错码产生及错码插入由 EMP7064 芯片实现。

2. 解复接模块

解复接模块主要由一片现场可编程门阵列 EMP7128 芯片、发光二极管组成。其电路工作原理如下所述。

(1)同步、接收系统定时、分接、恢复电路：分接器的定时来自同步单元恢复的接收时钟。同步采用逐码移位同步搜索法，调整收端本地帧定位码的相位，使之与收到的总码流中的帧定位码对准。在同步单元的控制下，使分接器的基准时间与复接器的基准时间信号保持正确的相位关系(同步)；同步后通过分接单元将收端各分路定时脉冲就对接收到的码流进行正确的分路，把合路的数字信号实施分离形成同步的支路数字信号，然后再经过恢复单元恢复出原来的支路数字信号，该部分电路功能由 EMP7128 芯片完成。

(2)解复接话音编码数据：送到 PCM/ADPCM 电路进行解码。

(3)解复接开关信号：直接送到发光二极管显示出来。

(4)解复接 m 序列：可用示波器观测。

(5)帧同步指示：解复接的帧同步电路同步在复接信号帧同步码上，接收帧同步指示信号送到相应观测点。正常时，用示波器观测该信号与发端帧同步指示完全同步。当无复接信号或误码过大造成时，解复接帧同步电路将失步，可以观测失步的调整过程。

2.4.2　实验方法

一、实验目的

1. 熟悉帧复接/解复接器在通信系统中所处的地位及作用；
2. 定性了解帧传输在不同信道误码率时对话音业务和数据业务的影响。

二、实验工具与平台

1. 通信原理综合实验平台；
2. 数字示波器；
3. 电话机。

三、实验内容及步骤

准备工作：

(1)用 20 芯排线将用户接口模块中的排针插槽 JK101 与交换模块中的排针插槽相连，以实现电话的交换功能；用 10 芯排线将用户接口模块中的排针插槽 JK102 与 CVSD 编解码模块的 JK901 相连，以实现电话 1 语音信号的 CVSD 编码，并将译码信号输入电话 2；用 10 芯排线将 CVSD 编解码模块的 JK902 与基带成形模块的 JKG02 相连，从基带成形模块提供 CVSD 编解码的 32kHz 时钟 2；用 10 芯排线将用户接口模块中的排针插槽 JK103 与 PCM/PAM 模块的 JK502 相连，以实现电话 2 语音信号的 PCM 编码，并将译码信号输入电话 1；用 10 芯排线将 PCM/PAM 编解码模块的 JK501 与复接解复接模块的 JKB01 相连，复接解复接模块提供 PCM 编解码的时钟。

(2)进行 PCM/PAM 模块跳线开关(K501、K502、K503、K504)的设置及 CVSD 模块跳线开关(K801、K802、K901、K90)的设置。

(3)DTMF1 模块内增益选择跳线开关 K301 设置在 N 位置(左端)，DTMF2 模块内增益选择跳线开关 K401 设置在 N 位置(左端)。

(4)将 2 部电话机接入电话插座；进行解复接模块内的输入数据选择开关的设置，使复接模块和解复接模块连接成直通方式；进行 PCM/PAM 模块的跳线开关设置使 PCM 译码信号来自解复接模块。

(5)进行误码和 m 序列设置，使传输信道无误码、m 序列发生器输出 m1 序列码。

1. TDM 通信系统测试

利用用户接口 I 中的测试点进行通信系统测试，自拟方案，记录测量结果，并分析现象，得出结论。

2. 不同信道误码率下帧内数据信号传输的测量

(1)用示波器测量同时观测复接模块帧同步指示测试点与解复接模块帧同步指示测试点波形，观测时用前者同步，调整示波器使两观测信号之间正常同步。用示波器观察复接模块内 m 序列测试点和解复接模块内 m 序列接收输出测试点波形是否一致，并记录测试结果。

(2)设置相应跳线开关，使传输信道误码率分别为 4×10^{-3}、1.6×10^{-2}、1×10^{-1}，完成(1)的实验内容。注意观测解复接模块开关信号指示发光二极管在有信道误码下的变化情况。

3. 不同信道误码率下帧内传输 PCM 话音业务的测量

(1)进行相应跳线设置，使得复接解复接模块对语音信号进行 PCM 编码。

(2)在无信道错码时，通过电话机 2 讲话，听 PCM 信号经过复接系统传输的话音质量。主观评价话音传输质量，记录测试结果。

(3)设置相应跳线开关，使传输信道误码率分别为 4×10^{-3}、1.6×10^{-2}、1×10^{-1}，完成(2)的实验内容。在不同传输信道中误码率，由于误码或帧失步对 PCM 话音质量影响，给话音业务通信质量主观打分，记录测试结果。

4. 不同信道误码下帧内传输 ADPCM 话音业务的测量

自行设计测量方案。

5. 不同信道误码率下帧内传输开关信号输出指示观测

从解复接模块的开关信号指示发光二极管指示灯的变化能直观的反映出信道错码、帧同步电路失步及信道故障(数据中断或时钟恢复电路故障)情况。

6. 在数据信号中连续出现帧定位信号对帧同步电路的影响测量

(1)用示波器测量同时观测复接模块帧同步指示测试点与解复接模块帧同步指示测试点波形，观测时用前者同步，调整示波器使两观测信号之间正常同步。

(2)复接模块内开关信号跳线开关中 LED7～LED0 为 11100100 码型，使其与帧定位信号一致。完成(1)的实验内容。

(3)通过加大误码再减小误码(或断开解复接模块输入数据再接入数据)，解复接模块帧同步电路失步进入失锁后再进入同步。完成(1)的实验内容，注意两信号波形的相位关系，重复多次实验，记录测试结果。

(4)重复第(3)步的测量步骤，注意观测解复接模块的开关信号指示发光二极管指示灯的变化情况，通过实验结果分析对数据通信的影响。

(5)按“不同信道误码率下帧内传输 PCM 话音业务的测量”要求设置，通过电话拨号接通电话，两端电话处于正常通话状态。重复第(3)步的测量步骤，通过实验结果分析对话音业务传输的影响。

四、思考题

1. 要减少数据信号中因出现帧同步信号而带来的对帧同步的影响有哪些措施？
2. 能利用哪些测试手段或故障现象直接判断出解复接模块帧同步电路失步。

第 3 章　信源压缩编码

本章主要实验内容：

- √　Huffman 编解码
- √　算术编解码
- √　二维 DCT 图像压缩编码
- √　小波变换图像压缩
- √　图像压缩综合系统

在数字通信系统中，信源压缩编码属于信源编码模块，在模拟信号数字化处理之后。压缩编码通过对信源输出的消息进行有效变换，使变换后的新信源冗余度尽量减少，从而提高传输有效性。压缩编码的方法较多，本章所涉及的关键技术包括 Huffman 编码、算术编码、DCT、小波变换等，将这些技术融合，组成图像压缩综合系统。

3.1　Huffman 编解码实验

3.1.1　实验原理

满足无失真信源编码定理（香农第一定理）的冗余度压缩非前缀码的构成方法已由 Shannon、Fano 和 Huffman 分别得到，可以证明，1952 年提出的 Huffman 编码算法是其中冗余度最小（平均码长最小）的码，因此应用最广。

以下借助图 3-1 所示的编码实例说明 Huffman 编码的算法。在这个例子中共有 $K=6$ 个信源符号。

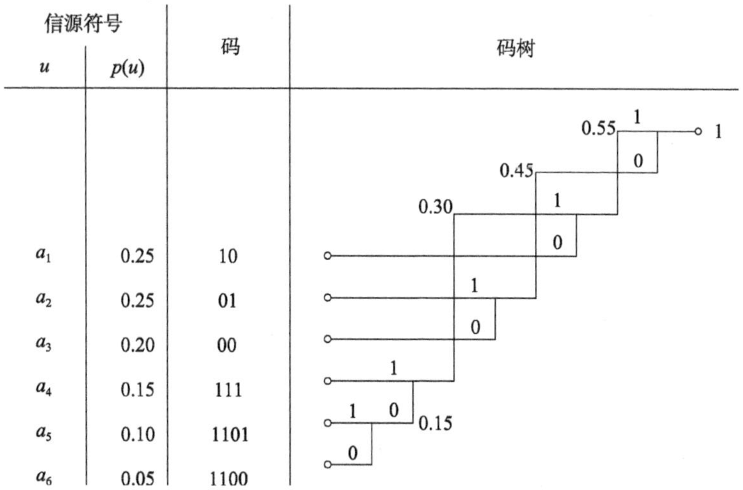

图 3-1　Huffman 编码举例

编码步骤如下。

(1) K 个符号依出现概率递减顺序排列。

(2)将最小概率的两个信源符号合在一起成为一个辅助符号，计算其出现概率。在图 3-1 中，符号 a_5，a_6 合并，合在一起的出现概率为 $p(a_5)+p(a_6)=0.15$。

(3)将如上所得辅助符号与其余的符号一起重新依出现概率递减顺序排列，再将最小概率的两个符号组成一个新的辅助符号，计算其出现概率。图 3-1 中，$p(a_4)+[p(a_5)+p(a_6)]=0.30$。

(4)重复上步，直到出现一个概率为 1 的符号(此即为码树的根)为止。

(5)如图 3-1 所示，用线将符号连接起来，从而得到一个非前缀码的码树。树的 K 个断点对应 K 个信源符号，每一节点的两个分支用二进制码的两个码元符号“0”和“1”分别标志，从根开始沿着图中所示的路径，经过一个或几个节点到达端点，将一路遇到的二进制码元符号顺序排列起来，就是这个端点所对应的信源符号的 Huffman 码的码字。

与固定字长编码比较，从编码效率、冗余度等方面来看，Huffman 编码都优于等长码。Huffman 编码是严格按照对出现概率大的信源符号分配短码，对出现概率小的信源符号分配长码这一统计编码准则编码的。码字长度按照所对应的符号出现概率大小的逆序排列。Huffman 编码已被广泛应用到各种静止和活动图像编码的标准中。静止图像编码的 JPEG，活动图像编码的 H.261、H.263、MPEG-1、MPEG-2 等国际标准中都采用 Huffman 编码作统计编码(熵编码)，并提供了码表。Huffman 码在这些标准中被用来对量化后的 DCT(离散余弦变换)系数以及活动图像编码中的运动位移矢量进行编码。

Huffman 编码既可以用来对一维的信源符号编码，也可以对多维的信源符号(多维“事件”)编码。例如，在上述的一些国际标准中，对量化后的 DCT 系数编码时，是把“0”系数的游程(连续“0”的个数)和紧接在“0”后出现的一个非“0”系数的幅值联合起来，作为一个二维事件进行 Huffman 编码。采用这种编码方法比分别对“0”游程和非“0”系数的幅值单独进行 Huffman 编码的效率要高。

MATLAB 工具箱
(Huffman 编码)

Huffmandict — 建立 Huffman 码表
Huffmanenco — 进行 Huffman 编码
Huffmandeco — 进行 Huffman 译码

3.1.2　实验方法

一、实验目的

1. 掌握二进制 Huffman 编解码原理；
2. 掌握 Huffman 码基本问题分析。

二、实验工具与平台

1. C 语言开发平台或 MATLAB 软件仿真平台；
2. 信源编码通信实验平台；
3. 创新开发实验平台。

三、实验内容及步骤

1. 对给定英文文章进行英文字母概率统计，给出英文符号概率分布；
2. 针对上述分布，进行二元 Huffman 编码，给出 Huffman 码表；
3. 利用码表，对该英文文章进行编码，给出码流；
4. 通过 BSC(p)信道，得到接收序列；
5. 利用码表，进行译码，分析误码率；
6. 改变信道错误概率 p，得到不同的误码率。

四、思考题

1. 分析 Huffman 码误码扩散现象；
2. 分析 Huffman 码在使用中的复杂性，并进行相应的改进。

3.2　算术编解码实验

3.2.1　实验原理

算术编码绕过了 Huffman 编码用一个特定的(整数码长)代码表示一个信源符号的想法，而用一个浮点数值表示一个信源符号流。因此，算术编码可以克服 Huffman 编码的缺点，更逼近无失真信源编码的极限。

算术编码将被编码的信源符号流表示成实数半开区间[0,1)中的一个数值间隔。这个间隔随着符号流中每一个信源符号的加入逐步减小，每次减小的程度取决于当前加入的信源符号的先验概率。先验概率高者减小的程度低，因此表示它只需在原有基础上增加较少的数位；先验概率低者减小的程度高，表示它则需要在原有基础上增加较多的数位。符号流越长，代表它的间隔就越小，编码表示这一间隔所需要的数位(比特)就越多。因此，从算术编码过程中产生的是一个小于 1，并且大于或等于 0 的数值，这个数值可以唯一地被解码，精确地恢复原始的信源符号流。

采用固定模式编码时，假设各个信源符号的先验概率为已知，利用这一概率分布，在[0,1)之内，分别对每个信源符号指定一段与其相对应的数值范围，范围的大小与该符号的先验概率成正比。例如，设信源符号集由 4 个信源符号$\{a_1,a_2,a_3,a_4\}$组成，其出现概率和分配的数值范围如表 3-1 所示。

表 3-1　信源符号及指定的数值范围

信源符号	先验概率	分配范围
a_1	0.2	[0,0.2)
a_2	0.4	[0,2,0.6)
a_3	0.2	[0.6,0.8)
a_4	0.2	[0.8,1.0)

设在编码开始前，即“无信息”状态，对应的数值范围是整个半开区间[0,1)。当一个个信源符号被编码处理时，这一范围会按下述规则变窄。

(1)符号定义。

range:编码输出数值的落入范围,range=high-low

high:range 的上界

low:range 的下界

high_range(c):符号 c 的范围上界(由表 3-1 规定)

low_range(c):符号 c 的范围下界(由表 3-1 规定)

(2)设定初始值。

high=1.0

low=0

range=high-low=1.0

(3)在每一信源符号被编码后,计算 high,low 及 range 的新值。

high=low+range×high_range(c)

low=low+range×low_range(c)

range=high-low

一、编码过程

下面以编码符号流“$a_1a_2a_3a_4a_2$”为例,叙述算术编码过程。

(1)第 1 个符号“a_1”被编码。

high_range(a_1)=0.2,low_range(a_1)=0

high=0+1.0×0.2=0.2

low=0+1.0×0.2=0

range=0.2-0=0.2

“a_1”被编码后,编码器输出的数值范围由[0,1)变为[0,0.2)。

(2)第 2 个符号“a_2”接着被编码。

high_range(a_2)=0.6, low_range(a_2)=0.2

high=0 + 0.2×0.6=0.12

low=0 +0.2×0.2=0.04

range=0.12-0.04=0.08

“a_1 a_2”被编码后,编码器输出的数值范围由[0,0.2)变为[0.04,0.12)。

(3)第 3 个符号“a_3”接着被编码。

high=0.04+0.08×0.8=0.104

low=0.04+0.08×0.6=0.088

range=0.104-0.088=0.016

“$a_1a_1a_3$”被编码后,编码器输出的数值范围由[0.04,0.12)变为[0.088,0.104)。依此类推,可将这一编码过程表示如表 3-2 所示。

上述算术编码的编码过程还可用图 3-2 表示。带刻度的垂直线表示根据出现的先验概率分配给各信源符号的数值范围。编码器的初始输出数值范围是[0,1),在编码完第一个信源符号“a_1”后,编码器的输出数值范围压缩到[0,0.2);在编码完第二个信源符号“a_2”后,编码器的输出数值范围进一步压缩到[0.04,0.12);如此继续下去,编码器的输出数值范围不断缩小。为了清楚表示,在每编码一个信源符号后,将该信源符号的数值范围放大后显示。

表 3-2　算术编码过程

编码过程	输出数值范围
初始	[0,1)
编码 a_1	[0,0.2)
编码 a_2	[0.04,0.12)
编码 a_3	[0.088,0.104)
编码 a_4	[0.1008,0.104)
编码 a_2	[0.10144,0.10272)

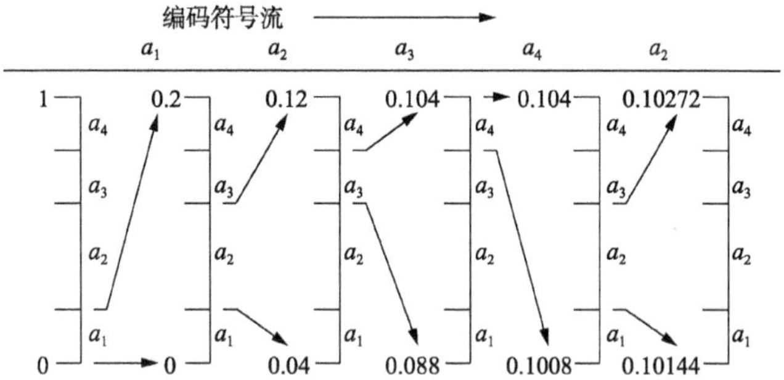

图 3-2　算术编码过程

二、解码过程

对于解码器而言，并不需要知道编码器输出最终数值范围的两个端点值，只要传送这一范围内的任何一个数值（如最终数值范围的下界值）就可解码。如本例中，用 0.10144 就可表示对"$a_1a_2a_3a_4a_2$"的唯一编码。

(1)通过查看哪一个信源符号拥有已编码消息所落入的数值范围，找到消息中的第一个信源符号。本例中，由于 0.10144 为[0,0.2)，所以，第一个符号为"a_1"。

(2)从编码数值中消去第一个符号（本例中"a_1"）的影响，即首先减去"a_1"的下界值，然后除以"a_1"对应范围的宽度，即(0.10144－0)/0.2＝0.50720，查表找到该结果落入哪一个符号对应的数值范围，得到第二个符号。

(3)重复上两步，将第二个符号影响消除，再找到第三个符号。方法重复直至解出整个符号流。

(4)需要注意，一个符号流的末尾应有一个结束符作结束标记，它随信源符号一起被编码。表 3-3 示出本例的解码过程。

表 3-3　算术编码解码过程

被解码的数值	解出的信源符号	该符号对应的范围
0.10144	a_1	[0,0.2)
0.5072	a_2	[0.2,0.6)
0.768	a_3	[0.6,0.8)
0.84	a_4	[0.8,1.0)
0.2	a_2	[0.2,0.6)
0		

MATLAB 工具箱
（算术编码）

arithenco — 算术编码
arithdeco — 算术译码

3.2.2 实验方法

一、实验目的

1. 掌握算术编译码基本原理；
2. 了解算术编码的应用情况。

二、实验工具与平台

1. C 语言开发平台或 MATLAB 软件仿真平台；
2. 创新开发实验平台。

三、实验内容及步骤

1. 对给定的符号序列进行概率统计，给出符号概率分布；
2. 利用概率分布，对该序列进行算术编码，给出编码码流；
3. 通过 BSC(p)信道，得到接收序列；
4. 进行解码，分析误码率；
5. 改变信道错误概率 p，得到不同的误码率。

四、思考题

1. 分析比较算术编码与 Huffman 码在效率、性能上的差异；
2. 简述算术编码在实际中的应用情况及发展情况。

3.3 二维 DCT 图像压缩编码实验

3.3.1 实验原理

令 $f(x,y)$表示一幅大小为 $N_1 \times N_2$ 的图像，其中，$x = 0,1,2,\cdots,N_1-1$ 和 $y = 0,1,2,\cdots,N_2-1$。f 的二维离散余弦变换(DCT)为

$$F(u,v) = \sum_{x=0}^{N_1-1}\sum_{y=0}^{N_2-1} C(u,v) f(x,y) \cos\frac{(2x+1)u\pi}{2N_1}\cos\frac{(2y+1)v\pi}{2N_2}$$

其反变换为

$$f(x,y) = \sum_{u=0}^{N_1-1}\sum_{v=0}^{N_2-1} C(u,v) F(u,v) \cos\frac{(2x+1)u\pi}{2N_1}\cos\frac{(2y+1)v\pi}{2N_2}$$

其中，归一化系数为

$$C(u,v)=\begin{cases}\dfrac{1}{\sqrt{N_1N_2}}, & u=v=0\\ \sqrt{\dfrac{2}{N_1N_2}}, & uv=0,u\neq v\\ \dfrac{2}{\sqrt{N_1N_2}}, & uv\neq 0\end{cases}$$

图 3-3 为 8×8 图像块大小的 DCT 变换频率图，从左到右，从上到下，分别按照水平、垂直方向增加频率。

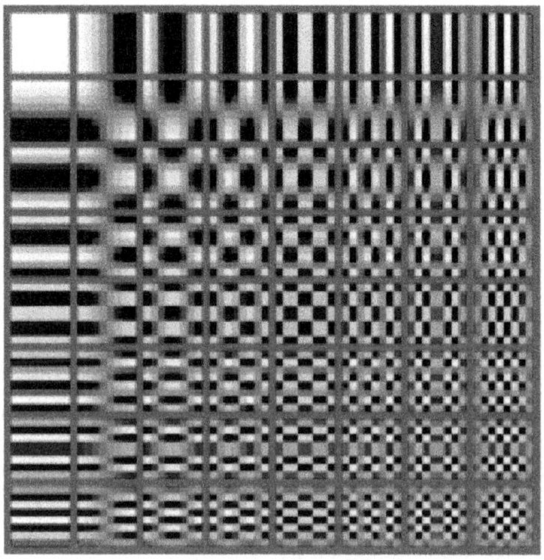

图 3-3 二维 DCT 频率图

MATLAB 工具箱
(DCT 变换)

dct2 — 二维离散余弦变换
idct2 — 二维离散余弦逆变换
imread — 从图形文件中读图像
image — 显示图像目标
blkproc — 图像的离散块处理

3.3.2 实验方法

一、实验目的

1. 掌握 DCT 变换的基本原理；
2. 熟悉二维 DCT 在图像中的应用。

二、实验工具与平台

1. C 语言开发平台或 MATLAB 软件仿真平台；
2. DSP 教学实验系统。

三 、实验内容及步骤

1. 对原始图像转换成为 8×8 大小的块进行压缩与重构，重构时 IDCT 仅使用 DCT 系数的子集，给出重构图像，与原图像进行比较；

2. 压缩后，仅保留具有较大方差的若干个 DCT 系数，丢弃其他的有较小方差的 DCT 系数，求压缩比，并计算均方误差 MSE；

3. 压缩应该做到在最合理地近似原图像的情况下使用最少的系数；给出最大压缩比和相应的均方误差 MSE；

4. 将步骤 1 在 DSP 中实现，利用实验平台，通过摄像头捕捉图像，通过 DCT、IDCT 变换后，在显示屏上回放。

四、思考题

1. 系数如何选择，才能使得压缩效果与恢复图像质量之间达到平衡？
2. 图像分块大小的改变对图像恢复质量有何影响？

3.4　小波变换图像压缩实验

3.4.1　实验原理

小波变换(wavelet transform，WT)是一种具有很好局域化(在时域和频域)的时-频(在图像处理中又称空-频)分析的综合方法。针对不同类型的图像特点中的不同区域采用不同的空-频分辨率，有可能得到比其他变换方法更高的压缩比。

对于连续函数 $f(x)$ 的连续小波变换定义为

$$\mathrm{WT}(j,k)=\frac{1}{\sqrt{j}}\int_{-\infty}^{\infty}\psi^{*}\left(\frac{x-k}{j}\right)f(x)\mathrm{d}x$$

$f(x)\in L^2(R)$，$L^2(R)$ 为可测的平方可积函数空间。$\psi_{j,k}(x)$ 是小波函数中的基函数。通过对上式中平移参数 k 和尺度参数 j 的取样可得到

$$j=j_0^m,\quad k=nk_0j_0^m$$

其中，$j_0>1$，$k_0\in R$，$(m,n)\in Z^2$。

则离散小波变换(DWT)可定义为

$$\mathrm{WT}(m,n)=\int_{-\infty}^{\infty}\psi_{m,n}^{*}(x)f(x)\mathrm{d}x$$

其中，$\psi_{m,n}(x)=j_0^{-m/2}\psi(j_0^{-m}x-nk_0)$。在小波变换的实际应用中，取 $j_0=2$，$k_0=1$。

小波基的特性描述如下。

1. 可分离性、尺度可变性和平移性

小波基可用三个可分的二维小波来表示

$$\psi^H(x,y)=\psi(x)\varphi(y)$$
$$\psi^V(x,y)=\varphi(x)\psi(y)$$
$$\psi^D(x,y)=\psi(x)\psi(y)$$

其中，$\psi^H(x,y)$，$\psi^V(x,y)$ 和 $\psi^D(x,y)$ 分别称为水平、垂直和对角小波，并且一个二维可分的尺度函数是

$$\varphi(x,y)=\varphi(x)\varphi(y)$$

每个二维函数是两个一维实平方可积的尺度和小波函数的乘积

$$\varphi_{j,k}(x)=2^{j/2}\varphi(2^j x-k)$$
$$\psi_{j,k}(x)=2^{j/2}\psi(2^j x-k)$$

平移参数 k 决定了这些一维函数沿 x 轴的位置，尺度 j 决定了它们的宽度，即它们沿 x 轴有多宽多窄，而 $2^{j/2}$ 控制它们的高度或振幅。

2. 多分辨率的一致性

刚介绍的一维尺度函数满足多分辨率分析的如下需求。

(1) $\varphi_{j,k}$ 与其整数平移正交。

(2)在低尺度或低分辨率(如较小的 j)下可表示为一系列 $\varphi_{j,k}$ 展开的一组函数，包含在可以以更高尺度表示的那些函数中。

(3)唯一可以以任意尺度表示的函数是 $f(x)=0$。

(4)当 $j\rightarrow\infty$ 时，可用任何精度来表示任何函数。

当这些条件满足时，就存在一个伴随小波 $\psi_{j,k}$ 及其整数平移和二进制尺度，其变化范围是在邻接尺度上可表示的任意两组函数 $\varphi_{j,k}$ 之间的差。

3. 正交性

展开函数(如 $\varphi_{j,k}(x)$)对于一组一维可测的、平方可积函数形成一个正交基或双正交基。

在上面性质的一个重要结果是 $\varphi(x)$ 和 $\psi(x)$ 可以用它们自身的双分辨率副本的线性组合来表达。这样，经过序列展开

$$\varphi(x)=\sum_n h_\varphi(n)\sqrt{2}\varphi(2x-n)$$
$$\psi(x)=\sum_n h_\psi(n)\sqrt{2}\varphi(2x-n)$$

其中，h_φ 和 h_ψ 的展开系数分别称为尺度和小波向量，它们是快速小波变换(FWT)滤波器的系数。

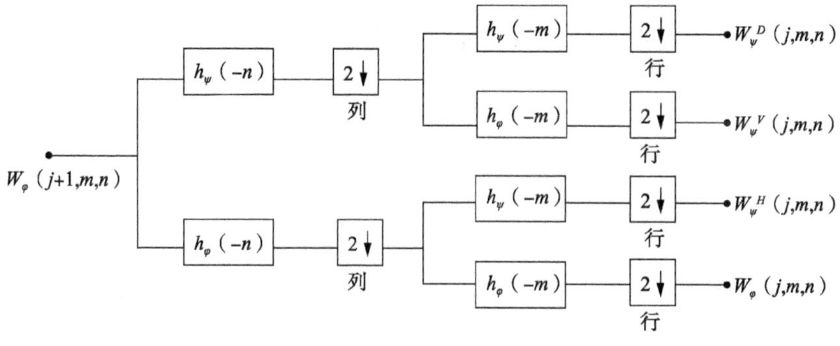

图 3-4　二维快速小波变换滤波器组

DWT 的迭代计算方法如图 3-4 所示。其处理过程为：在尺度 $j+1$ 处的 DWT 系数 $W_\varphi(j+1,m,n)$ 通过滤波器分为高、低频两部分，在列方向上进行下采样后，对高、低频系数分别再进行一次高、低频滤波，完成行方向上下采样后就可得到 4 个尺度 j 处的 DWT 系数，分别表示为 $W_\varphi(j,m,n)$、$\{W_\psi^i(j,m,n),i=H,V,D\}$。$h_\varphi(-n)$ 和 $h_\psi(-m)$ 分别是低通和高通分解滤波器。包括 2 和向下箭头的方框表示下取样，即从点的序列中每隔一个点来提取一个点。用于计算 $W_\psi^H(j,m,n)$ 的滤波和下取样操作是

$$W_\psi^H(j,m,n)=h_\psi(-m)*[h_\varphi(-n)*W_\varphi(j+1,m,n)|_{n=2k,k\geqslant 0}]|_{m=2k,k\geqslant 0}$$

每当输入通过图中的滤波器组时，输入就会被分解为 4 个较低分辨率(或低尺度)的分量。W_φ 被称为近似系数，是通过两个低通滤波器(如基于 h_φ)产生的；$\{W_\psi^i, i=H,V,D\}$ 分别是水平、垂直和对角线细节系数。

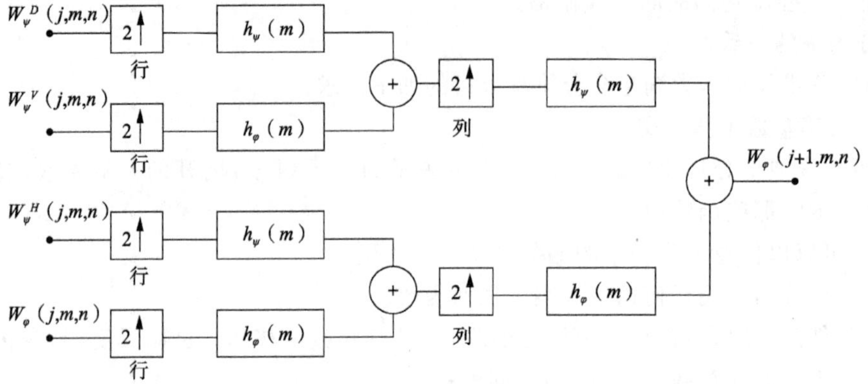

图 3-5　二维 FWT^{-1} 滤波器组

在重构的每次迭代中，如图 3-5 所示，都是对 4 个尺度 j 近似和细节子图像上取样(通过在每两个元素间插入零)，并通过两个一维滤波器(一个执行子图像的列操作，另一个执行行操作)进行卷积操作。结果相加产生了尺度 $j+1$ 近似，这个过程会一直重复，直到原图像被重构为止。

对于二维图像信号，可以依图 3-4 分别在水平和垂直方向进行滤波的方法实现二维小波多分辨率分解。原始图像信号进行一级小波分解分成 4 个子带，分别为：相当于图 3-4 中 $W_\varphi(j,m,n)$ 的 LL 子带，它对应图像的低频成分；$W_\psi^H(j,m,n)$ 的 LH 子带，它对应水平低通—垂直高通，反映图像在垂直方向的高频细节；$W_\psi^V(j,m,n)$ 的 HL 子带，它对应水平高通—垂直低通，反映图像在水平方向的高频细节；$W_\psi^D(j,m,n)$ 的 HH 子带，它对应水平和垂直两个方向的高通，反映图像在对角线方向的高频细节。图 3-6 所示为相应的二维分解频带划分示意图。

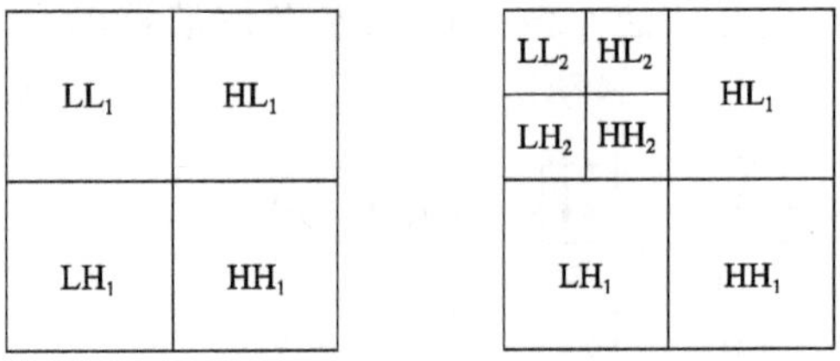

(a) 一级　　(b) 二级

图 3-6　二维小波分解频带划分示意图

在小波函数族中，存在多种不同性质的母小波，目前常用的有 Haar、Daubechies(db)、Symlets、Coiflets 等。小波的选取非常重要，应从小波变换的数学本质出发，根据信号本身的特点和处理的要求，选择相适应的小波，是充分发挥小波变换优点的基础。

MATLAB 工具箱
(小波变换)

wfilters — 输出滤波器系数；
waveinfo — 提供工具箱中所有小波的信息
waverec2 — 多层二维小波重构
wavedec2 — 多层二维小波分解
dwt2 — 单层离散二维小波变换
idwt2 — 单层离散二维小波逆变换

3.4.2　实验方法

一、实验目的

1. 掌握 DWT 变换的基本原理；
2. 了解 DWT 的应用。

二、实验工具与平台

1. C 语言开发平台或 MATLAB 软件仿真平台；
2. 创新开发实验平台。

三、实验内容及步骤

1. 对图像信号进行二维小波一级分解；
2. 对上述图像信号进行二级分解；
3. 按照不同的分辨率要求恢复图像；
4. 计算相应的误差。

四、思考题

1. 分析小波变换中多分辨率特性带来的优势；
2. 分析不同小波基的应用场合；
3. 简述小波变换的应用情况和发展趋势。

3.5　图像压缩综合系统实验

3.5.1　实验原理

一、失真度量

实际图像要经过采样和数字化后变成计算机可以处理的数字图像，一般可以将其看成是一个 $m\times n$ 的矩阵，其中的每一个元素表示对应区域的颜色或亮度的一个数字化采样，称为像素(pixel)，$m\times n$ 称为图像的分辨率。

数字图像包括二值图像、灰度图像和彩色图像(分为真彩色图像和索引彩色图像)。黑白二值图像用 0 和 1 来表示黑、白两种颜色，使用 JBIG 标准来进行压缩；灰度图像是指每一个数值表示的是不同的灰度级别，一般用 0 表示黑色，255 表示白色，1～254 表示中间的黑白程度；真彩色图像则是指用一个三元组分别表示各像素对应的红绿蓝三原色的强度(RGB)，或者其他的颜色表示方法(如 YUV)的各分量的值，通常也取值 0～255；索引彩色图像指的是把图像中所用的彩色分别表示出来，而每一个像素的数值只是这些颜色的一个索引值，一般计算机上使用的有 256 色、16 色图像等，通常的图像格式 GIF 适合表示这些图像。

图像数据的压缩，不仅要考虑其压缩比率，还应当比较经过压缩和还原之后的图像(重构图像)与原始图像的误差。设原始图像和重构图像的所有像素值分别为 P_i 和 Q_i(其中，$1\leqslant i\leqslant n$)，

首先定义两幅图像的均方误差(mean square error,MSE)

$$\mathrm{MSE} = \frac{1}{n}\sum_{i=1}^{n}(P_i - Q_i)^2$$

均方根误差(root MSE,RMSE)定义为 MSE 的平方根,从而峰值信噪比(peak signal-to-noise ratio,PSNR)定义为

$$\mathrm{PSNR} = 20\lg\frac{\max_i |P_i|}{\mathrm{RMSE}}$$

图像之间越相似,RMSE 值越小,而 PSNR 越大。

二、JPEG 标准基本框架

在 JPEG(Joint Photographic Experts Group)基准编码系统中,输入和输出图像都限制为 8 比特图像,而量化的 DCT 系数值限制在 11 比特。从图 3-7 所示的简化方框图中可以看到,压缩本身分 4 步执行:8×8 子图像提取、DCT 计算、量化以及变长码分配。

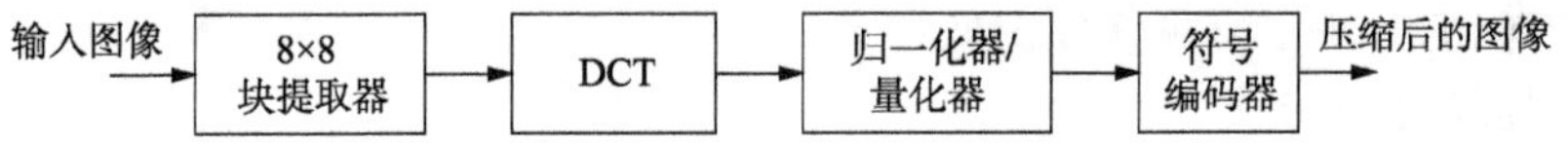

(a) 编码器

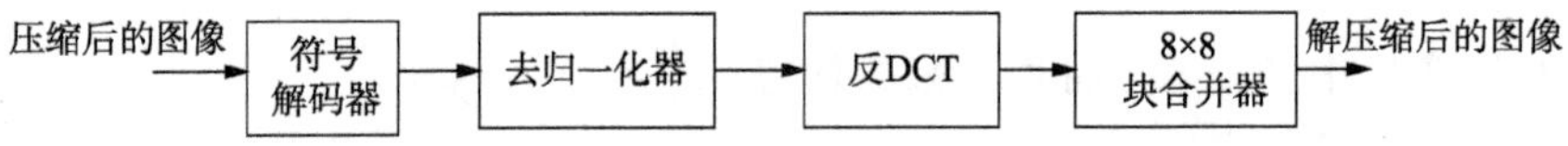

(b) 解码器

图 3-7　JPEG 框图

JPEG 数据压缩算法主要包含三个重要步骤:DCT、系数量化和无失真压缩。实际的 JPEG 压缩步骤还应当包括更多。

(1)彩色图像转换。对于 RGB 表示的彩色图像,需要把它转换到亮度、色度空间,灰度图像则不需要这一步。因为视觉对亮度的变化敏感,而对于色度不敏感,所以可以对色度部分采用较低的质量标准,以达到更高的压缩效率。如果不进行色坐标的转换,则需要对不同的彩色分量采用相同的误差标准,影响压缩的效果。

(2)通过原始图像产生低分辨率的图像(下采样),灰度图像跳过这一步。因为视觉对不同的分量有不同的敏感程度,亮度分量不作下采样,而只对色度分量进行下采样,下采样一般以 2∶1 的比率在水平和(或)垂直方向上进行。

(3)把每个彩色分量按 8×8 像素分成小块,如果图像的行数或列数不是 8 的倍数,则复制最右和最下面的列与行使其达到 8 的倍数。

(4)对每一块的数据应用 DCT,产生一个 8×8 的频率分量。

(5)把每一块的变换结果(即频率分量)按各自的量化系数进行量化,实际的量化过程是通过一个量化表,各个频率分量除以对应的量化表中的值,即量化系数,再四舍五入为一个整数。量化表如表 3-4～表 3-6 所示。

表 3-4 JPEG 建议亮度量化表

16	11	10	16	24	40	51	61
12	12	14	19	26	58	60	55
14	13	16	24	40	57	69	56
14	17	22	29	51	87	80	62
18	22	37	56	68	109	103	77
24	35	55	64	81	104	113	92
49	64	78	87	103	121	120	101
72	92	95	98	112	100	103	99

表 3-5 JPEG 建议色度量化表

17	18	24	47	99	99	99	99
18	21	26	66	99	99	99	99
24	26	56	99	99	99	99	99
47	66	99	99	99	99	99	99
99	99	99	99	99	99	99	99
99	99	99	99	99	99	99	99
99	99	99	99	99	99	99	99
99	99	99	99	99	99	99	99

表 3-6 JPEG 的 zigzag 系数排列顺序

0	1	5	6	14	15	27	28
2	4	7	13	16	26	29	42
3	8	12	17	25	30	41	43
9	11	18	24	31	40	44	53
10	19	23	32	39	45	52	54
20	22	33	38	46	51	55	60
21	34	37	47	50	56	59	61
35	36	48	49	57	58	62	63

(6)对于量化后的系数,用 RLE 和 Huffman 码联合编码。

3.5.2 实验方法

一、实验目的

1. 了解 JPEG 标准的基本框架;
2. 掌握图像传输系统的基本原理;
3. 了解图像传输系统中的关键技术。

二、实验工具与平台

1. C 语言开发平台或 MATLAB 软件仿真平台；
2. 信源编码通信实验平台；
3. DSP 教学实验系统；
4. 创新开发实验平台。

三、实验内容及步骤

1. 采用 JPEG 算法(DCT 以及量化表)编写压缩程序，对标准测试图像进行压缩，形成新的压缩文件；

2. 对压缩文件进行解压缩程序，计算图像文件压缩前后的大小，并计算各自数据的压缩率、MSE 和 PSNR；

3. 通过调节质量因子，尝试不同的压缩质量，分别计算数据压缩率与 PSNR 值；

4. 分析压缩率与 PSNR 的关系；

5. 基于实验平台，将 JPEG 算法在 DSP 中实现，将从摄像头采集来的视频图像，经过 JPEG 算法编码后，再将其解码，然后输出到显示屏上；

6. 设计图像传输系统，包括信源(图像)、信源编码、信道编码、AWGN、信道译码、信源译码、信宿等模块；

设计要求：

①在保证恢复图像效果可分辨的情况下，从复杂性、延时等方面综合考虑，合理选择信源编码和信道编码；

②对该系统的性能进行测试，从主观和客观两个方面考虑。

部分模块设计可参考例程 1。

四、思考题

1. 如果将基本 JPEG 框架中的 DCT 变换替换为小波变换，图像压缩效果会有哪些改善？
2. 目前流行的图像压缩软件采用了哪些关键技术？

第 4 章　信道编码

本章主要实验内容：
- √　汉明码编译码
- √　RS 码编译码
- √　Turbo 码编译码
- √　乘积码编译码
- √　LDPC 编译码

在通信系统中，信道编码模块位于信源编码模块之后，主要作用是提高系统的抗干扰能力，降低误码率。信道编码从 20 世纪 50 年代发展至今，已经涌现出多种编码方法，应用于通信传输各领域，具有较好的理论基础。本章所涉及的关键技术包括汉明码、RS 码、乘积码、Turbo 码及 LDPC 码等。

4.1　汉明码编译码实验

4.1.1　实验原理

汉明码是一种重要的完备码，由对纠错编码作出杰出贡献的科学家汉明(Hamming)于 1950 年提出的，主要有以下特征：

- 码长　$n = 2^m - 1 (m > 2)$
- 信息位数　$k = 2^m - m - 1$
- 监督码位　$r = n - k = m$
- 最小码距　$d = 3$
- 纠错能力　$t = 1$

一般采用循环汉明码，生成多项式为

$m = 3$：$x^3 + x + 1$

$m = 4$：$x^4 + x + 1$

$m = 5$：$x^5 + x^2 + 1$

循环码编码译码电路如图 4-1 所示，采用$(n-k)$级除法电路，以生成多项式来构造电路。

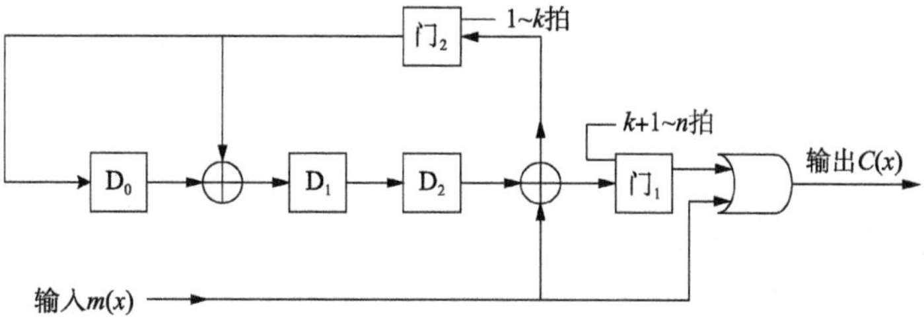

(a) 编码电路

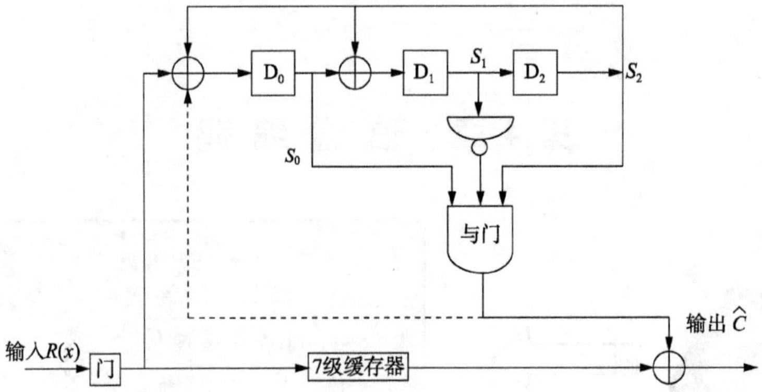

(b) 译码电路

图 4-1 (7,4)汉明码编译码电路

4.1.2 实验方法

一、实验目的

1. 掌握汉明码编译码基本原理；
2. 掌握汉明码的纠错性能。

二、实验工具与平台

1. C 语言开发平台或 MATLAB 软件仿真平台；
2. 通信原理实验创新平台。

三、实验内容及步骤

1. 进行汉明码编码，给出码字序列；
2. 将码序列通过信道（BSC、AWGN 等），得到接收序列，并进行相应的译码，给出译码序列；
3. 改变信道参数（错误转移概率 p，信噪比），仿真误码性能，绘制性能曲线；
4. 改变汉明码码长（可选 n= 7，15，31，63，127 等），重复步骤 1～3；
5. 基于硬件实验平台，将编译码算法进行 FPGA 实现，给出运行结果。

可参考例程 2。

思考题：如果将汉明码进行扩展，编译码电路如何修正？如果将汉明码进行缩短，编译码电路又如何修正？

四、思考题

1. 汉明码性能与哪些因素相关？
2. 扩展汉明码与汉明码性能比较。

4.2 RS编译码实验

4.2.1 实验原理

RS码是里德-索罗门(Reed-Solomn)码的简称,它是一类非二进制BCH码。RS码是一类具有极强纠错能力的码,近年来在通信中获得了广泛应用,如卫星通信、深空通信等。在(n,k) RS码中,输入信号分成km比特一组,每组包括k个符号。每个符号由m比特组成。一个纠t个符号错误的RS码有如下参数:

码长	$n=2^m-1$	符号	或	$m(2^m-1)$比特
信息段	k	符号	或	km 比特
校验段	$n-k=2t$	符号	或	$m(n-k)$比特
最小码距	$d=2t+1$	符号	或	$m(2t+1)$比特

RS码特别适合于纠正突发错误。

一、编码原理

要想构造里德-索罗门码的生成多项式,只需要构造适当的有限域并选择根,假设确定了根从α^i到α^{i+2t-1},生成子多项式就是

$$g(x)=(x+\alpha^i)(x+\alpha^{i+1})\cdots(x+\alpha^{i+2t-2})(x+\alpha^{i+2t-1})$$

与二进制BCH码相比较,对于i值的不同选择并不能影响码的维数和最小距离,因为不需要考虑共轭根。

例如,假设我们想要构造一个能纠正两个错误、长度为7的里德-索罗门码,首先用本原多项式x^3+x+1构造GF(2^3),如表4-1所示。选择$i=0$,根为α^0到α^3,则生成子多项式为

$$\begin{aligned}g(x)&=(x+\alpha^0)(x+\alpha^1)(x+\alpha^2)(x+\alpha^3)\\&=x^4+(\alpha^0+\alpha^1+\alpha^2+\alpha^3)x^3+(\alpha^1+\alpha^2+\alpha^4+\alpha^5)x^2+(\alpha^3+\alpha^4+\alpha^5+\alpha^6)x+\alpha^6\\&=x^4+\alpha^2x^3+\alpha^5x^2+\alpha^5x+\alpha^6\end{aligned}$$

表4-1 GF(2^3)

元素	多项式系数
0	000
α^0	001
α^1	010
α^2	100
α^3	011
α^4	110
α^5	111
α^6	101

里德-索罗门码的编码可以通过多项式长除法来进行,也可利用与之等价的带反馈的移位寄存器来实现。

这里的长除法更复杂一些。因为我们需要从被除式中减去除式的倍数,以便减小余项的阶数。在二进制情况下,这个倍数总是0或1,但是这里我们需要从有限域中选择合适的值。另

外，二进制数据首先要映射成有限域符号，然后将结果再映射回二进制值。下面举例说明。

利用上面的里德-索罗门码，对数据序列 111001111 进行编码，假设多项式映射如表 4-1 所示，数据被映射成符号 $\alpha^5\alpha^0\alpha^5$；其后接有 4 个零，对应着将要生成有 4 个奇偶校验位，除数是生成子序列。

$$\begin{array}{ccccc|ccccccc}
 & & & & & & & & & \alpha^5 & 0 & \alpha^2 \\
\hline
\alpha^0 & \alpha^2 & \alpha^5 & \alpha^5 & \alpha^6 & \alpha^5 & \alpha^0 & \alpha^5 & 0 & 0 & 0 & 0 \\
 & & & & & \alpha^5 & \alpha^0 & \alpha^3 & \alpha^3 & \alpha^4 & & \\
\hline
 & & & & & & & \alpha^2 & \alpha^3 & \alpha^4 & 0 & 0 \\
 & & & & & & & \alpha^2 & \alpha^4 & \alpha^0 & \alpha^0 & \alpha^1 \\
\hline
 & & & & & & & & \alpha^6 & \alpha^5 & \alpha^0 & \alpha^1
\end{array}$$

如上所示，商是 $\alpha^5\alpha^0\alpha^2$，余数是 $\alpha^6\alpha^5\alpha^0\alpha^1$，所以码字就是 $\alpha^5\alpha^0\alpha^5\alpha^6\alpha^5\alpha^0\alpha^1$，表示成二进制序列就是 111001111101111001010。

里德-索罗门码的编码器如图 4-2 所示。这里的 g_0 不一定是 1，且每个反馈连接处都有一个商；而在二进制情况下，有时有连接，有时没有连接。对里德-索罗门码来说，所有的反馈项都是非零。

上例的编码器如图 4-3 所示，表 4-2 给出它的编码步骤。当它的寄存器中出现值 $\alpha^6\alpha^5\alpha^0\alpha^1$（它们是这个码字的校验位）时，编码器停止工作。

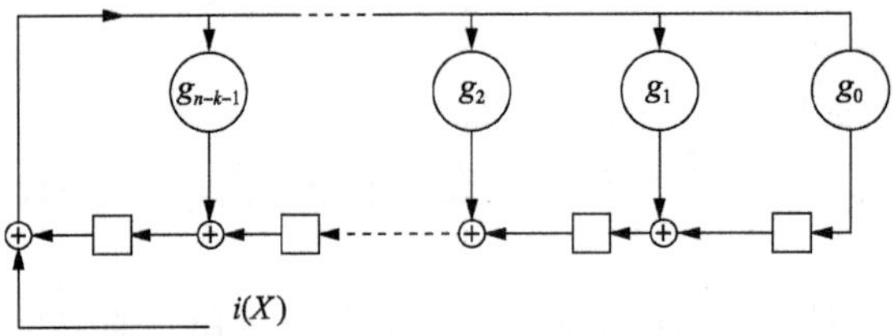

图 4-2　里德-索罗门的编码器流程

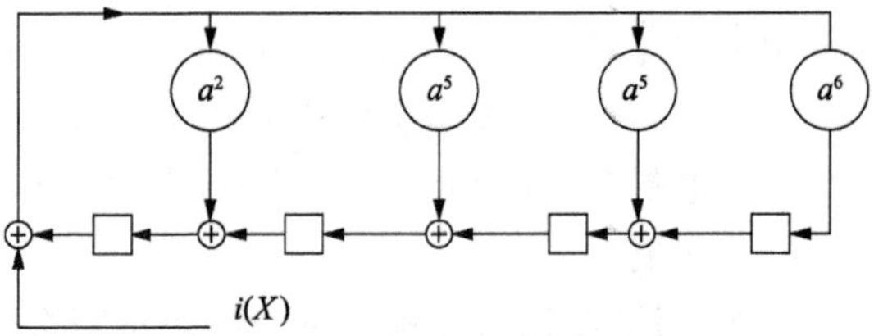

图 4-3　(7,3)里德-索罗门码的编码器

表 4-2　(7,3)里德-索罗门码例子的校验生成

输入	反馈	X^3	X^2	X^1	X^0
		0	0	0	0
α^5	α^5	α^0	α^3	α^3	α^4
α^0	0	α^3	α^3	α^4	0
α^5	α^2	α^6	α^5	α^0	α^1

二、译码原理

令 $R(x)$ 为接收码字多项式，并且假设传输过程中有 $e \geqslant 0$ 个错误发生，则 $R(x)$ 可表示为

$$R(x)=C(x)+E(x)$$

其中，错误图样多项式 $E(x)$ 可以写为

$$E(x)=Y_1x^{i_1}+Y_2x^{i_2}+\cdots+Y_ex^{i_e}$$

表示错误值 $Y_1, Y_2, \cdots, Y_e$ 发生在错误位置 $X_1=\alpha^{i_1}, X_2=\alpha^{i_2}, \cdots, X_e=\alpha^{i_e}$ 上。译码的任务就是要从接收序列中求得 $E(x)$，通过 $R(x)$ 减去 $E(x)$ 来纠正错误。一般地，如果 $e \leqslant t$，则译码过程可以纠正所有错误。

RS码的时域译码的一般步骤如下：

第一步计算伴随式

$$s_k=R(\alpha^{m_0+k})=C(\alpha^{m_0+k})+E(\alpha^{m_0+k})=E(\alpha^{m_0+k}),\quad 0\leqslant k\leqslant 2t-1$$

如果所有的 $2t$ 个伴随式都为 0，说明接收码字 $R(x)$ 就是一个码字，错误个数 $e=0$；否则说明 $e>0$。

第二步利用伴随多项式 $S(x)$ 计算错误值和错误位置多项式。

如果 $e>0$，则需要利用伴随多项式 $S(x)$ 计算错误位置和错误值，$S(x)$ 定义为

$$S(x)=s_0+s_1x+\cdots+s_{2t-1}x^{2t-1}$$

e 次错误位置多项式 $\Lambda(x)$ 和 $e-1$ 次错误值多项式 $\Omega(x)$ 分别定义为

$$\Lambda(x)=\prod_{j=1}^{e}(1-X_jx)=1+\lambda_1x+\lambda_2x^2+\cdots+\lambda_ex^e$$

$$\Omega(x)=\sum_{i=1}^{e}Y_iX_i{}^{m_0}\prod_{j=1,j\neq i}^{e}(1-X_jx)=\omega_0+\omega_1x+\omega_2x^2+\cdots+\omega_{e-1}x^{e-1}$$

这两个多项式与伴随多项式 $S(x)$ 有如下关系：

$$\Lambda(x)S(x)\equiv\Omega(x)\bmod x^{2t}$$

这个方程称为关键方程，求解关键方程是译码的关键。基于上述原理，目前的求解关键方程的算法主要有 BM 迭代译码算法和 Euclid 迭代译码算法以及它们的一些修正和改进算法。BM 迭代是基于自回归滤波器原理来求解最短反馈连接多项式的过程，而 Euclid 迭代是基于多项式分解原理来求解多项式最大公因式的过程。

第三步利用 $\Lambda(x)$ 和 $\Omega(x)$ 求解错误位置和错误值。

错误位置 X_i 可以通过求解 $\Lambda(x)=0$ 的根得到，工程上用得最多的是钱氏搜索法(Chien search)。其思路正是从高位开始逐位校验，逐位输出。

设接收码字多项式为

$$R(x)=r_{n-1}x^{n-1}+r_{n-2}x^{n-2}+\cdots+r_1x+r_0$$

要检验最高位 r_{n-1} 是否错误，把 α^{n-1} 的逆 $(\alpha^{n-1})^{-1}=\alpha$ 代入 $\Lambda(x)$，如果

$$\Lambda(\alpha)=1+\Lambda_1\alpha+\Lambda_2\alpha^2+\cdots+\Lambda_t\alpha^t=0$$

说明 r_{n-1} 有错，否则，说明 r_{n-1} 无错。

同理，要检验次高位 r_{n-2} 是否错误把 α^{n-2} 的逆 $(\alpha^{n-2})^{-1}=\alpha^2$ 代入 $\Lambda(x)$，如果

$$\Lambda(\alpha^2)=1+\Lambda_1(\alpha^2)+\Lambda_2(\alpha^2)^2+\cdots+\Lambda_t(\alpha^2)^t=0$$

说明 r_{n-2} 有错，否则，说明 r_{n-2} 无错。

以此类推，要判断 r_{n-l} 是否错误，只要检验

$$\Lambda(\alpha^l)=1+\Lambda_1(\alpha^l)+\Lambda_2(\alpha^l)^2+\cdots+\Lambda_t(\alpha^l)^t=0$$

是否成立即可。

这样依次对每一个 $r_{n-l}(l=1,2,\cdots,n)$ 进行检验，就求得了 $\Lambda(x)$ 的根，这个过程称为钱氏搜索。

错误值 Y_i 可以通过 Forney 公式

$$Y_i=-\frac{X_i{}^{-(m_0-1)}\Omega(X_i{}^{-1})}{\Lambda'(X_i{}^{-1})}=-\left.\frac{x^{m_0}\Omega(x)}{x\Lambda'(x)}\right|_{x=\alpha^{-j}}$$

求得。其中，$\Lambda'(x)=\lambda_1+2\lambda_2x+3\lambda_3x^2+\cdots$ 为 $\Lambda(x)$ 的一阶导数，在 $GF(2^m)$ 上，$\Lambda'(x)$ 可简化为 $\Lambda'(x)=\lambda_1+3\lambda_3x^2+\cdots$，可以看到 $x\Lambda'(x)=\lambda_1x+\lambda_3x^3+\cdots$ 为 $\Lambda(x)$ 的奇数次项。

第四步通过 $R(x)$减去 $E(x)$来纠正错误。

利用求得的错误位置和错误值可得到错误图样多项式 $E(x)$，从而译码输出表示为

$$\hat{C}(x)=R(x)-E(x)$$

4.2.2　实验方法

一、实验目的

1. 掌握 RS 的基本编译码原理；
2. 了解 RS 的性能分析方法。

二、实验工具与平台

1. C 语言开发平台或 MATLAB 软件仿真平台；
2. 通信原理实验创新平台。

三、实验内容及步骤

1. 进行 RS 编码，给出 RS 码字；
2. 加入信道(BSC，AGWN 信道)，构建性能测试系统；
3. 进行 RS 译码，分析性能；
4. 改变信道参数，得到误码性能曲线。

四、思考题

1. RS 是一种 MLD(极大最小距离码)，是否具有性能优势？
2. RS 码如何进行码率调整，码率改变与性能变化有何关系？
3. 简述 RS 的应用情况及发展趋势。

4.3　Turbo 码编译码实验

4.3.1　实验原理

一、编码原理

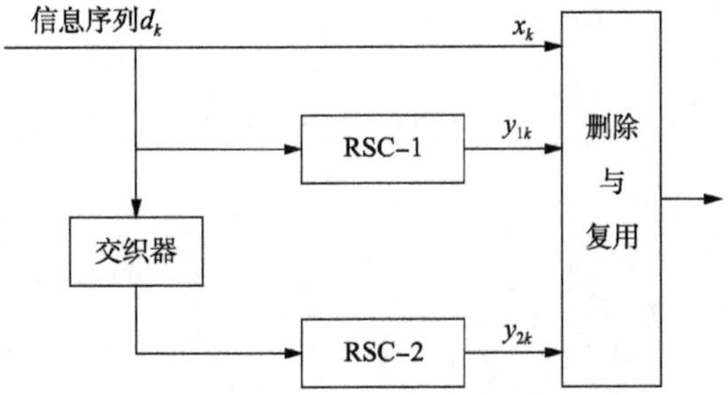

图 4-4　Turbo 码编码器框图

Turbo 码是由两个或两个以上的简单分量编码器通过交织器并行级联在一起而构成的。信息序列先送入第一个编码器，交织后送入第二个编码器。输出的码字由 3 部分组成：输入的信息序列、第一个编码器产生的校验序列和第二个编码器对交织后的信息序列产生的校验序列，其结构如图 4-4 所示。Turbo 码的译码采用迭代译码，每次迭代采用的是软输入和软输出。

Turbo 码的分量码主要采用的是递归系统卷积码(RSC)。递归系统卷积编码器就是指带有反馈的系统卷积编码器,图 4-5 给出一个有 4 个记忆单元的 RSC 编码器。对于系统码,信息序列是输出码字的一部分,对于每个输入比特,编码器都产生两个码字比特,即系统比特和校验比特,因此每个分量码的码率为 1/2。编码器的输入比特和校验比特分别用符号 u 和 c 表示。通常用八进制数表示编码器的结构,或用以 D 为变量的二进制多项式表示编码器的反馈和前馈结构。因此图 4-5 中编码器的八进制数表示形式为 $G=[37,21]$。

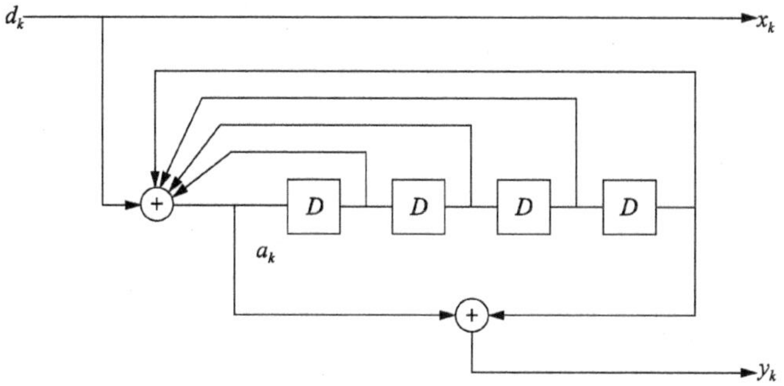

图 4-5　反馈系统卷积码编码器 $G=[37,21]$

二、译码原理

迭代译码算法如图 4-6 所示。

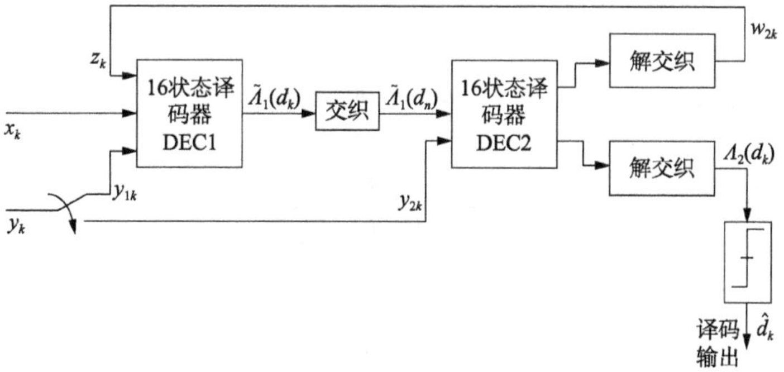

图 4-6　迭代译码框图

1. 前提假设

信道为离散无记忆高斯信道,二进制调制,则译码器的输入为

$$x_k=(2d_k-1)+i_k$$

$$y_k=(2Y_k-1)+q_k$$

其中,i_k、q_k 为方差为 σ^2 相互正交的噪声。y_k 进行解复用规则:当 $y_k=y_{1k}$ 时,y_k 送至译码器 1(DEC1);当 $y_k=y_{2k}$ 时,送至译码器 2(DEC2)。$\{y_{1k}\}$、$\{y_{2k}\}$ 中被删除的部分补零。

假设 RSC 码的约束长度为 K,则状态为 K 维矢量,即

$$S_k=(a_k,a_{k-1},\cdots,a_{k-K+1})$$

信息序列 $\{d_k\}$ 中各比特互不相关,且"0"、"1"取值等概分布。初始状态 S_0、结束状态 S_N 均为 0,即

$$S_0 = S_N = (0, 0, \cdots, 0)$$

编码器输出码字 $C_1^N = \{C_1, \cdots, C_k, \cdots, C_N\}$，进入离散高斯无记忆信道，输出序列为

$$R_1^N = \{R_1, \cdots, R_k, \cdots, R_N\}, \quad R_k = (x_k, y_k)$$

2. 判决准则 APP

译码比特 d_k 的 APP 值可以从联合概率 $\lambda_k^i(m)$ 得到

$$\lambda_k^i(m) = P_r\{d_k = i, S_k = m / R_1^N\}$$

比特 d_k 的 APP 值为

$$P_r\{d_k = i / R_1^N\} = \sum_m \lambda_k^i(m), \quad i = 0, 1$$

对数似然比为

$$\Lambda(d_k) = \log \frac{\sum_m \lambda_k^1(m)}{\sum_m \lambda_k^0(m)} \tag{4-1}$$

根据 LLR 值，可做出判决

$$\begin{cases} \hat{d}_k = 1, & \Lambda(d_k) > 0 \\ \hat{d}_k = 0, & \Lambda(d_k) < 0 \end{cases}$$

3. 计算 $\lambda_k^i(m)$

首先介绍几个概率函数

$$\alpha_k^i(m) = \frac{P_r\{d_k = i, S_k = m, R_1^k\}}{P_r\{R_1^k\}} = P_r\{d_k = i, S_k = m / R_1^k\}$$

$$\beta_k(m) = \frac{P_r\{R_{k+1}^N / S_k = m\}}{P_r\{R_{k+1}^N / R_1^k\}}$$

$$\gamma_i(R_k, m', m) = P_r\{d_k = i, R_k, S_k = m / S_{k-1} = m'\}$$

利用 Bayes 准则

$$\lambda_k^i(m) = \frac{P_r\{d_k = i, S_k = m, R_1^k, R_{k+1}^N\}}{P_r\{R_1^k, R_{k+1}^N\}}$$

$$\lambda_k^i(m) = \frac{P_r\{d_k = i, S_k = m, R_1^k\}}{P_r\{R_1^k\}} \frac{P_r\{R_{k+1}^N / d_k = i, S_k = m, R_1^k\}}{P_r\{R_{k+1}^N / R_1^k\}}$$

考虑到在 S_k 已知的情况下，时刻 k 后的状态不受 R_1^k，d_k 的影响。

$$\lambda_k^i(m) = \alpha_k^i(m) \beta_k(m) \tag{4-2}$$

$\alpha_k^i(m)$，$\beta_k(m)$ 可由概率 $\gamma_i(R_k, m', m)$ 递归运算得到

$$\alpha_k^i(m) = \frac{\sum_{m'} \sum_{j=0}^{1} \gamma_i(R_k, m', m) \alpha_{k-1}^j(m')}{\sum_m \sum_{m'} \sum_{i=0}^{1} \sum_{j=0}^{1} \gamma_i(R_k, m', m) \alpha_{k-1}^j(m')} \tag{4-3}$$

$$\beta_k(m) = \frac{\sum_{m'} \sum_{i=0}^{1} \gamma_i(R_{k+1}, m, m') \beta_{k+1}(m')}{\sum_m \sum_{m'} \sum_{i=0}^{1} \sum_{j=0}^{1} \gamma_i(R_{k+1}, m', m) \alpha_k^j(m')} \tag{4-4}$$

概率 $\gamma_i(R_k, m', m)$ 可从离散高斯无记忆信道以及编码器格图来计算

$$\gamma_i(R_k, m', m) = p(R_k / d_k = i, S_k = m, S_{k-1} = m')$$

$$q(d_k = i / S_k = m, S_{k-1} = m') \pi(S_k = m / S_{k-1} = m') \tag{4-5}$$

式中，$p(\cdot/\cdot)$表示离散高斯无记忆信道的转移概率，由于 x_k 和 y_k 是两个无关高斯变量，可得

$$p(R_k/d_k=i,S_k=m,S_{k-1}=m')$$
$$=p(x_k/d_k=i,S_k=m,S_{k-1}=m')p(y_k/d_k=i,S_k=m,S_{k-1}=m')$$

由于卷积码的特性，$q(d_k=i/S_k=m,S_{k-1}=m')$为 0 或为 1。

由于信息比特 0,1 取值等概，$\pi(S_k=m/S_{k-1}=m')=1/2$。

4. 译码流程

步骤一：初始化。

$$\alpha_0^i(0)=1,\quad \alpha_0^i(m)=0,\quad \forall m\neq 0,\quad i=0,1$$
$$\beta_N(0)=1,\quad \beta_N(m)=0,\quad \forall m\neq 0$$

步骤二：利用式(4-3)、式(4-5)计算 $\alpha_k^i(m)$和 $\gamma_i(R_k,m',m)$。

步骤三：当序列 R_1^N 完全接收到之后，利用式(4-4)计算 $\beta_k(m)$。

步骤四：利用式(4-2)，计算 $\lambda_k^i(m)$。

步骤五：利用式(4-1)，得到 LLR 值，得到最后的硬判决结果。

5. RSC 译码器的外信息计算

根据式(4-1)、式(4-2)和式(4-3)，可得

$$\Lambda(d_k)=\log\frac{\sum_m\sum_{m'}\sum_{j=0}^{1}\gamma_1(R_k,m',m)\alpha_{k-1}^j(m')\beta_k(m)}{\sum_m\sum_{m'}\sum_{j=0}^{1}\gamma_0(R_k,m',m)\alpha_{k-1}^j(m')\beta_k(m)}\tag{4-6}$$

由于编码器中 d_k 是信息位，概率 $p(x_k/d_k=i,S_k=m,S_{k-1}=m')$与状态 S_kS_{k-1}无关，则式(4-6)可写成

$$\Lambda(d_k)=\log\frac{p(x_k/d_k=1)}{p(x_k/d_k=0)}+\log\frac{\sum_m\sum_{m'}\sum_{j=0}^{1}\gamma_1(y_k,m',m)\alpha_{k-1}^j(m')\beta_k(m)}{\sum_m\sum_{m'}\sum_{j=0}^{1}\gamma_0(y_k,m',m)\alpha_{k-1}^j(m')\beta_k(m)}$$
$$=\frac{2}{\sigma^2}x_k+W_k$$

W_k 为外信息，与信息位不相关，一般来讲，与 d_k 同符号。在迭代译码中，外信息会传递到下一次迭代中参与迭代。

6. 迭代译码

如图 4-6 所示，DEC1、DEC2 都采用上述算法。DEC2 的输入为 $\Lambda_1(d_k)$和 y_{2k}，两者互不相关，则 DEC2 输出的 LLR 值可写成

$$\Lambda_2(d_k)=f(\Lambda_1(d_k))+W_{2k}$$

其中

$$\Lambda_1(d_k)=\frac{2}{\sigma^2}x_k+W_{1k}$$

DEC2 输出的外信息送到 DEC1，作为外信息 $z_k=W_{2k}$。这样，DEC1 具有三个数据输入，(x_k,y_{1k},z_k)，那么，在计算式(4-3)、式(4-4)时，将 $R_k=(x_k,y_{1k},z_k)$取代 $R_k=(x_k,y_{1k})$。考虑到 z_k 与 x_k、y_{1k}相关性弱，假设 z_k 可近似方差为 $\sigma_z^2\neq\sigma^2$ 的高斯变量，则信道转移概率变为

$$p(R_k/d_k=i,S_k=m,S_{k-1}=m')=p(x_k/.)p(y_k/.)p(z_k/.)$$

DEC1 输出的 LLR 值为

$$\Lambda_1(d_k)=\frac{2}{\sigma^2}x_k+\frac{2}{\sigma_z^2}z_k+W_{1k}$$

在最后一次迭代时，利用 DEC2 输出的 LLR 值符号来做硬判决

$$\hat{d}_k=\mathrm{sgn}[\Lambda_2(d_k)]$$

其中，$\mathrm{sgn}(x)=\begin{cases}1, x\geqslant 0\\0, x<0\end{cases}$。

以上介绍的为经典的 MAP 算法，目前，Turbo 码的译码方法还有 SOVA 算法、log-MAP 算法、Max-log-MAP 算法等。log-MAP 算法是 MAP 算法的一种转换形式，实现较 MAP 简单，它将 MAP 算法中的变量都转换为对数形式，从而把乘法运算都转换为加法运算。若将 log-MAP 算法中的 max * ()简化为通常的最大值运算，即为 Max-log-MAP 算法。

4.3.2　实验方法

一、实验目的

1. 掌握 Turbo 码的构造原理；
2. 了解 Turbo 码的基本译码方法，以及各译码算法间性能差异。

二、实验工具与平台

1. C 语言开发平台或 MATLAB 软件仿真平台；
2. 通信原理实验创新平台。

三、实验内容及步骤

1. 利用 RSC(7,5)分量码、随机交织器，1/3 码率，对输入信息序列进行 Turbo 码编码，给出码流；
2. 加入 AWGN 信道，构建性能测试平台；
3. 对接收序列进行译码(采用某一种译码算法)，得到译码结果，分析误码性能；
4. 改变 AWGN 信道的信噪比，得到相应误码结果。

四、实验思考

1. Turbo 码的性能与哪些因素有关？
2. Turbo 码不同译码算法的性能关系如何？
3. 简述 Turbo 码的应用情况及发展趋势。

4.4　乘积码编译码实验

4.4.1　实验原理

乘积码是一种重要的级联码，通过组合短码，生成高效的长码，对这些长码的解码可以通过相对简单的分量解码器来完成。如果我们要采用内分组码(n_1,k_1)，交织度为 k_2，并采用同样符号尺寸的外分组码(n_2,k_2)，那么便生成了乘积码(product code)，如图 4-7 所示。假设采用线性

码,不管先进行编码还是列编码,表示为“校验的校验”的那部分阵列都是相同的。

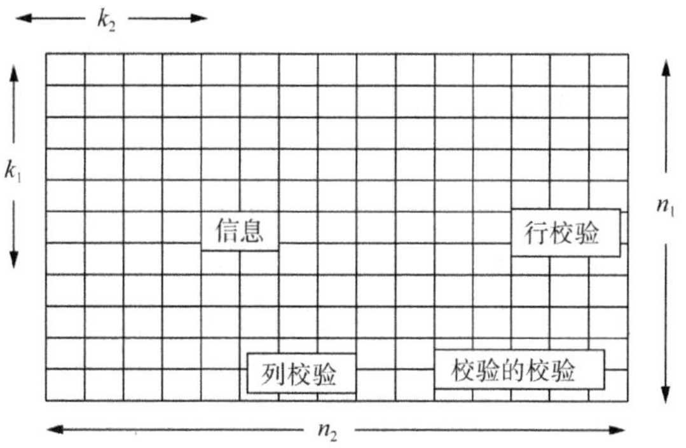

图 4-7　乘积码

乘积码是一种从简单的分量码产生复杂码的方法。举例来说,如果各行各列的码都是简单的奇偶校验(能检测单个错误),那么整个码就能纠正单个错误。任意单个错误都会破坏一行和一列奇偶校验,这些错误随后可以用来确定误码的位置。一般来说,若行码的最小距离为 d_1,列码的最小距离是 d_2,则乘积的最小距离是 $d_1 \cdot d_2$,能纠正任何$[(d_1 \cdot d_2-1)/2]$个错误。

一、Turbo 乘积码(TPC)编码原理

Turbo 乘积码利用上述乘积码的基本编码思路,采用类似 Turbo 码的迭代译码算法,也被称为分组 Turbo 码(BTC)。TPC 的编码过程:在 X 轴上对数据比特进行线性分组编码 $C_1(n_1,k_1,d_1)$,随后在 Y 轴上进行 $C_2(n_2,k_2,d_2)$编码。其中,参数 n_i, k_i, $d_i(i=1,2)$分别代表码长、信息位长、最小汉明距离。这样得到二维 TPC 码 $C_1(n_1,k_1,d_1)\times C_2(n_2,k_2,d_2)$,如图 4-8(a)所示。若对二维 TPC 码在 Z 方向上进行 $C_3(n_3,k_3,d_3)$线性分组编码,就可构成三维立体 TPC 码 $C_1(n_1,k_1,d_1)\times C_2(n_2,k_2,d_2)\times C_3(n_3,k_3,d_3)$,如图 4-8(b)所示。

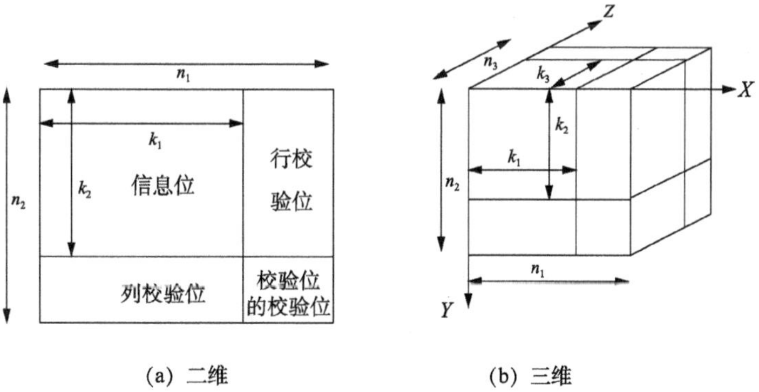

(a) 二维　　　　(b) 三维

图 4-8　Turbo 乘积码的构造

二、译码原理

TPC 译码基于迭代译码思想,采用 Chase 软译码进行。译码假设为:码集合为 C,$c_i \in \{0,1\}$;采用 BPSK 映射关系,即 0→“-1”,1→“1”;发射端序列为 $E=(e_1,\cdots,e_i,\cdots,e_n)$,$e_i \in$

$\{-1,1\}$，接收端序列为 $R=(r_1,\cdots,r_i,\cdots,r_n)=E+G$，$G=(g_1,\cdots,g_i,\cdots,g_n)$ 是附加高斯白噪声的抽样值，标准方差为 σ^2。根据 MLD，最佳判决 $D=(d_1,\cdots,d_i,\cdots,d_n)$ 满足

$$D=C^i,\quad |R-C^i|^2\leqslant|R-C^l|^2,\quad \forall l\in[1,2^k],\quad l\neq i$$

搜索复杂度随 k 的增加而呈指数倍增加。

1. Chase 译码算法

1972 年，Chase 提出次优方案，近似最大似然(near-ML)译码。在 SNR 较高时，D 在以 $Y=(y_1,\cdots,y_j,\cdots,y_n)$ 为圆心，$(\delta-1)$ 为半径的圆内，

$$y_j=0.5(1+\mathrm{sgn}(r_j)),\quad y_j\in[0,1],\quad j=1,\cdots,n$$

其中，sgn 为符号函数。

这时，只需搜索圆内的有效码字，其做法分成三步。

步骤一：利用 R 来确定 Y 中最小可信度元素

$$p=[\delta/2]$$

$$\Lambda(y_j)=\ln\left(\frac{P_r\{e_j=+1|r_j\}}{P_r\{e_j=-1|r_j\}}\right)=\left(\frac{2}{\sigma^2}\right)r_j$$

如果考虑的是稳态信道，可归一化，最终可信度值由 $|r_j|$ 来确定。

步骤二：构造试探图样 T^q。在可信度最小的 p 个位置上分别取“0”、“1”产生 $q=2^p$ 个 n 维矢量。

步骤三：构造试探序列 Z^q。$Z_j^q=y_j\oplus t_j^q$，并通过硬判决译码译成码字 C^q，构成码集 Ω。

2. TPC 迭代译码(SISO)

TPC 采用的迭代译码框图如图 4-9 所示。

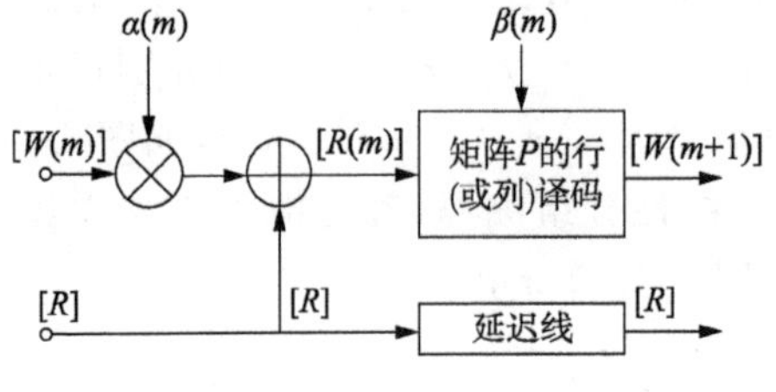

图 4-9　迭代译码框图

一旦确定了乘积码行(或列)的判决 D，就必须计算矢量 $\boldsymbol{D}$ 中每一个元素的可信度作为译码器的软输出。

$$\Lambda(d_j)=\ln\left(\frac{P_r\{e_j=+1|R\}}{P_r\{e_j=-1|R\}}\right)$$

当 SNR 较高时，$\sigma\to0$，利用 Bayes 公式，可得简化式

$$\Lambda'(d_j)=\frac{1}{2\sigma^2}(|R-C^{-1(j)}|^2-|R-C^{+1(j)}|^2)$$

$$=\frac{1}{\sigma^2}\left(r_j+\sum_{l=1,l\neq j}^{n}r_lc_l^{+1(j)}p_l\right)$$

其中，$p_l=\begin{cases}0,c_l^{+1(j)}=c_l^{-1(j)}\\1,c_l^{+1(j)}\neq c_l^{-1(j)}\end{cases}$。

$c_l^{+1(j)}$，$c_l^{-1(j)}$ 为 S_j^{+1}，S_j^{-1} 中与 R 欧氏距离最小的码字；S_j^{+1} 为码集 $\{C^i\}$，$c_j^i=+1$；S_j^{-1} 为码集 $\{C^i\}$，$c_j^i=-1$。若考虑 σ 为一常数，可归一化上式，则译码软输出为

$$r'_j=r_j+w_j$$

其中，$w_j=\sum_{l=1,l\neq j}^{n}r_lc_l^{+1(j)}p_l$ 为外信息，与输入数据 r_j 无关。

要计算 $\Lambda'(d_j)$，则要已知 $c_l^{+1(j)}$，$c_l^{-1(j)}$，D 是两码字其中一个，必须找到另一个码字 C，C 为 D 的竞争码字，与 R 有最小距离，但 $c_j\neq d_j$，则

$$r'_j=\frac{|R-C|^2-|R-D|^2}{4}d_j \tag{4-7}$$

若没法找到 C，则软输出由下式来替代：

$$r'_j=\beta \cdot d_j, \quad \beta \geqslant 0 \tag{4-8}$$

r'_j 的符号与 d_j 的符号相同；如果 Ω 中没有找到 C，说明 C 很可能与 R 的距离较远；如果 C 远离 R，则判为 d_j 可能性很高。

β 的初始值由试验得到，计算可使用下式：

$$\beta \approx \left| \ln\left(\frac{P_r\{d_j=e_j\}}{P_r\{d_j\neq e_j\}}\right) \right|$$

当 $P_r\{d_j=e_j\}\rightarrow 1$ 时，$\beta\rightarrow\infty$；$P_r\{d_j=e_j\}\rightarrow 0.5$ 时，$\beta\rightarrow 0$。

事实上，β 可看成无竞争码字为 C 时判断 d_j 可能性的平均值。

3. 乘积码译码过程

假设 $\boldsymbol{P}$ 为乘积码矩阵，信道为 AGWN，调制方式为 BPSK，发送矩阵为 $[E]$，接收矩阵为 $[R]$。

(1) 先对行（或列）进行 Chase 译码，用式(4-7)或式(4-8)，根据 $[R]$ 计算 r'_j，从而得到外信息 $[W(2)]$；

(2) 接着对列（或行）译码，其软输入由下式提供：

$$[R(2)]=[R]+\alpha(2)[W(2)]$$

其中，$\alpha(2)$ 为缩放（额外）因子，考虑到 $[R]$、$[W]$ 中抽样的标准偏移不同，随着迭代次数的增加，偏移下降。α 上升，BER 减小。

这种方法适合任何线性分组码的乘积码。对于 α，β，通过实验固定

$$\alpha(m)=[0.0,0.2,0.3,0.5,0.7,0.9,1.0,1.0]$$

$$\beta(m)=[0.2,0.4,0.6,0.8,1.0,1.0,1.0,1.0]$$

4.4.2　实验方法

一、实验目的

1. 了解级联码的基本原理；
2. 掌握 TPC 的基本编译码原理。

二、实验工具与平台

1. C 语言开发平台或 MATLAB 软件仿真平台；
2. 通信原理实验创新平台。

三、实验内容及步骤

1. 以汉明码为分量码，构造二维乘积码；
2. 加入信道（BSC，AWGN 信道），构建性能测试系统；
3. 对接收序列分别进行行、列译码，分析其误码性能；
4. 改变信道参数，得到误码性能曲线；
5. 改变分量码参数，进行误码性能分析。

Chase 译码算法实现可参考例程 3。

四、思考题

1. 如何进一步提高乘积码的纠错性能？

2. 试构造多维乘积码，研究其纠错性能变化趋势？

4.5　LDPC 编译码实验

4.5.1　实验原理

LDPC 码是一类特殊的(n,k)线性分组码，其校验矩阵 $\boldsymbol{H}$ 中绝大多数元素为 0，只有少部分为 1，即 $\boldsymbol{H}$ 是稀疏的。稀疏性使译码复杂度降低，实现更为简单。其中一类特殊的(n, w_c, w_r)规则 LDPC 码是二元线性分组码，其长为 n，校验矩阵 $\boldsymbol{H}$ 中每列都含有 w_c 个 1，每行都含有 w_r 个 1。也就是说，每个编码比特都会参与 w_c 个校验方程，而每个校验方程都含有 w_r 个编码的比特。

因为 $\boldsymbol{H}$ 是$(n-k)\times n$ 矩阵，易于证明 w_r 和 w_c 的关系为 $w_r = w_c n/(n-k)$。码率 R_c 可计算如下

$$R_c = \frac{k}{n} = 1 - \frac{w_c}{w_r}$$

如果 $\boldsymbol{H}$ 是稀疏的，但是每列或者每行的 1 的数目不是固定常数，这种码称为不规则 LDPC 码。

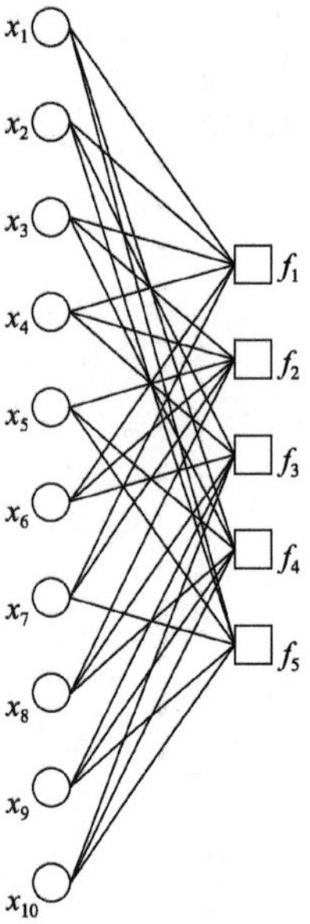

图 4-10　(10,3,6)规则 LDPC 码的 Tanner 图

Tanner 研究了用二部图表示 LDPC 码，称之为 Tanner 图。在 Tanner 图中，两类节点分别为 n 个变量节点和$(n-k)$个校验节点。当且仅当 $\boldsymbol{H}$ 矩阵中的元素 $h_{ij}=1$ 时，在校验节点 i 和变量节点 j 间存在一个分支连接。那么对于(n, w_c, w_r)规则 LDPC 码，其 Tanner 图中有 $w_r(n-k)=w_c n$ 个分支，每个变量节点有 w_c 条分支连接，每个校验节点有 w_r 条分支节点。

(10,3,6)规则 LDPC 码的校验矩阵和 Tanner 图如图 4-10 所示。

$$\boldsymbol{H}=\begin{bmatrix} 1 & 1 & 1 & 1 & 0 & 1 & 1 & 0 & 0 & 0 \\ 0 & 0 & 1 & 1 & 1 & 1 & 1 & 1 & 0 & 0 \\ 0 & 1 & 0 & 1 & 0 & 1 & 0 & 1 & 1 & 1 \\ 1 & 0 & 1 & 0 & 1 & 0 & 0 & 1 & 1 & 1 \\ 1 & 1 & 0 & 0 & 1 & 0 & 1 & 0 & 1 & 1 \end{bmatrix}$$

一、LDPC 码的构造

一个明显的构造 LDPC 码的方法是构造满足上述性质的稀疏的校验矩阵，按照复杂度增大的顺序，通常有下述方法。

(1)从一个全 0 校验矩阵开始，每列随机反转 w_c 比特，不要求每列反转的比特不同，这样得到的是一个不规则的 LDPC 码。

(2)随机产生重量为 w_c 的列。

(3)随机产生重量为 w_c 的列，并且是行重量尽可能均匀。

(4)产生重量为 w_c 的列以及重量为 w_r 的行，并且要求任意两列重叠的位置数目不大于1。

(5)按(4)的方法生成，并且避免短环。

(6)按(5)的方法生成校验矩阵，并且使 $\boldsymbol{H}$ 具有 $[H_1|H_2]$ 的形式，其中，H_2 是可逆的。实际上这是要求 $\boldsymbol{H}$ 满秩。

按照(5)的要求构造 LDPC 码最常见、最具体的构造算法如下：

给定要构造码的参数 n,k,w_c,w_r，最小环长为 $L_{\min}$。

(1)设定列计数器 $j=0$。

(2)产生一个重量为 w_c 的列矢量，并且放置在 $\boldsymbol{H}$ 的第 j 列。

(3)如果 $\boldsymbol{H}$ 每行的重量 $\leqslant w_r$，而且所有环的长度 $\geqslant L_{\min}$，则 $j=j+1$。

(4)如果 $j=n$，停止；否则，转(2)。

注意，上述方法产生的 $\boldsymbol{H}$ 矩阵不是满秩的，这并没有太大的影响。

一旦 $\boldsymbol{H}$ 矩阵构造完毕，通过高斯消去法(包括可能的列交换)将 $\boldsymbol{H}$ 写为 $[\boldsymbol{P}^{\mathrm{T}}|\boldsymbol{I}]$，因此得到生成矩阵 $\boldsymbol{G}=[\boldsymbol{I}|\boldsymbol{P}]$。

(1)如果 $\boldsymbol{H}$ 非满秩，由高斯消去法将得到

$$\boldsymbol{H}=\begin{bmatrix}\widetilde{\boldsymbol{P}}^{\mathrm{T}} & \boldsymbol{I}\\ 0 & 0\end{bmatrix}$$

其中，$\widetilde{\boldsymbol{P}}^{\mathrm{T}}$ 为 $r'\times(n-r')$ 矩阵，且 $r'<r=n-k$。

(2)如果 H 满秩，我们写 $r'\times n$ 矩阵 $\widetilde{\boldsymbol{H}}=[\widetilde{\boldsymbol{P}}^{\mathrm{T}}|\boldsymbol{I}]$，相应的码率提高为 $(n-r')/n$。

上述算法同样不保证构造码的规则性，因为允许行重量小于 w_r。如果要求构造规则的LDPC码，还需要额外的步骤保证每行的重量都等于 w_r。

二、LDPC 码的译码

以 Tanner 图描述 LDPC 的译码非常方便。定义 $g_{x,f}$ 为从变量节点 x 到校验节点 f 发送的消息，$h_{f,x}$ 为从校验节点 f 到变量节点 x 发送的消息。$g_{x,f}$ 和 $h_{f,x}$ 都取自符号表 B。对硬判决译码 $B=\{0,1\}$，对软判决译码 $B=(-\infty,\infty)$。

除此之外，对变量节点 x 和校验节点 f 分别定义 N_x 和 N_f 为 x 和 f 的相邻节点集合；以 E_x 和 E_f 分别表示 x 和 N_x 以及 f 和 N_f 集合中节点的分支集合。显然 $|N_x|=|E_x|$，类似地，有 $|N_f|=|E_f|$。

1. 硬判决译码

考虑二元输入无记忆信道，令 $y_i\in\{0,1\}$ 为对应第 i 个变量节点的接收值。硬判决译码的主要思想是翻转最少的 y_i 使所有 $n-k$ 个校验方程满足。当 H 是低密度时，这一过程最为简单。因为每个校验方程只涉及很少的比特，而每个比特也只涉及很少的校验方程。

对于(7,4)汉明码，其校验矩阵为

$$\boldsymbol{H}=\begin{bmatrix}1&1&1&0&1&0&0\\1&1&0&1&0&1&0\\1&0&1&1&0&0&1\end{bmatrix}=[\boldsymbol{P}|\boldsymbol{I}]$$

设发送码字 $c=[1011001]$，接收码字为 $y=c+[0100000]=[1111001]$。该码字的 Tanner 图如图 4-11 所示。

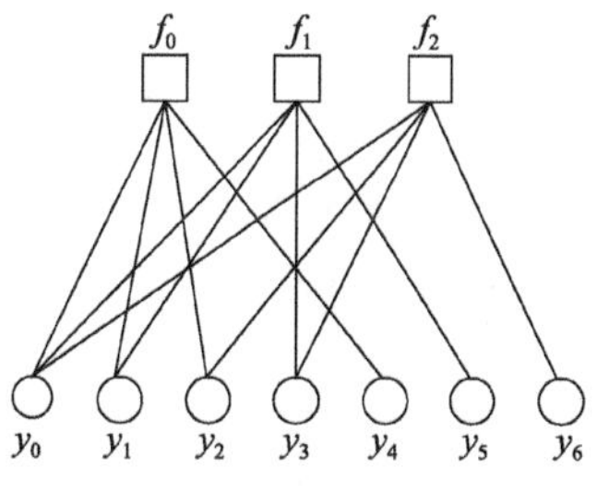

图 4-11 (7,4)汉明码的 Tanner 图

检查各个校验节点的校验方程为

$$f_0: y_0 + y_1 + y_2 + y_4 = 1$$

$$f_1: y_0 + y_1 + y_3 + y_5 = 1$$

$$f_2: y_0 + y_2 + y_3 + y_6 = 0$$

因此，f_2 节点将向 y_0, y_2, y_3, y_6 节点发送信息，说明这些比特保持不变，因为 f_2 校验方程满足。这样可以将翻转的比特范围缩小为 y_1, y_4, y_5。而翻转 y_1 将使得 f_0 和 f_1 的校验方程同时满足，而 y_1 正是错误位置。

我们注意到，f_2 校验方程计算对 f_0 和 f_1 校验方程中涉及的比特提供了外部信息，而外部信息对于理解和积算法(消息传递算法)是非常有帮助的，传递的消息就是外部信息。翻转算法的一般描述如下：

并行地对每个变量节点，在其相邻校验节点中计数校验方程不满足的节点个数。如果不满足的校验节点的比例大于 β，该比特节点翻转。可以考虑取 $\beta=1/2$。

该步骤迭代进行，直到预先设定的轮数完成后停止，或者这之前有 $\hat{c}\boldsymbol{H}^{\mathrm{T}}=0$。如果在预设的轮数完成后 $\hat{c}\boldsymbol{H}^{\mathrm{T}}\neq 0$，译码失败。

Gallagher 最早提出的硬判决译码与翻转算法本质上是一样的，其迭代步骤描述如下。

(1)初始化置 $g_{x,f}=y_x$。

(2)$g_{x,f}$更新：对所有分支有 $e=(x,f)$，并行进行如下计算。

①如果在前一轮中沿 $E_x\backslash\{e\}$中分支的输入消息有超过$\beta(|E_x|-1)$个等于同一个值的 $b\in\{0,1\}$，置 $g_{x,f}=b$。

②否则置 $g_{x,f}=y_x$。

(3)$h_{f,x}$更新：对所有分支有 $e=(x, f)$，并行进行如下计算。

校验节点 f 向 x 发送在本轮中沿 $E_x\backslash\{e\}$中分支接收值的异或，即 $h_{c,v}=\sum_{i\in \boldsymbol{N}_c\backslash\{v\}} g_{i,c}(\mathrm{mod}2)$。

注意，算法中传递的消息只含有附加信息，即 $g_{x,f}$的值只取决于 $h_{f',x}$的值，其中 f'遍历所有与之相似的校验节点($h_{f,x}$也类似)。

译码在预先设定的轮数完成后停止，或者这之前有 $\hat{c}\boldsymbol{H}^{\mathrm{T}}=0$(每个变量节点可以根据其邻居决定其最可能的取值)。如果在预设的轮数完成后 $\hat{c}\boldsymbol{H}^{\mathrm{T}}\neq 0$，设码失败。

2. LDPC 译码的和积算法

令 $g_{ij}(b)=\mu_{x_i\to f_j}(c_i=b)$表示从节点 x_i 到节点 f_j 传递的消息(外部信息)，等于除 f_j 外，其他与 x_i 相邻校验节点的外部信息和已知 y_i 后 $c_i=b$ 的概率。

$h_{ji}(b)=\mu_{f_j\to x_i}(c_i=b)$表示从节点 f_j 到节点 x_i 传递的消息，等于给定 $c_i=b$ 并且其余比特在$\{g_{ij'}\}_{j'\neq j}$为独立分布时第 j 个校验方程满足的概率。

考虑信道模型 $y_j=x_j+n_j$，其中，$n_j\sim N(0,\sigma^2)$，而且 $x_j=(-1)^{c_i}$等概地取$+1$或-1，容易验证

$$P_{\mathrm{r}}(x_i=b|y_i)\propto\frac{1}{1+\mathrm{e}^{-2y_ix_i/\sigma^2}}$$

根据这些函数，可以描述如下的消息传递算法。

(1)初始化

$$g_{ij}(0)=1-P_i=P_{\mathrm{r}}(x_i=+1|y_i)=\frac{1}{1+\mathrm{e}^{-2y_i/\sigma^2}}$$

$$g_{ij}(1)=P_i=P_{\mathrm{r}}(x_i=-1|y_i)=\frac{1}{1+\mathrm{e}^{2y_i/\sigma^2}}$$

(2)所有分支并行进行如下操作。

①$h_{ji}(0)=\frac{1}{2}+\frac{1}{2}\prod_{i'\in \boldsymbol{N}_f(j)\backslash\{i\}}(1-2g_{i'j}(1))$，$h_{ji}(1)=1-h_{ji}(0)$

②$g_{ij}(0)=(1-P_i)\prod_{j'\in \boldsymbol{N}_x(i)\backslash\{j\}}h_{j'i}(0)$，$g_{ij}(1)=P_i\prod_{j'\in \boldsymbol{N}_x(i)\backslash\{j\}}h_{j'i}(1)$

归一化，有

$$g_{ij}(0)=\frac{g_{ij}(0)}{g_{ij}(0)+g_{ij}(1)}$$

$$g_{ij}(1)=1-g_{ij}(0)$$

③对所有 i 计算：

$$Q_i(0)=K_i(1-P_i)\prod_{j\in \boldsymbol{N}_x(i)}h_{ji}(0),\quad Q_i(1)=K_iP_i\prod_{j\in \boldsymbol{N}_x(i)}h_{ji}(1)$$

常数 K_i 的选择应使

$$Q_i(0)+Q_i(1)=1$$

④ $\forall i,\hat{c}_i=\begin{cases}1, & Q_i(1)>0.5\\0, & 其他\end{cases}$

(3)如果 $\hat{c}\boldsymbol{H}^{\mathrm{T}}=0$ 或者达到最大迭代次数，停止；否则转步骤①。

研究表明，如果对应于 H 矩阵的图中没有环，当迭代次数趋于无穷时，$Q_i(0)$ 和 $Q_i(1)$ 将收敛于 c_i 的后验概率。由于步骤④，本算法将以近于1的概率检测出无法纠正的错误。

4.5.2　实验方法

一、实验目的

1. 掌握 LDPC 码的构造原理；
2. 了解 LDPC 码的基本译码方法。

二、实验工具与平台

1. C 语言开发平台或 MATLAB 软件仿真平台；
2. 通信原理实验创新平台。

三、实验内容及步骤

1. 进行基本的 LDPC 编码(1/2 码率，(10,3,6))，给出码字；
2. 加入 BSC 信道，采用硬判决译码方法，构建性能测试平台，给出译码结果；
3. 使用 AWGN 信道，采用和积译码算法，给出译码结果；
4. 改变信道(BSC、AWGN)参数，绘制相应误码曲线。

四、实验思考

1. LDPC 码的性能与哪些因素有关？
2. LDPC 码构造需考虑哪些因素？
3. 简述 LDPC 码的应用情况及发展趋势。

第 5 章　数字基带传输

本章主要实验内容：

√　码型变换

√　CMI 线路编码通信系统

√　HDB_3 线路编码通信系统

√　RS422 接口

√　基带传输系统

通常将未对载波调制的待传信号称为基带信号，基带信号可以是原始的数字信号，也可由模拟信号经过信源编码得到。数字信号的基带传输就是将基带信号经过码型变换，不经过调制，直接以脉冲形式送到信道传输。基带传输不需要调制、解调模块，设备相对较简单，适用于较小范围的数据传输，其典型应用有串口、并口、SATA 和以太网通信等。典型基带传输系统主要由码型变换、成形滤波、接收滤波、信道均衡和取样判决组成，某些特殊应用场合还需要进行信道编译码。

基带传输系统中码型选择至关重要，选取原则主要有两点：①对各种码型的要求：期望将原始信息符号编制成适合于传输用的码型；②对所选码型的码元脉冲波形要求：期望码元脉冲波形适宜于在信道中传输。前一问题是传输码型的选择；后一问题是基带波形的选择。这两个问题既有独立性又相互关联。基带信号的码型类型很多，常见的有单极性码、双极性码、AMI 码、HDB_3 码和 CMI 码等。适合于信道中传输的波形一般应为变化较平滑的脉冲波形。本章主要实验内容将涉及 CMI、HDB_3 码编码、RS422 接口和基带传输系统等。

5.1　码型变换实验

5.1.1　实验原理

一、基带传输码型

并不是所有的基带信号码型都适合在信道中传输，往往是根据实际需要进行选择。下面介绍几种常用的适合在信道中传输的传输码型。

1. AMI 码

AMI 码的全称是传号交替反转码。这是一种将消息中的代码“0”(空号)和“1”(传号)按如下规则进行编码的码：代码“0”仍为 0；代码“1”交替变换为＋1、－1、＋1、－1、…。

AMI 码的优点是：不含直流成分，低频分量小；编译码电路简单，可用传号极性交替规律观察误码情况。鉴于这些优点，AMI 码是 ITU 建议采用的传输码型之一。AMI 码的不足是：当原信码出现在“0”串时，信号的电平长时间不跳变，造成提取定时信号的困难。解决连“0”码问题的有效方法之一是有采用 HDB_3 码。

2. HDB_3 码

HDB_3 码的全称是三阶高密度双极性码，它是 AMI 码的一种改进型，其目的是为了保持 AMI 码的优点而克服其缺点，使连“0”个数不超过 3 个。其编码规则如下。

(1) 当信码的连“0”个数不超过 3 时，仍按 AMI 码的规则编码，即传号极性交替。

(2) 当连“0”个数超过 3 时，出现 4 个或 4 个以上连“0”串时，则将每 4 个连“0”小段的第 4 个“0”变换为非“0”脉冲，用符号 V 表示，称为破坏脉冲。而原来的二进制码元序列中所有的“1”码称为信码，用符号 B 表示。当信码序列中加入破坏脉冲以后，信码 B 与破坏脉冲 V 的正负极性必须满足如下两件条件。

①B 码和 V 码各自都应始终保持极性交替变化的规律，以确保编好的码中没有直流成分；

②V 码必须与前一个非零符号码(信码 B)同极性，以便和正常的 AMI 码区分开来。如果这个条件得不到满足，那么应该将四连“0”码的第一个“0”码变换成 V 码同极性的补信码，用符号 B^1 表示，并做调整，使 B 码和 B^1 码合起来保持条件①中信码(含 B 及 B^1)极性交替变换的规律。

虽然 HDB_3 码的编码规则比较复杂，但译码却比较简单。从上述原理中可以看出，每一破坏符号总是与前一非 0 符号同极性。据此，从收到符号序列中很容易找到破坏点 V，于是断定 V 符号及其前面的 3 个符号必定是连“0”符号，从而恢复 4 个连“0”码，再将所有的 +1、-1 变成“1”后便得到原信息代码。

HDB_3 码保持了 AMI 码的优点外，同时还将连“0”码限制在 3 个以内，故有利于位定时信号的提取。HDB_3 码是应用最为广泛的码型，A 律 PCM 四次群以下的接口码型均为 HDB_3 码。

3. CMI 码

CMI 码是传号反转码的简称，其编码规则为，“1”码交替用“00”和“11”表示；“0”码用“01”表示。CMI 码的优点是没有直流分量，且有频繁出现波形跳变，便于定时信息提取，具有误码监测的能力。

由于 CMI 码具有上述优点，再加上编、译码电路简单，容易实现，因此，在高次群脉冲编码调制终端设备中广泛用作接口码型，在速率低于 8448kb/s 的光纤数字传输系统中也被建议作为线路传输码型。

二、实验电路原理

在通信原理综合实验平台中，AMI/HDB_3 编译码系统组成框图见图 5-1。采用了 CD22103 专用芯片实现 AMI/HDB_3 的编译码实验。在该电路模块中，没有采用复杂的线圈耦合的方法来实现 HDB_3 码字的转换，而是采用运算放大器完成对 AMI/HDB_3 输出进行电平变换。变换输出为双极性码或单极性码。由于 AMI/HDB_3 为归零码，含有丰富的时钟分量，因此输出数据直接送到位同步提取锁相环(PLL)提取接收时钟。本实验电路模块说明如表 5-1 所示，测试点说明如表 5-2 所示。

表 5-1　码型变换实验电路模块说明

标号	名称	功能描述
KD01	信号选择跳线开关	置于 Dt 位置(左端)：输入编码信号来自复接模块的 TDM 帧信号；置于 M 位置(右端)：输入编码信号来自本地 m 序列

续表

标号	名称	功能描述
UD01	专用芯片(CD22103)	实现 AMI/HDB_3 编译码功能
UD02	运算放大器	完成对 AMI/HDB_3 输出进行电平变换，输出为双极性码或单极性码；UD02A 构成一个差分放大器，用来将线路输出的 HDB_3 码变换为双极性码输出；UD02B 构成一个相加器，用来将线路输出的 HDB_3 码变换为单极性码输出
PLL	模拟锁相环	提出接收时钟
KD02	单/双极性码输出选择开关	置于 1_2 位置(左端)：输出为双极性码；置于 2_3 位置(右端)：输出为单极性码
KD03	AMI/HDB_3 码跳线开关	置于左端：HDB_3 状态；置于右端：AMI 状态
KX01	跳线开关	置于右端：输入为 m 序列产生器 1 输出的数据
KX02	跳线开关	置于 1_2 位置(左端)：15 位 m 序列(111100010011010)； 置于 2_3 位置(右端)：7 位 m 序列(1110010)
KX03	跳线开关	插入错码时，置于 E_EN(错码使能)位置，否则，设置在 NO_N(不加错码)位置
KX04	跳线开关	置于 2_3 位置时，CMI 编码器将选择 m 序列产生器 2 的输出数据；正常工作时，置于 1_2 位置
UX01	EPM7064	实现 CMI 编码功能
UY01	EPM7064	实现 CMI 译码功能
KP02	跳线开关	置于 1_2(左端)：输入信号来自 HDB_3 编码模块的 HDB_3 码信号；置于 2_3(右端)：选择外部的测试信号

表 5-2 码型变换实验测试点说明

测试点	说明	测试点	说明
TPD01	编码输入数据(256kb/s)	TPD05	HDB_3 输出(双极性码)
TPD02	256kHz 编码输入时钟	TPD06	译码输入时钟(256kHz)
TPD03	HDB_3 输出＋	TPD07	译码输出数据(256kb/s)
TPD04	HDB_3 输出 -	TPD08	HDB_3 输出(单极性码)
TPX01	输入数据	TPX04	256kHz 输出时钟
TPX02	256kHz 输入时钟	TPX05	CMI 编码输出
TPX03	1 状态记忆输出	TPX06	加错输出指示
TPY01	CMI 编码输入数据	TPY05	错码输出
TPY02	512kHz 输入时钟	TPY06	256kHz 时钟输出
TPY03	调整观测时间(1024bit 的周期)	TPY07	CMI 译码数据输出
TPY04	扣脉冲		

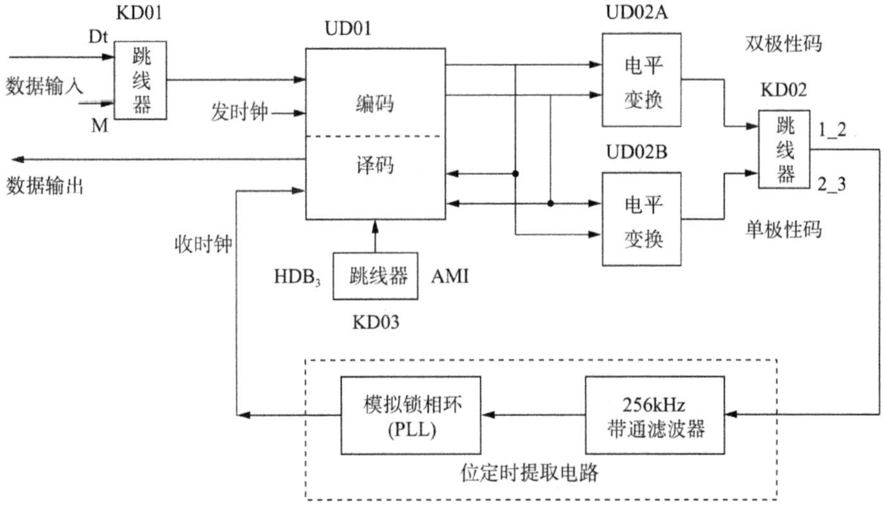

图 5-1　AMI/HDB_3 编译码模块组成框图

AMI/ HDB_3 编译码系统组成电原理图如图 5-2。电路工作原理为，输入的码流进入 CD22103 芯片的 1 引脚，在 2 引脚时钟信号的推动下输入其编码单元。编码之后的结果在该芯片的 14(HDB_3 输出+)、15(HDB_3 输出−)引脚输出。输出信号在电路上直接返回到 11、13 引脚，由片内译码单元进行译码。通常译码之后译码输出数据与编码输入数据的波形应一致，但由于当前的输出 HDB_3 码字可能与前 4 个码字有关，因而 HDB_3 的编译码时延较大。

根据 CCITT 建议，在程控数字交换机中 CMI 码一般作为 PCM 四次群数字中继接口的码型。在 CMI 码模块中，完成 CMI 的编码与解码功能。CMI 编码模块组成框图如图 5-3 所示。所有电路功能单元都集成在一片现场可编程门阵列 EPM7064 芯片内。

CMI 编码器由 1 编码器(1 状态记忆)、0 编码器(时钟)、输出选择器等组成。

(1)1 编码器：因为在 CMI 编码规则中，要求在输入码为 1 时，交替出现 00、11 码，因而在电路中必须设置一状态来确认上一次输入比特为 1 时的编码状态。这一机制是通过一个 D 触发器来实现，每次当输入码流中出现 1 码时，D 触发器进行一次状态翻转，从而完成对 1 码编码状态的记忆。同时，D 触发器的 Q 输出端也将作为输入比特为 1 时的编码输出。

(2)0 编码器：当输入码流为 0 时，则以其时钟信号做输出以代表 01 码。

(3)输出选择器：由输入码流缓冲器的输出 Q 用于选择是 1 编码器输出还是 0 编码器输出。

(4)m 序列产生器 1：m 序列产生器 1 受跳线开关 KX02 控制产生对应的特殊码序列(111100010011010 或 1110010)。

(5)错码发生器：为验证 CMI 编译码器系统具有检测错码能力，在 CMI 编码器中每隔 10^5 bit 人为插入 1 位错码。

(6)m 序列产生器 2：为观测 CMI 译码器的失步功能，可以产生随机数据送入 CMI 译码器，使其无法同步。

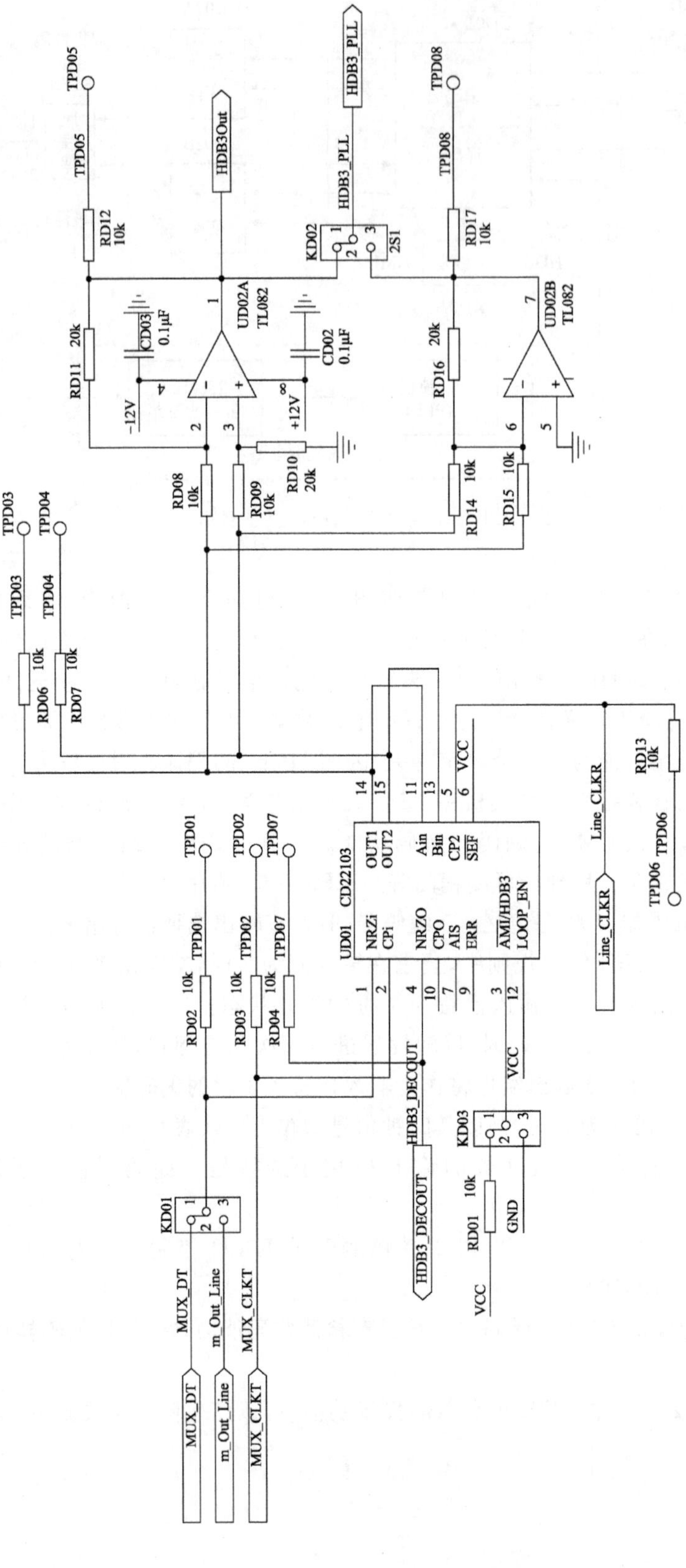

图5-2 AMI/HDB$_3$编译码系统组成电原理图

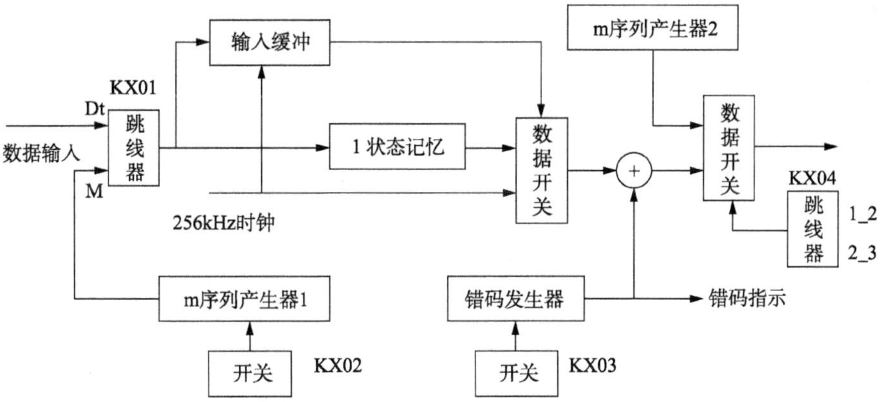

图 5-3 CMI 编译码模块组成框图

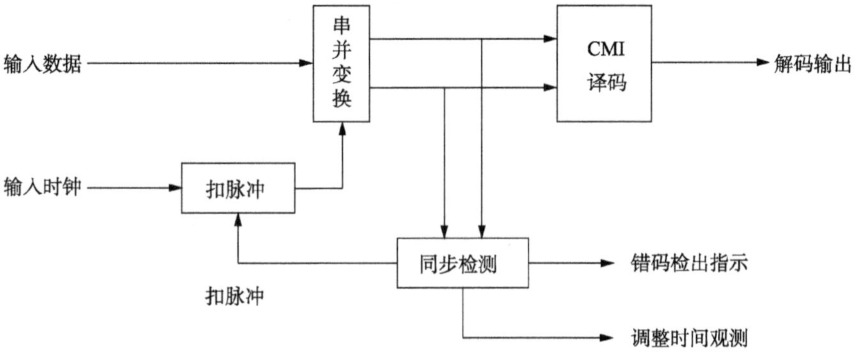

图 5-4 CMI 译码模块组成框图

CMI 译码模块组成框图如图 5-4 所示。所有电路功能单元也都集成在一片现场可编程门阵列 EPM7064 芯片内。各部分电路功能工作原理及作用如下：

CMI 译码电路由串并变换器、译码器、同步检测器、扣脉冲电路等电路组成。

(1)串并变换器。输入的 512KBPS 的 CMI 码流首先送入一个串并变换器，在时钟的作用下将 CMI 的编码码字的高位与低位码字分路输出。

(2)CMI 译码器。CMI 码的高位与低位通过异或门实现 CMI 码的译码。由于电路中的时延存在差异，输出端可能存在毛刺，又进行输出整形。

(3)同步检测器。从 CMI 编译码的原理中，CMI 码同步时不会出现 10 码字(不考虑信道传输错码)；如果 CMI 码没有同步好(即 CMI 的高位与低位出现错锁)，将出现多组 10 码字，此时将不正确译码。同步检测器的原理是，当在一定时间内(1024bit)，如出现多组 10 码字则认为 CMI 译码器未同步。此时同步检测电路输出一个控制信号到扣脉冲电路扣除一个时钟，调整 1bit 时延，使 CMI 译码器同步。CMI 译码器在检测到 10 码字时，将输出错码指示。

硬件小常识

CD22103(AMI/HDB$_3$ 编解码器)

该电路分别是 RCA 与 Harris 公司、Motorola 公司、Plessey 公司生产的 AMI/HDB$_3$ 编解码

器。它内部包含 NRZ-AMI/HDB_3 编码、解码单元、误码检测与告警电路、工作/自环选择开关等。其功能符合 CCITT G.703 建议。电路的基本特性为：

(1)典型工作速率　　2048，8.448Mb/s

(2)码型变换方式　　NRZ-AMI/ HDB_3

(3)具有自环测试能力。

(4)输入、输出电平与 TTL 兼容。

(5)电源　　＋5V

(6)功耗　　＜40mW

(7)工艺　　CMOS

(8)封装　　DIP-16Pin

引出端符号说明如下：

NRZ1	发非归零码输入	CP2	解码时钟	LTE	工作/自环控制
CP1	编码时钟	SEF	告警置位	BIN	解码输入(－)
AMI/HDB_3	AMI/HDB_3 模式选择	AIS	告警输出	OUT1	解码输出(－)
		ERR	收误码检测输出	OUT2	编码输出(＋)
NRZ0	收非归零码输出	CP3	收时钟输出	V＋	正电源
		AIN	解码输入(＋)	GND	地

5.1.2　实验方法

一、实验目的

1. 掌握 AMI/ HDB_3 码的编码规则；
2. 熟悉 HDB_3 码的基本特征、编译码器工作原理和实现方法；
3. 掌握 CMI 码的编码规则、熟悉 CMI 编译码系统的特性。

二、实验工具与平台

1. 通信原理综合实验平台；
2. 数字示波器；
3. 函数信号发生器。

三、实验内容及步骤

1. AMI/HDB_3 码型变换

准备工作如下：

①由于 AMI 实验用的时钟信号由复接解复接提供，因此首先用 10 针排线连接模块 JKD01 的排针插槽和复接解复接模块的 JKB02，以获取时钟信号；

②根据实验内容设置信号选择跳线开关、单/双极性码输出选择开关、AMI/HDB_3 编码开关，使该模块工作在 AMI 码方式。

(1)AMI 码编码规则验证。

①设置相应跳线开关，使 CMI 编码模块输入为 m 序列产生器 1 输出的 7 位周期 m 序列。

用示波器同时观测输入数据和 AMI 输出双极性编码数据波形及单极性编码数据波形，观测时用输入数据同步。分析观测输入数据与输出数据关系是否满足 AMI 编码关系，画下一个 m 序列周期的测试波形。采用 15 位周期 m 序列，重复上述测试步骤，记录测试结果。

②将输入数据选择跳线开关 KD01、KX01 拨除，将示波器探头从编码输入数据测试点移去，使输入数据端口悬空产生全 1 码。重复上述测试步骤，记录测试结果。

③将输入数据选择跳线开关 KD01 拨除，用一短路线一端接地，另一端十分小心地插入编码输入数据测试点，使输入数据为全 0 码(或采用将示波器探头接入编码输入数据测试点上，使数据端口不悬空，则输入数据亦为全 0 码)。重复上述测试步骤，记录测试结果。

(2)AMI 码译码和时延测量。

自行设计测试步骤，完成 AMI 码译码和时延的测量。(注意锁相环模块内输入信号选择跳线开关的设置)。

思考题：数据延时量测量应考虑到什么因素？

(3)AMI 编码信号中同步时钟分量定性观测。

采用 15 位周期 m 序列作为输入数据，将锁相环模块内输入信号选择跳线开关设置在 HDB_3 位置。

①产生单极性码输出，用示波器测量模拟锁相环模块 TPP01 波形；然后产生双极性码输出，观测 TPP01 波形变化。通过测量结果回答：ⓐAMI 编码信号转换为双极性码或单极性码后，哪一种码型时钟分量更丰富，为什么？ⓑ接收机应将接收到的信号转换成何种码型才有利于收端位定时电路对接收时钟进行提取。

②产生单极性码输出，使输入数据为全 1 码(方法见(1))，重复上述测试步骤，记录分析测试结果。

③使输入数据为全 0 码(方法见(1))，重复上述测试步骤，记录测试结果。

思考题：具有长连“0”码格式的数据在 AMI 编译码系统中传输会带来什么问题，如何解决？

(4)AMI 译码位定时恢复测量。

使模块输入为 m 序列，将锁相环模块内输入信号选择跳线开关设置在 HDB_3 位置。

①单极性码输出，用示波器测量同时观测编码输入时钟测试点和译码输入时钟测试点波形，测量时用前者同步。此时两收发时钟应同步。然后，采用双极性码输出，完成同样的观测。记录和分析测量结果。

②采用单极性码输出，输入数据为全 1 码或全 0 码(方法见(1))。重复上述测试步骤，记录分析测试结果。

思考题：为什么在实际传输系统中使用 HDB_3 码？用其他方法行吗(如扰码)？

2. HDB_3 码变换规则验证

自行设计实验方案，观测实验结果，分析实验结论。

3. CMI 码型变换

由于 CMI 实验用的时钟信号由复接解复接提供，因此首先用 10 针排线连接排针插槽该模块 JKD01 和复接解复接模块的 JKB02，以获取时钟信号；进行相应的设置，使输入信号为 7 位周期 m 序列，无加错状态，选择 CMI 编码数据输出。

(1)CMI 码编码规则测试。

①用示波器同时观测 CMI 编码器输入数据和输出编码数据。观测时用前者同步，仔细调整示波器同步。找出并画下一个 m 序列周期输入数据和对应编码输出数据波形。根据观测结果，分析编码输出数据是否与编码理论一致。

②将输入信号改为 15 位周期 m 序列，重复上一步骤测量。画下测量波形，分析测量结果。

(2)1 码状态记忆测量。

①用示波器同时观测 CMI 编码器输入数据和 1 码状态记忆输出。观测时用前者同步，仔细调整示波器同步。画下一个 m 序列周期输入数据和对应 1 码状态记忆输出数据波形。根据观测结果，分析是否符合相互关系。

②改变输入信号，重复上述测量。画下测量波形，分析测量结果。

(3)CMI 码解码波形测试。

用示波器同时观测 CMI 编码器输入数据和 CMI 解码器输出数据。观测时用前者同步。验证 CMI 译码器能否正常译码，两者波形除时延外应一一对应。

(4)CMI 码编码加错波形观测。

设置为加错状态，在输出编码数据流中每隔一定时间插入 1 个错码。用示波器同时观测加错指示点和输出编码数据的波形，观测时用前者同步。画下有错码时的输出编码数据，并分析接收端 CMI 译码器可否检测出。

(5)CMI 码检错功能测试。

首先将输入信号选择跳线开关设置在 Dt 位置；并人为插入错码，模拟数据经信道传输误码。

①用示波器同时测量加错输出指示和 CMI 译码模块中错码输出测试点波形。

②输入信号改为 m 序列，重复上述实验。观测测量结果有何变化。

③关机 5s 后再开机，重复上述实验。认真观测测试结果有何变化(注：可以重复多测试几次——关机后再开机)。

思考题：为什么有时检测错码检测点输出波形与加错指示波形不一致？

(6)CMI 译码同步观测。

CMI 译码器是否同步可以通过检测错码检测电路输出反映出。当 CMI 译码器未同步时，错码将连续的检测出。观测时，将输入信号选择跳线开关设置在 Dt 位置，CMI 编码器将选择 m 序列产生器 2 的输出数据(输出不经 CMI 编码，使接收端无法同步)。

①用示波器测量失步时的检测错码检测点波形。

②将编码器置于正常工作状态，检测错码检测点波形应立刻同步。

(7)抗连“0”码性能测试。

①将输入信号选择跳线开关 KX01 拨去，使 CMI 编码输入数据悬空(全 0 码)。用示波器测量输出编码数据。输出数据为 01 码，说明具有丰富的时钟信息。

②测量 CMI 译码输出数据是否与发端一致。

③观测译码同步信号。

四、思考题

1. 根据测量结果，分析 AMI 码和 HDB_3 码接收时钟提取电路受输入数据影响的关系。

2. 根据测量结果，总结接收时钟受发送数据影响情况。

3. CMI 码是否具有纠错功能？

5.2　CMI 线路编码通信系统综合实验

5.2.1　实验原理

有关 CMI 编码的基本原理请见 5.1 节，本节实验基于 CMI 线路编码通信系统，传输数据和话音业务。实验的系统连接框图如图 5-5 所示。传输系统由电话机、CVSD 编译码器、PCM 编译码器、信号复接/解复接模块、CMI 编译码器及交换处理模块组成。主要模块的基本原理详见第 2 章。

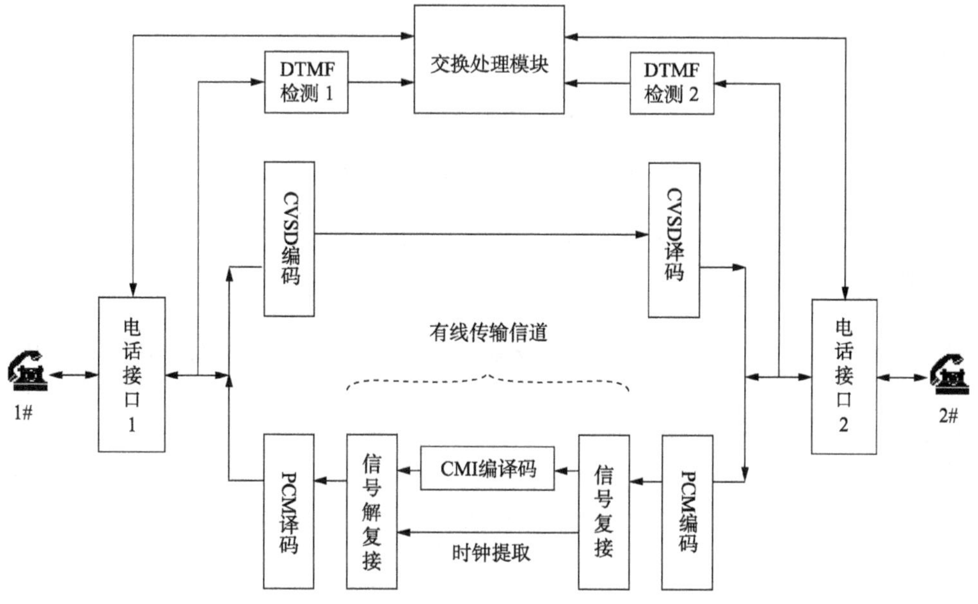

图 5-5　CMI 系统组成框图

交换处理模块包括交换控制电路和双音多频(DTMF)电路。交换接续控制电路由一个可编程器件 EPM7064 实现，用于完成交换的各项处理功能。交换接续控制模块功能框图如图 5-6 所示电路原理图如图 5-7 所示。

交换接续控制根据用户环路状态进行接续控制。当用户摘机时，呼叫处理模块将向被叫用户振铃，同时向主叫送回铃音(4s 断 1s 通的 450Hz 信号)。当通话结束，任一方挂机，另一方都将听到忙音，表示呼叫结束。双音多频电路对用户接口模块发送支路信号进行双音多频检测，并将检测的结果送到交换接续控制模块中进行接续处理。在通信原理综合实验平台中，有两套完全一致的双音多频检测模块，这两个模块分别与相应的电话用户接口模块相连。本实验的电路

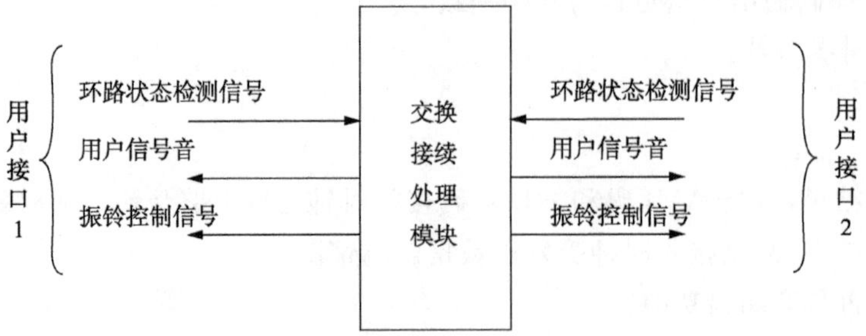

图 5-6 交换接续处理模块组成框图

模块说明如表 5-3 所示，测试点说明如表 5-4 所示。

表 5-3 CMI 线路编码通信系统综合实验电路模块说明

标号	名称	功能描述
UQ01	交换接续控制电路(EPM7064)	用户完成交换的各项处理功能
U301	CM8870	与 X301(3.58MHz 晶体)及相应的跳线器、电位器组成双音多频检测模块
K301	跳线器	用于设置双音多频检测器的输入信号电平，置于 1_2 位置(左端)：选择通信终端平台缺省的电平设置；置于 2_3 位置(右端)，可通过调整电位器设置双音多频检测器的输入信号电平
W301	电位器	用来设置双音多频检测器的输入信号电平
D301,D302,D303,D304	二极管	以二进制数据显示双音多频码

表 5-4 CMI 线路编码通信系统综合实验测试点说明

测试点	说明
TP301	双音多频检测器输入模拟信号
TP302	双音多频检测有效信号(高电平有效)

双音多频检测模块由 CM8870、3.58MHz 晶体及相应的跳线器、电位器组成。从用户接口单元来的输入信号进入 CM8870 进行双音多频检测。在 CM8870 双音多频检测电路中，3.58MHz的晶体为 CM8870 工作提供基本的参考频率。当 CM8870 检测到存在双音多频时，其检测信号 DET_DTMF1=1，此时交换接续控制模块将双音多频代码(DTMFA3、DTMFA2、DTMFA1、DTMFA0)读入，用以完成相应的呼叫接续。

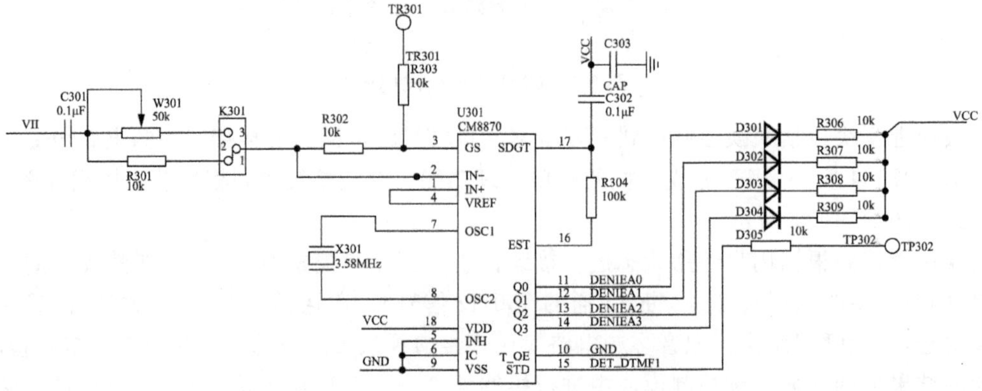

图 5-7 双音多频检测模块电路原理图

5.2.2 实验方法

一、实验目的

1. 熟悉 CMI 编译码器在通信系统中位置及发挥的作用；
2. 了解 CMI 码对通信系统性能的影响。

二、实验工具与平台

1. 通信原理综合实验平台；
2. 数字示波器；
3. 电话机。

三、实验内容及步骤

准备工作：

(1)本实验是在实验 2.4 基础上进行，先按其要求设置各选择开关。

(2)用 10 芯排线将复接解复接模块中的排针插槽 JKB02 与线路编解码模块的 JKD 连接，将复接数据输入线路编解码模块进行 CMI 编码，并将 CMI 译码数据回送到复接解复接模块进行解复接；将 CMI 编码模块内输入数据选择开关 KX01 设置在复接数据位置(左端)，CMI 编码使能开关 KX04 设置在正常工作状态，不加错码。

(3)设置复接模块内跳线，使传输信道无误码、m 序列发生器输出 m1 序列码。

(4)将解复接模块内输入数据和时钟选择开关 KB01、KB02 设置 CMI 位置(中间)，使终端信号经复接器、CMI 编译码器、解复接器传输送入对端终端。

1. 经 CMI 编译码系统传输的帧同步信号观测

(1)首先用示波器同时观测复接模块帧同步指示测试点与解复接模块帧同步指示测试点波形，观测时用前者同步。经 CMI 编译码模块传输后解复接模块帧同步指示波形在正常时应与发端帧同步指示波形同步。如不同步请检查各跳线器设置位置是否正确，记录测试结果。

(2)设置 CMI 模块错码选择开关，引入错码使信道误码率 $P_e \approx 1\times 10^{-2}$。用示波器同时观测 CMI 编码模块发端加错指示测试点和 CMI 译码模块错码检测输出测试点的波形，观测时用前者同步。观测 CMI 译码模块电路是否同步正确工作，并检测出错码信号。

(3)在有误码的环境下，且 CMI 编译码模块正常工作，重复第(1)步测量步骤，观测误码对解复接模块帧同步电路的影响，记录测试结果。

2. 经 CMI 编译码系统传输的 PCM 话音业务测试

(1)按准备工作要求设置各跳线开关，将系统设置在 PCM 编码状态。通过电话拨号接通电话，使两端电话处于正常联通。如不能通话请检查各跳线器设置是否正确。通过电话机 2 讲话，听经过复接系统传输的话音信号是否受 CMI 编译码系统影响。

(2)设置 CMI 模块错码选择开关，引入错码使信道误码率 $P_e \approx 1\times 10^{-2}$。在有误码的环境下，且 CMI 编译码模块正常工作，重复上述测量步骤，记录测试结果。

3. 经 CMI 编译码系统传输的 ADPCM 话音业务测试

参考 PCM 话音业务测试，自行设计实验方案。

4. 经 CMI 编译码系统传输的 m 序列信号测试

(1)设置各跳线开关。示波器以复接模块内发送 m 序列输出测试点信号做参考,观察解复接模块内接收 m 序列输出测试点波形是否正确。正常情况两者信号应同步、一致。如不同步请检查各跳线器设置是否正确,记录测试结果。

(2)设置 CMI 模块错码选择开关,引入错码使信道误码率 $P_e \approx 1 \times 10^{-2}$。在有误码的环境下,且 CMI 编译码模块正常工作,重复上述测量步骤,记录测试结果。

5. 经 CMI 编译码系统传输的开关信号指示灯观测

自己设计实验方案。

6. CMI 编译码系统电路故障对通信信号的影响测试

通过断开 CMI 编码模块的输入数据信号、设置编码使能在 2_3 位置(不编码)使 CMI 译码器失步等设置不同的故障。观测故障现象并测量,分析故障原因。

四、思考题

1. 叙述 CMI 码在通信系统中的作用及对通信系统的影响。
2. 叙述 CMI 码的纠错原理。

5.3　HDB_3 线路编码通信系统综合实验

5.3.1　实验原理

本实验是在实验 5.2 的基础上增加了 HDB_3 编码和译码模块,实验的系统连接框图如图 5-8 所示。

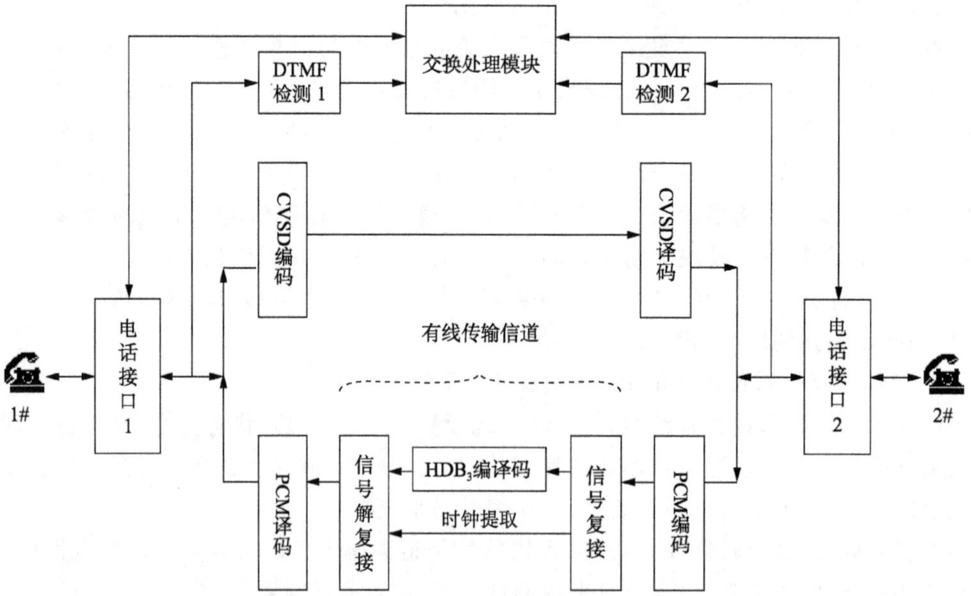

图 5-8　HDB_3、AMI 系统组成框图

5.3.2 实验方法

一、实验目的

1. 熟悉 HDB_3 编译码器在通信系统中的位置及发挥的作用；
2. 了解 HDB_3 码对通信系统性能的影响。

二、实验工具与平台

1. 通信原理综合实验平台；
2. 数字示波器；
3. 电话机。

三、实验内容及步骤

本实验在实验 2.2 基础上进行，按其要求先设置各选择开关；HDB_3 编译码模块输入数据选择开关设置在 Dt 位置，单/双极性码输出选择开关设置为单极性码，AMI/HDB_3 方式选择开关设置在 HDB_3 位置；解复接模块内的输入数据和时钟选择开关设置在 HDB_3 位置，使各终端信号经复接器、HDB_3 编译码器、解复接后送到对端终端设备。

1. 经 HDB_3 编译码系统传输的帧同步信号观测

(1)示波器以复接模块帧同步信号测试点信号做同步，分别观测 HDB_3 编译码模块输入编码数据信号测试点和输出译码数据信号测试点的波形。记录测试结果。

(2)用示波器同时观测复接模块帧同步指示测试点与解复接模块帧同步指示测试点波形，观测时用前者同步。经 HDB_3 编译码模块传输后解复接模块帧同步指示波形在正常时应与发端帧同步指示波形同步。如不同步请检查各跳线器设置位置是否正确，记录测试结果。

(3)将 HDB_3 编译码模块内单/双极性码输出选择开关设置为双极性码，使 HDB_3 位同步电路失锁。在该情况下重复上述测量步骤，记录测试结果。

2. 经 HDB_3 编译码系统传输的 PCM 话音业务测试

(1)按准备工作要求设置各跳线开关，将系统设置在 PCM 编码状态。通过电话拨号接通电话，使两端电话处于正常通话状态。如不能通话请检查各跳线器设置是否正确。通过电话机 2 讲话，听经过复接系统传输的话音信号是否受 HDB_3 编译码系统影响。

(2)将 HDB_3 编译码模块内单/双极性码输出选择开关设置为双极性码，使 HDB_3 位同步电路失锁。在该情况下重复上述测量步骤，记录测试结果。

3. 经 HDB_3 编译码系统传输的 ADPCM 话音业务测试

参考 PCM 话音业务测试，自行设计实验方案。

4. 经 HDB_3 编译码系统传输的 m 序列信号测试

(1)设置各跳线开关。示波器以复接模块内发送 m 序列输出测试点信号做参考，观察解复接模块内接收 m 序列输出测试点波形是否正确。正常情况两者信号应同步、一致。如不同步请检查各跳线器设置是否正确，记录测试结果。

(2)将 HDB_3 编译码模块内单/双极性码输出选择开关设置为双极性码，使 HDB_3 位同步电路失锁。在该情况下重复上述测量步骤，记录测试结果。

5. 经 HDB_3 编译码系统传输的开关信号指示灯观测

自行设计实验方案。

6. HDB_3 编译码系统电路故障对通信信号的影响测试

通过断开 HDB_3 编译码模块的输入数据信号、接收译码位同步时钟提取电路失锁等设置不同的故障。让同学通过观测故障现象并测量，分析故障原因。

四、思考题

1. 叙述 HDB_3 码在通信系统中的作用及对通信系统的影响。

2. 叙述 HDB_3 码的编译码原理。

5.4 RS422 接口实验

5.4.1 实验原理

一个数据通信设备在与外部进行信息交换时，一般是通过数据接口进行。在数据接口中主要是传输两类信息：数据、时钟。有时也只有数据信息而没有时钟信息，这时时钟信息将从接收数据流中提取出来。数据接口的设计取决于应用场合。复杂的接口可包括物理层、链路层等，简单的只包括物理层即物理结构与信号方式的定义（信号的传输方式）。

在信号传输方式方面，目前可选的种类很多：TTL、RS232、RS422、V35、ECL 等。信号传输方式的选择与信号的速率、传输距离、抗干扰性能等有关。对于同一电路板上的信号传输可采用 TTL 方式，对于低速率、距离较近时可选用 RS232 方式。随着距离的增加、信号速率的提高可采用 RS422、V35 等信号方式，对于很高的信号速率通常采用 ECL 信号接口方式。

RS422 是电气设备之间常用的数据接口标准之一，采用平衡接口传输方式，当 $V_{o+}-V_{o-}$ 为正时，为数据 0；当 $V_{o+}-V_{o-}$ 为负时，为数据 1。

在通信原理基础实验平台中，RS422 接口采用接口专用集成芯片 SN75172 与 SN75173。SN75172 完成由 TTL→RS422 的电平转换；SN75173 完成由 RS422→TTL 的电平转换。该功能的电路原理框图如图 5-9 所示。

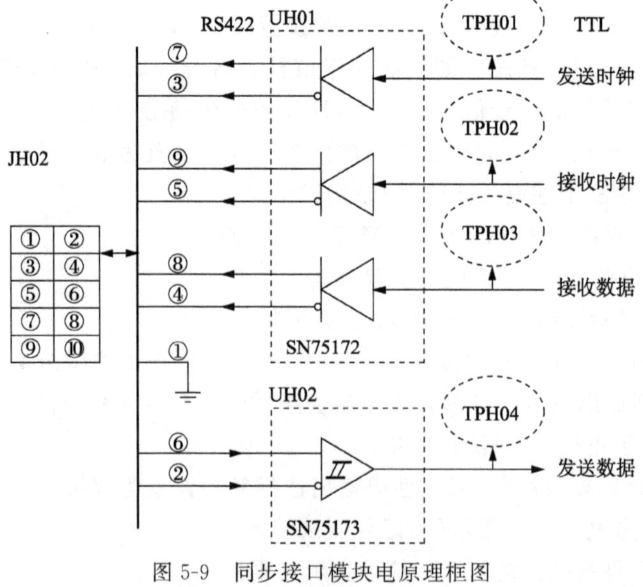

图 5-9　同步接口模块电原理框图

在该模块中,测试点安排如表 5-5 所示。

表 5-5　RS422 接口实验测试点说明

测试点	说明	测试点	说明
TPH01	发送时钟	TPH03	接收数据
TPH02	接收时钟	TPH04	RS422 译码输出

其余测试点安排在 JH02 连接头的外部自环接头上。自环连接头的制作见图 5-10(该插头需自己制作)。测试系统连接如图 5-11 所示。

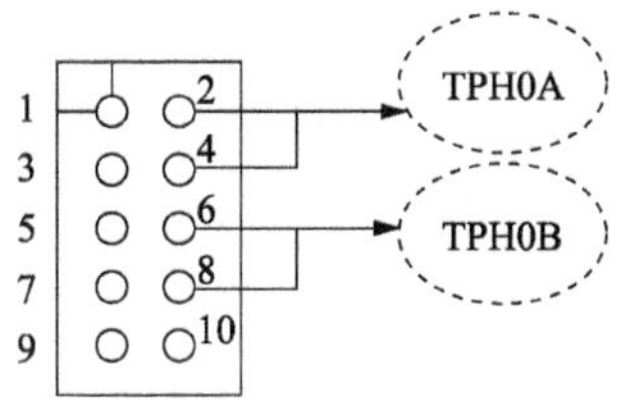

图 5-10　RS422 接口自环连接测试

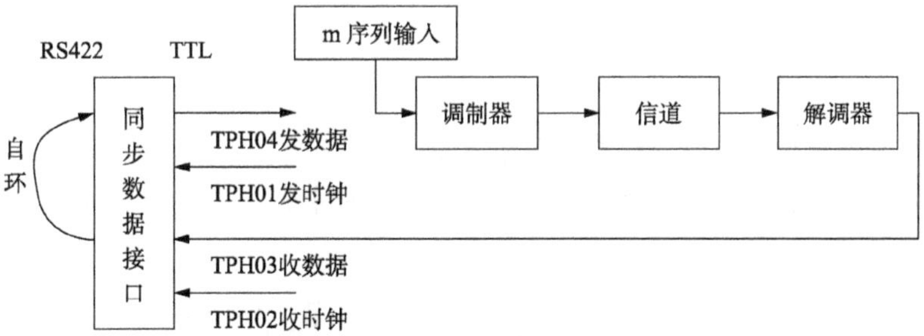

图 5-11　信道接口测试系统连接示意图

5.4.2　实验方法

一、实验目的

1. 熟悉 RS422 的基本特性和应用;
2. 了解 RS422 通信的基本原理。

二、实验工具与平台

1. 通信原理综合实验平台;
2. 双踪示波器。

三、实验内容及步骤

为便于引入观测信号,将来自解调器的数据送往 RS422 端口进行测试。

实验具体步骤如下：

1. 测试 TTL→RS422 转换特性：插上自环连接插头(在老师指导下，用短路器或 10 针排线连接头由同学自己制作)，用接收数据作示波器同步，观测 RS422 自环插头上的测试点 TPH0A、TPH0B 波形信号，分析信号特征，记录测试结果。

2. 测试 RS422→TTL 转换特性：插上自环连接插头，用示波器同时观测接收数据测试点和 RS422 译码输出测试点的数据波形，测量时用前者同步。观测经 RS422 转换为 TTL 后的信号波形。

思考　如果将测试头上信号线连接成④→⑥、⑧→②，接收数据测试点和 RS422 译码输出测试点的数据波形将会发生什么变化？

四、思考题

1. RS422 接口如何实现远距离通信？
2. 对比 RS422 接口与 RS232 接口的异同。

5.5　基带传输系统实验

5.5.1　实验原理

一、基带传输基本原理

在传输距离不太远的情况下，数字基带信号可以不经调制，直接在有线市话电缆中传输，利用中继方式也可以实现长距离上的直接传输。图 5-12 所示是一个典型的数字基带传输系统原理框图。

图 5-12　数字基带传输系统原理框图

一个好的基带传输系统，应该在传输有用信号的同时能尽量抑制码间串扰和噪声。Nyquist 在 1928 年证明了为得到无码间串扰的传输特性，系统传输函数不必须为矩形，而允许是具有缓慢下降边沿的任何形状，只要此传输函数是实函数并且在 $f=W$ 处奇对称，这称为奈奎斯特准则。升余弦信号设计是成功利用 Nyquist 准则设计的一个例子。升余弦滤波器的传递函数为

$$H_{RC}(f)=\begin{cases}1, & 0\leqslant |f|\leqslant(1-\alpha)/(2T_s)\\ \dfrac{1}{2}\left[1+\cos\left(\dfrac{\pi(2T_s|f|)-1+\alpha}{2\alpha}\right),\right. & (1-\alpha)/(2T_s)<|f|<(1+\alpha)/(2T_s)\\ 0, & |f|>(1+\alpha)/(2T_s)\end{cases}$$

其中，α 是滚降因子，取值范围为 0 到 1。一般 $\alpha=0.25\sim1$ 时，随着 α 的增加，相邻符号间隔内的时间旁瓣会减小，这意味着增加 α 可以减小位定时抖动的敏感度，但增加了占用的带宽。对于矩形脉冲 BPSK 信号能量的 90% 在大约 $1.6R_b$ 的带宽内，而对于 $\alpha=0.5$ 的升余弦滤波器，所有能量则在 $1.5R_b$ 的带宽内。

为了得知实际传输系统的特性以及调试系统，通常需用实验手段估计系统的性能。眼图就是用示波器实际观察接收信号质量的方法。对于二进制双极性信号，在无噪声和码间串扰的理想情况下，示波器屏幕上的显示如同一只睁开的眼睛。在噪声和码间串扰严重的情况下，多条杂乱的图形甚至会使用"眼睛"完全闭合。所以，"眼睛"张开的程度代表干扰的强弱。误码率可用来度量系统抗加性噪声的能力。误码是由码间干扰和噪声两方面引起的，为了简化起见，通常都是在无码间串扰的条件下计算由噪声引起的误码率。前面已经提到，发送端产生的数字基带信号经过信道和接收滤波器以后，在无码间串扰的条件下，对"1"码抽样判决时刻信号有正的最大值，用 A 表示；对"0"码抽样判决时刻信号有负的最大值(对双极性码)，用 $-A$ 表示，或是为 0 值(对单极性码)。设高斯带限噪声 $n_R(t)$ 的均值为零，方差为 σ_n^2。

(1)传单极性基带信号时

$$P_e=\frac{1}{2}\text{erfc}\left(\frac{A}{2\sqrt{2}\sigma_n}\right)=\frac{1}{2}\text{erfc}\left(\frac{\sqrt{r}}{2}\right)$$

(2)传双极性基带信号时

$$P_e=\frac{1}{2}\text{erfc}\left(\frac{A}{\sqrt{2}\sigma_n}\right)=\frac{1}{2}\text{erfc}(\sqrt{r})$$

其中，$r=\frac{A^2}{2\sigma_n^2}$为信噪比。

知识加油站

误差互补函数

$$\text{erfc}(x)=\frac{2}{\sqrt{\pi}}\int_x^{\infty}\exp(-y^2)\,\text{d}y$$

比较上述可知：第一，基带传输系统的误码率只与信噪比 r 有关；第二，在单极性与双极性基带信号抽样时刻的电平取值 A 相等、噪声功率 A/σ_n^2 相同的条件下，单极性基带系统的抗噪声性能不如双极性基带系统；第三，在等概率条件下，单极性的最佳判决门限电平为 $A/2$，当信道特性发生变化时，信号幅度 A 将随着变化，故判决门限电平也随之改变，而不能保持最佳状态，从而导致误码率增大。而双极性的最佳判决门限电平为 0，与信号幅度无关，因而不随信道特性变化而改变，故能保持最佳状态。因此，数字基带系统多采用双极性信号进行传输。

二、实验电路原理

眼图测量方法：利用眼图可方便直观地估计系统的性能。对眼图的测试方法如下：用示波器的同步输入通道接收码元的时钟信号，用示波器的另一通道接观察眼图输出(如 I 支路)，然后调整示波器的水平扫描周期(或扫描频率)，使其与接收码元的周期同步。这时就可以在荧光屏上看到显示的图形很像人的眼睛，所以称为眼图(如图 5-13 所示)。在这个图形上，可以观察到码间串扰和噪声干扰的影响，从而估计出系统性能的优劣程度。一般而言，眼皮越厚，则噪声与 ISI 越严重，系统的误码率越高。

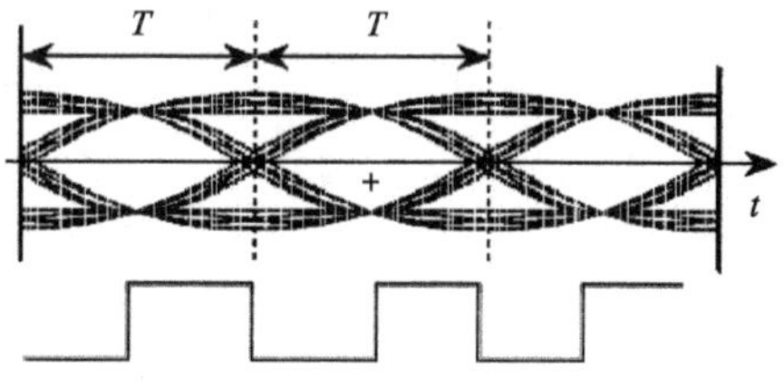

图 5-13　BPSK 眼图的观察方法

本实验平台中，基带传输的框图如图 5-14 所示。

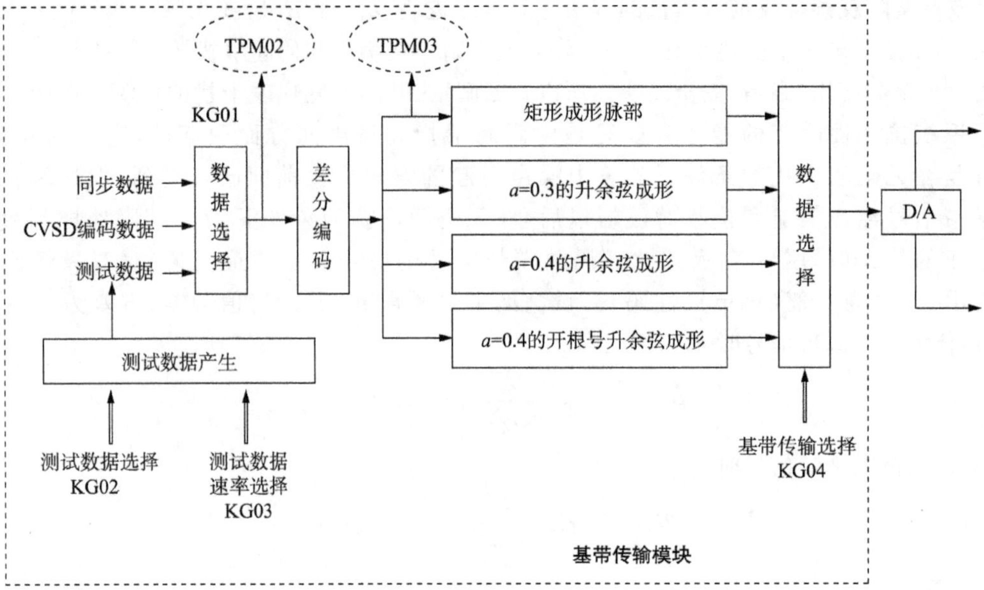

图 5-14　基带传输的框图

D/A 电路在本实验平台的调制解调模块中。在基带成形模块中将外部输入的数据码流处理后形成所需要的数字基带信号，这些都是在 EPLD(EPM7128)中完成的。在 D/A 模块中，将成形滤波后的数字信号转换成模拟信号以便在信道上传输，同时完成滤波（将高次谐波信号滤除）、放大（使信号电平达到调制器的要求）等功能。D/A 模块原理框图组成如图 5-15 所示。D/A模块电路原理图如图 5-16 所示。

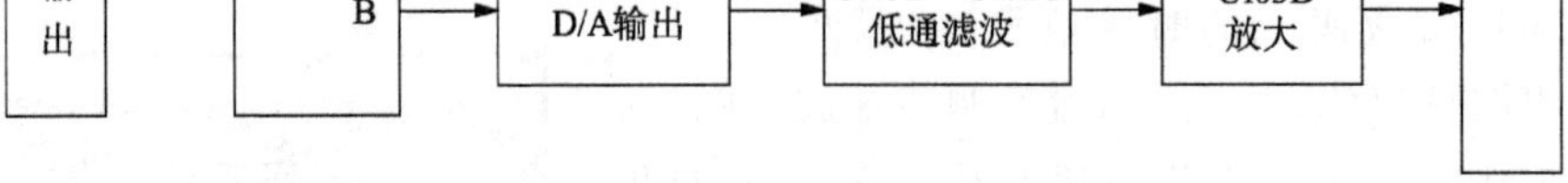

图 5-15　D/A 模块原理组成框图

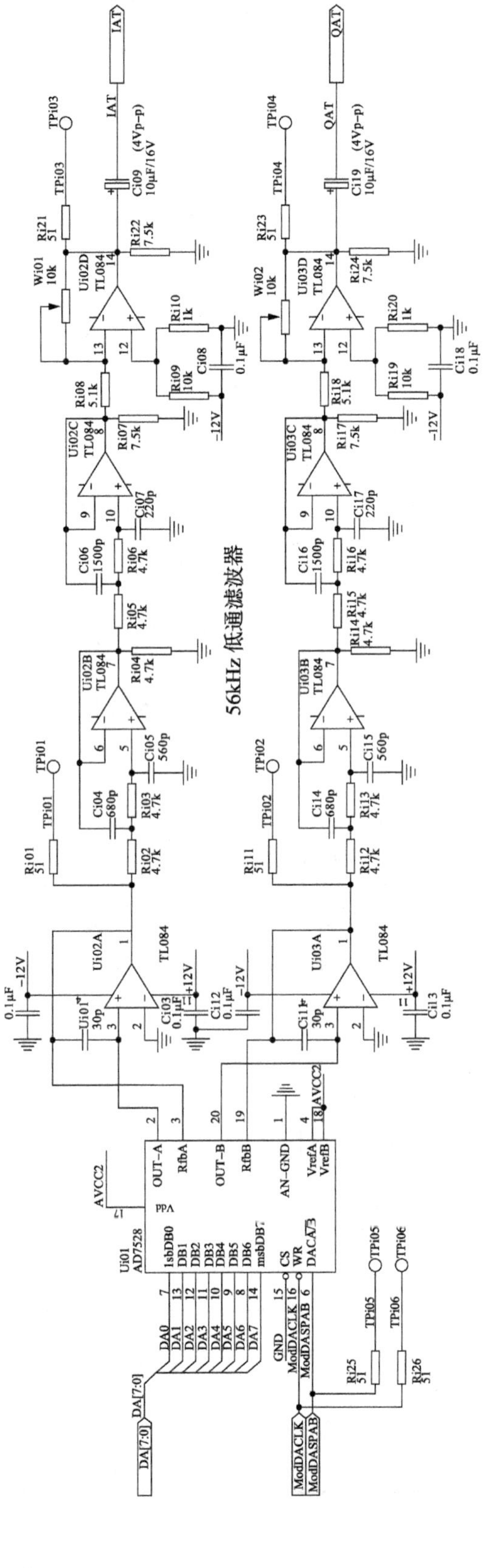

图5-16　D/A模块电原理图

A/D电路在本实验平台的调制解调模块中。输入信号在中频解调模块中变换成正交的I、Q支路基带模拟信号,送入A/D模块。I、Q支路信号在A/D模块中完成以下三方面的功能:低通滤波器、直流电平调整、A/D转换。A/D模块组成框图如图5-17所示。

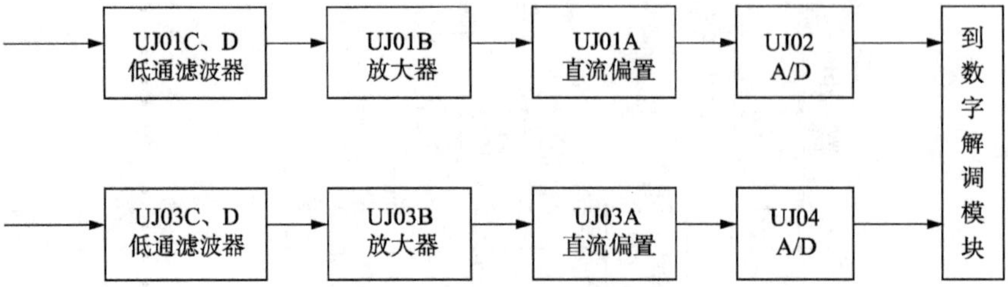

图5-17　A/D模块组成电路框图

A/D模块组成的电路原理图如图5-18所示。以I支路为例说明在A/D模块中信号的基本流程:由中频解调模块送来的I支路基带信号首先经过56kHz的低通滤波器,滤除信号的带外噪声的同时也是用于A/D之前的抗混叠滤波。放大器完成对信号的电平调整,使输入信号的电平在最佳的量化范围内,对于一般MODEM信号输入电平一般是A/D满幅的1/2左右,在该模块中,A/D的满幅为2Vp-p,因而在TPJ05的信号电平一般为1Vp-p,这是通过调整电位器WJ01进行的。最后,I支路信号经过直流电平偏置调整,保证在无输入信号时(JL02无信号输入)A/D输出为128(十进制数),这主要通过调整电位器WJ02,使TPJ05的直流电平为1.60V。

本实验的电路模块说明及测试点说明见表5-6和表5-7。

表5-6　基带传输系统实验电路模块说明

<table>
<tr><th>标号</th><th>名称</th><th>功能描述</th></tr>
<tr><td>KG01</td><td>输入数据选择跳线器</td><td>用于选择输入数据:同步输入数据、CVSD编码数据及测试数据</td></tr>
<tr><td>KG02</td><td>测试数据选择跳线器</td><td><table>
<tr><td>KG02状态</td><td>□□
□□
□□</td><td>□□
□□
▬▬</td><td>□□
▬▬
□□</td><td>□□
▬▬
▬▬</td><td>▬▬
□□
□□</td><td>▬▬
□□
▬▬</td><td>▬▬
▬▬
□□</td><td>▬▬
▬▬
▬▬</td></tr>
<tr><td>输　出</td><td>全1码</td><td>全0码</td><td>0/1码</td><td>111010
10</td><td>3级
m序列</td><td>4级
m序列</td><td>9级
m序列</td><td>更长
m序列</td></tr>
</table></td></tr>
<tr><td>KG03</td><td>测试数据速率选择开关</td><td>置于1_2状态:测试数据产生的速率为32kb/s;置于2_3状态:测试数据产生的速率为500b/s</td></tr>
<tr><td>KG04</td><td>成形滤波选择跳线器</td><td><table>
<tr><td rowspan="2">KG04状态</td><td>□□</td><td>▬▬</td><td>□□</td><td>▬▬</td></tr>
<tr><td>□□</td><td>□□</td><td>▬▬</td><td>▬▬</td></tr>
<tr><td>滤波器性能</td><td>非归零码</td><td>升余弦滚降滤波
α=0.3</td><td>升余弦滚降滤波
α=0.4</td><td>开根号升余弦
α=0.4</td></tr>
</table></td></tr>
</table>

续表

标号	名称	功能描述
Ui01	D/A 模块 AD7528	Ui01、Ui02、Ui03 集成电路组成组成 D/A 模块；Ui01 是一个内含双路的 D/A 模块，即 A 通道与 B 通道；运放 Ui02A、Ui03A 是 D/A 的输出转换电路；运放 Ui02B、Ui02C 和周边阻容器件组成 56kHz 的低通滤波器，其主要是滤除 I 支路的高阶谐波分量；运放 Ui02D 对信号电平进行放大、直流消除后输出（电阻 Ri09、Ri10 组成的偏置电路）送到后面的调制器中；运放 Ui03B、Ui03C 和周边阻容器件组成 56kHz 的低通滤波器，其主要是滤除 Q 支路的高阶谐波分量；运放 Ui03D 对信号电平进行放大、直流抵消后输出（电阻 Ri19、Ri20 组成的偏置电路）送到后面的调制器中
Ui02	TL084	
Ui03	TL084	
UJ01C、UJ01D	56kHz 的低通滤波器	一个增益为 0dB 标准的四阶 Butterworth 低通滤波器，该滤波器的目的是滤除信号的带外噪声，同时也是用于 A/D 之前的抗混叠滤波
UJ01B	放大器	完成对信号的电平调整，使输入信号的电平在最佳的量化范围内
UJ02	A/D TLC5510	将模拟的 I、Q 路基带信号进行量化（A/D），以便送入数字解调模块进行处理

表 5-7　基带传输系统实验测试点说明

测试点	说明	测试点	说明
TPM01	发送数据时钟	TPM03	差分编码输出
TPM02	发送输入数据	TPi01	通道 I 的 D/A 输出
TPi02	通道 Q 的 D/A 输出	TPi03	通道 I 的低通滤波器输出
TPi04	通道 Q 的低通滤波器输出	TPJ01I	I 支路输入模拟信号
TPJ02	Q 支路输入模拟信号	TPJ03 （TPJ04）	经 56kHz 低通滤波器之后的 I 支路（Q 支路）模拟信号
TPJ05 （TPJ06）	经放大与直流偏置之后的 I 支路（Q 支路）模拟信号	TPJ08	A/D 转换时钟

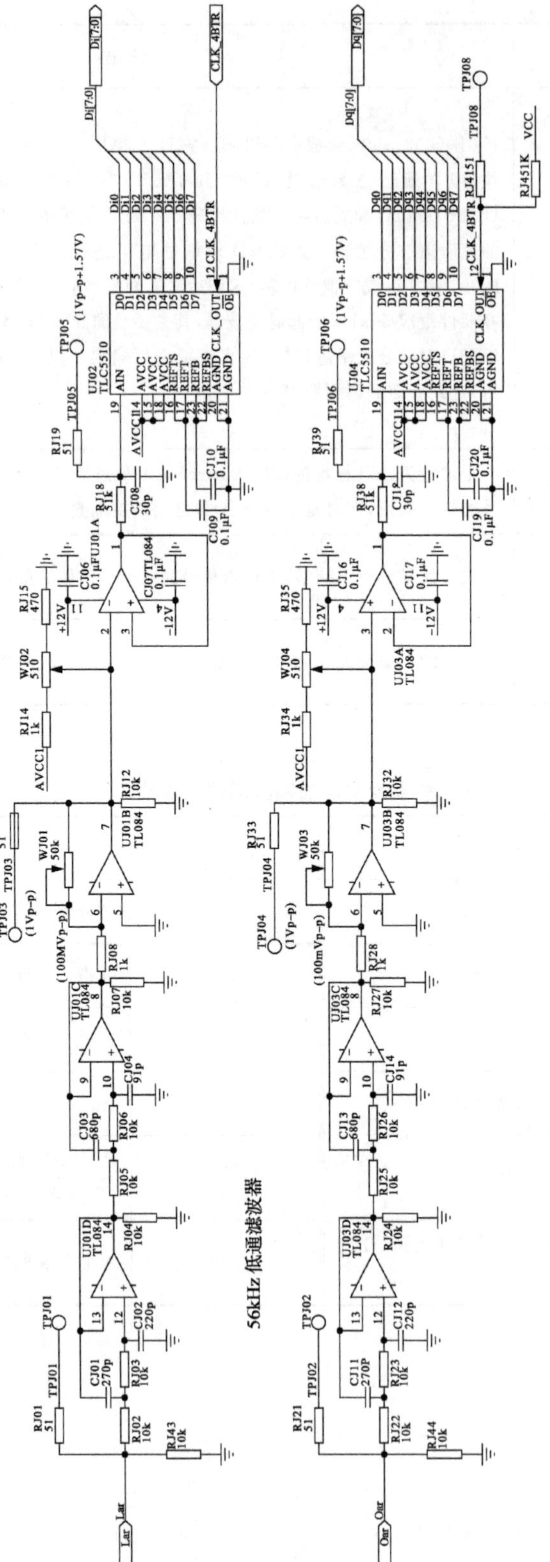

图5-18 A/D模块电原理图

5.5.2　实验方法

一、实验目的

1. 了解 Nyquist 基带传输设计准则；
2. 熟悉升余弦基带传输信号的特点；
3. 掌握眼图信号的观察方法；
4. 学习评价眼图信号的基本方法。

二、实验工具与平台

1. 通信原理综合实验平台；
2. 数字示波器；
3. 函数信号发生器。

三、实验内容及步骤

由于基带信号的调制解调在调制解调模块实现，因此需用排线连接基带成形模块的 JKG01 和调制解调模块的 JKi01，用排线连接基带成形模块的 JKP01 和调制解调模块的 JKj01；选择测试数据方式，最长 m 序状态，32kb/s 速率，成形滤波器为非归零码状态。KP01 置于 1_2 状态(相干解调位置)。

1. 不归零码＋低通滤波成形信号观察

(1)以发送时钟做同步，观测通道 I 的低通滤波器输出信号。测量过零点失真与信号失真(换算成码元宽度的百分数)。

(2)采用不同的测试数据，观察通道 I 的低通滤波器输出信号(主要从信号的最佳点收敛情况、过零抖动情况进行判断)。总结信号特征并解释原因。

2. $\alpha=0.3$ 升余弦滤波的眼图观察

设置成形滤波器为 $\alpha=0.3$ 的升余弦滤波。进行步骤 1 的实验内容。改变成形滤波参数，重复实验，进行现象的比较分析。

四、思考题

1. 比较“非归零码＋低通滤波的成形信号”与“$\alpha=0.3$ 升余弦滤波”基带成形传输的不同点；
2. 比较“$\alpha-0.3$ 升余弦滤波”与“$\alpha=0.4$ 升余弦滤波”的不同点；
3. 比较“$\alpha=0.4$ 升余弦滤波”与“$\alpha=0.4$ 开根号升余弦滤波”的不同点。

第 6 章　数字频带传输

本章主要实验内容：

√　BPSK 传输系统

√　MPSK 调制系统

√　MQAM 调制系统

√　OQPSK/π/4－QPSK 调制系统

√　MSK/GMSK 调制系统

实际通信中不少信道(如无线信道)不能直接传输基带信号，必须利用调制解调器将数字信息映射成与信道特性相匹配的信号波形。在通信系统中，数字调制模块位于信道之前。数字调制通常需要一个正弦波作为载波，把基带数字信号调制到这个载波上，使这个载波的一个或几个参量(振幅、频率和相位)上载有基带数字信号的信息，并且使已调信号的频谱位置适合在给定的带通信道中传输。本章所涉及的调制技术包括 MPSK、MQAM、OQPSK/π/4－QPSK、MSK/GMSK 等。

6.1　BPSK 传输系统实验

6.1.1　实验原理

一、基本原理

二进制相移键控，简记为 2PSK 或 BPSK。其信号表达式为

$$s(t)=A\cos(\omega_0 t+\theta)$$

式中，当发送“0”时，$\theta=0$；当发送“1”时，$\theta=\pi$。

BPSK 信号产生方法有两种：一是相乘法，用二进制基带不归零矩形脉冲信号与载波相乘；二是选择法，用基带信号控制一个开关电路，以选择输入信号，开关电路的输入信号是相位相差 π 的同频载波。BPSK 信号的解调方法是相干接收法。其难点在于第一，难以确定本地载波的相位，载波相位容易颠倒 0 和 π；第二，在随机信号码元序列中有可能出现信号波形长时间为连续的正(余)弦波形，致使在接收端无法辨认码元的起止时刻。

BPSK 存在着倒 π 现象或反向工作现象，这直接影响到该信号的长距离传输。为了克服此缺点，并保存 BPSK 信号的优点，采用二进制差分相移键控(DBPSK)体制。DBPSK 是利用相邻码元载波相位的相对值表示基带信号“0”和“1”的。现在用 θ 表示载波的初始相位。设→$\Delta\theta$ 为当前码元和前一码元的相位之差

$$\begin{cases}\Delta\theta=0, & \text{当发送“0”时}\\ \Delta\theta=\pi, & \text{当发送“1”时}\end{cases}$$

则信号码元可以表示为

$$s(t)=\cos(w_0 t+\theta+\Delta\theta),\quad 0<t\leqslant T$$

式中，θ 表示前一码元的相位。

若将基带序列称为绝对码，变换后的序列称为相对码。基带序列的变换规律是绝对码中的码元“1”使相对码元改变；绝对码元“0”使相对码元不变。这种变换是很容易实现的，例如，用一个双稳态触发器，它仅当输入“1”时状态才反转。由于这种间接法进行差分相移键控实现起来很简单，所以常被实际系统采用。

DBPSK 信号的解调，主要有两种方法。第一种方法是直接比较相邻码元的相位，从而判断接收码元是“0”还是“1”。为此，需要将前一码元延迟一码元周期，然后将当前码元的相位和前一码元的相位作比较。第二种方法是先把接收信号当作绝对相移信号进行相干解调，解调后的码序列是相对码；然后再将此相对码序列作逆码变换，还原成绝对码，即原基带信号码元序列。

在接收端很难区分信号是 DBPSK 还是 BPSK 体制的，二者功率谱密度完全一致。在 AWGN 信道下，二者的传输系统误码率公式如表 6-1 所示。

表 6-1　二进制频带传输系统误码率公式表

调制方式	解调方式	误码率 P_e	近似 $P_e(r\gg 1)$
PSK	相干	$\frac{1}{2}\mathrm{erfc}(\sqrt{r})$	$\frac{1}{2\sqrt{\pi r}}e^{-r}$
DPSK	差分相干	$\frac{1}{2}e^{-r}$	

其中，$r=\frac{A^2}{2\sigma_n^2}$，$A$ 为信号幅度，σ_n^2 为噪声方差。

二、实验电路组成及原理

星座图测量：与眼图一样，可以较为方便地估计出系统的性能，同时它还可以提供更多的信息，如 I、Q 支路的正交性、电平平衡性能等。星座图的观察方法如下：用示波器的一个通道接收 I 支路信号，另一通道接 Q 支路信号，将示波器设置成 X-Y 方式，这时就可以在荧光屏上看到相应调制方式的星座图了。星座点聚焦越好，则系统性能越好；否则，噪声与 ISI 越严重，系统的误码率越高。

误码率测量：误码率是衡量系统性能的一个十分重要的指示，其测量一般需通过专用仪表——误码测试仪进行。误码测试仪首先发送一串伪码数据给信道设备，在信道设备进行 BPSK 调制，并经信道返回（主要是完成加噪功能），然后解调。解调之后的数据送入误码测试仪中进行比较，将误码进行计数，将误码率显示出来。

信噪比测量：误码率的测量与信道的信号质量有很大的关系，BPSK 接收信号质量一般通过 E_b/N_0 来表示。对 E_b/N_0 的测量一般采用图 6-1 所示的测量方法。利用频谱仪可以直接在 B 点测量出 E_b/N_0。将频谱仪的带宽调整到较为合适的状态，使 BPSK 的信号频谱占据频谱仪的 2/3 左右。频谱仪的分析带宽 B_R 调整到 BPSK 信号带宽的 1/10～1/100，一般可得到如图 6-2 所示的频谱：在图中 X 是信号谱密度与噪声密度的差值（注意，X 为真值，而不是一般频谱仪上的对数值），$E_b/N_0=X-1$。因而通过频谱仪可以较为方便地测量 E_b/N_0。

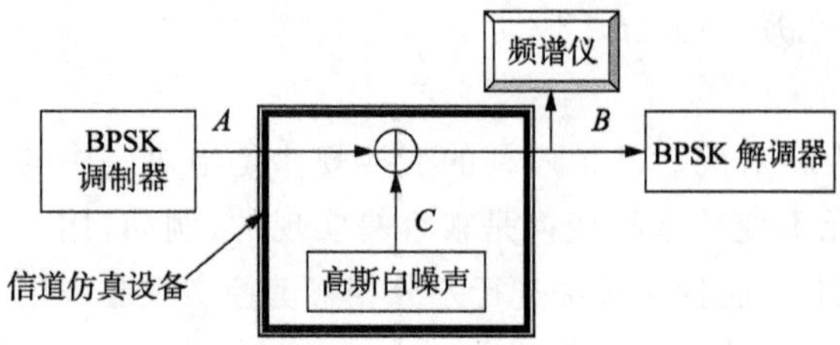

图 6-1　采用频谱仪测量 E_b/N_0 连接示意图

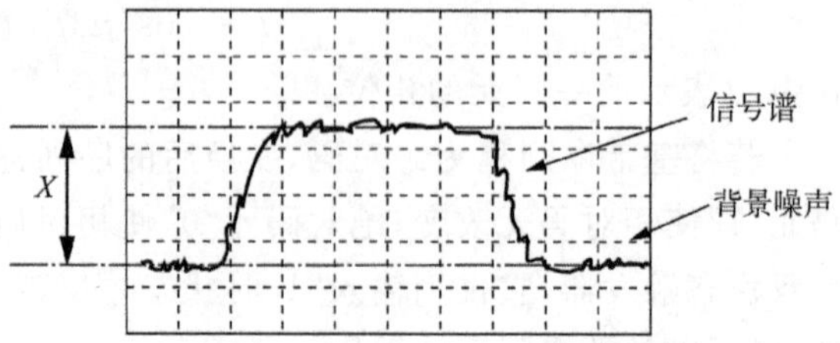

图 6-2　BPSK 的频谱示意图

本实验平台中，BPSK 的调制工作过程如下：首先输入数据进行 Nyquist 滤波，滤波后的结果分别送入 I、Q 两路支路。因为 I、Q 两路信号一样，本振频率是一样的，相位相差 180°，所以经调制合路之后仍为 BPSK 方式。采用成形信号调制的信号如图 6-3 所示。BPSK 传输系统实验测试点说明。

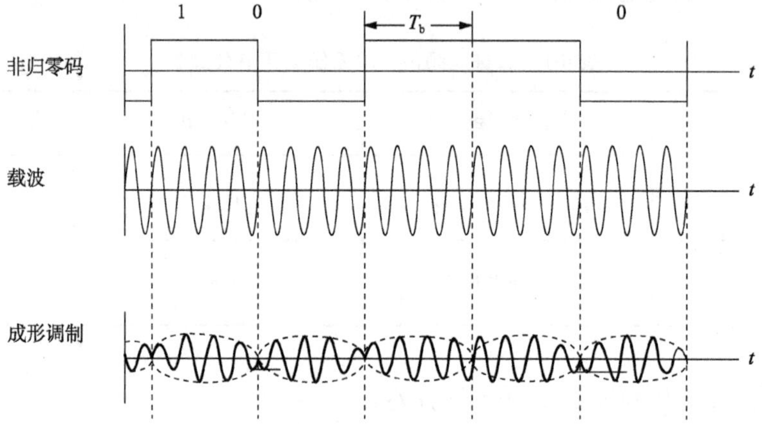

图 6-3　成形信号调制的波形

本实验平台的传输系统如图 6-4 和图 6-5 所示。

表 6-2　BPSK 传输系统实验测试点说明

测试点	说明	测试点	说明
TPM01	发送数据时钟	TPK05	Q 支路调制载波(方波)
TPM02	发送输入数据	TPK06	I 支路调制载波(正弦波)
TPM03	差分编码输出	TPK07	Q 支路调制载波(正弦波)
TPi01	D/A 输出	TPL01	输入中频信号
TPi03	低通滤波输出	TPL03	I 支路解调输出信号
TPK01	通道 I 的基带信号输入	TPL04	Q 支路解调输出信号
TPK02	通道 Q 的基带信号输入	TPLZ01	VCXO 控制输入电压
TPK03	调制输出信号	TPLZ02	VCXO 输出信号(4.096MHz)
TPK04	I 支路调制载波(方波)	TPLZ03	VCXO 分频输出信号(2.048MHz)

续表

测试点	说明	测试点	说明
TPLZ04	I 支路载波(方波)	TPM05	解调数据
TPLZ05	Q 支路载波(方波)	TPN01	环路滤波输出
TPLZ06	I 支路载波(正弦波)	TPN03	鉴相输出
TPLZ07	Q 支路载波检测(正弦波)	TPP01	接收时钟
TPJ06	接收滤波器输出		

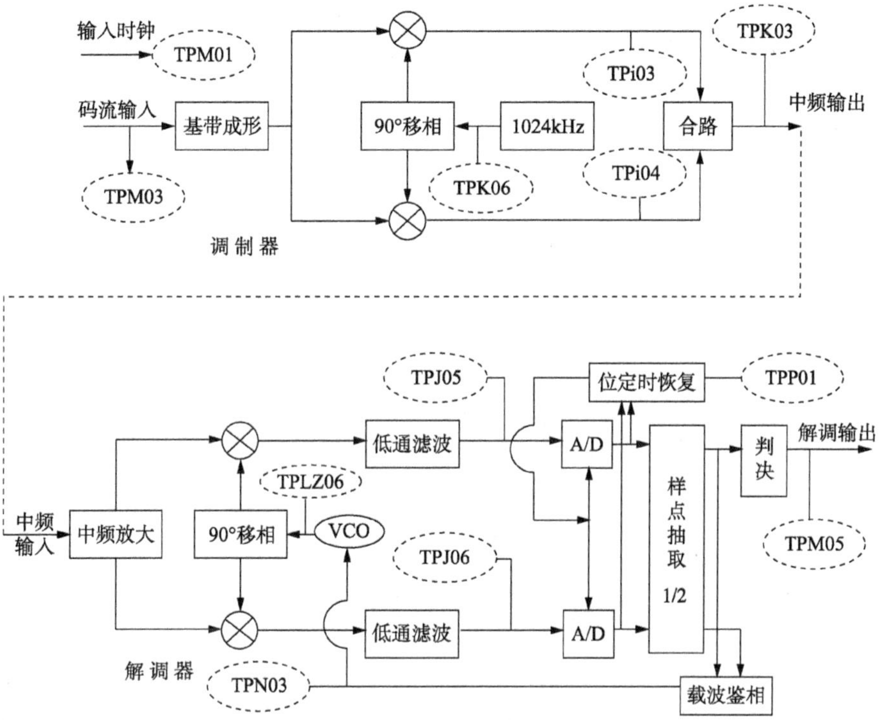

图 6-4　BPSK 传输系统框图

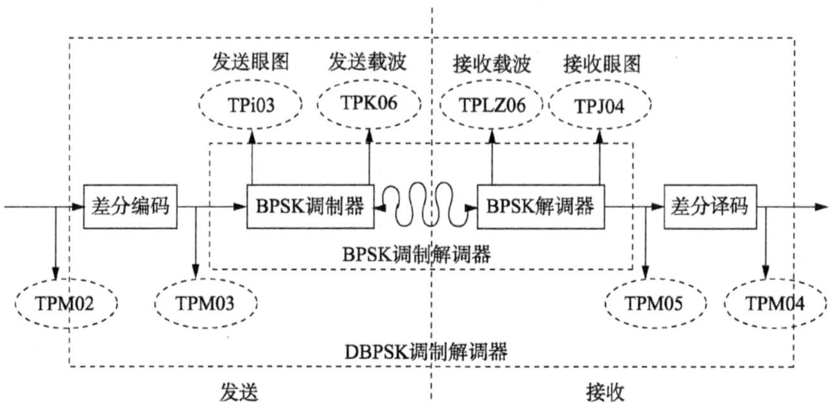

图 6-5　DBPSK 传输系统框图

1. 信源

信源数据由 FPGA 芯片(EP2C5Q208C8N)实现测试序列产生,可以产生 8 种不同的测试数据,由 KG02 跳线开关控制,见表 5-6 说明。

2. 基带处理模块

由基带成形模块中的 FPGA 芯片(EP2C5Q208C8N)实现输入数据选择器(KG01)、基带成形传输选择(KG04)等功能;同时,根据输入码字进行基带成形,并将滤波获得的数字信号送到 D/A 模块。相应跳线开关的说明见表 5-6。

3. 中频调制

中频调制模块将成形之后的基带信号调制到 1.024MHz 的中频上。调制载波为固定的 1.024MHz载频。中频调制器模块由平衡调制器、本地振荡器、90°移相器、合路器与放大器组成,其电路组成框图如图 6-6 所示。

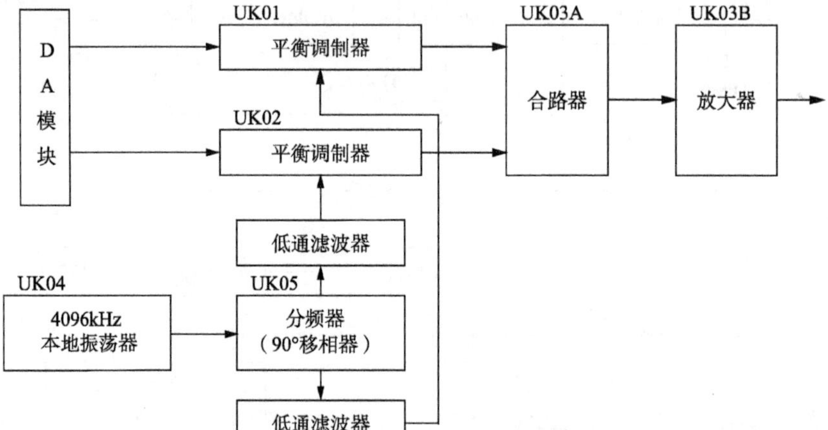

图 6-6　中频调制器模块组成框图

中频调制器模块电路原理图如图 6-7 所示,正交 90°载波的产生原理:由固定振荡器产生 4.096MHz 的方波,经过二分频器,从而形成同相支路的载波信号。Q 支路信号比 I 支路滞后 90°,它是通过对分频出来的信号通过 90°移相器进行延时 90°实现的。这样得到正交的 1.024MHz的方波信号,这两个方波信号分别经 UK06B、UK06C 与 UK06E、UK06D 进行缓冲处理后送入无源低通波器,得到两个 1.024MHz 的正弦信号。这两个正交本地载波信号分别送入 I、Q 支路的平衡调制器中。

中频调制模块的基本工作原理:中频调制模块与 D/A 模块之间的信号接口电平为 4Vp-p,在 I 支路 RK02、RK03 组成分压电路,保证进入到调制器的信号电平为 250mV。这种接口的设计目的是减少接口之间长线传输的干扰信号。RK04、RK05、WK01 组成偏置调整电路,其主要目的是减少调制器的载漏输出,仔细调 WK01 可以使载漏输出很小,从而减少对调制信号性能的影响。调制器是通过 MC1496 平衡乘法器实现,其本地载波为 1.024MHz 的低中频信号。Q 支路原理与 I 支路完全一样,这里不再叙述。

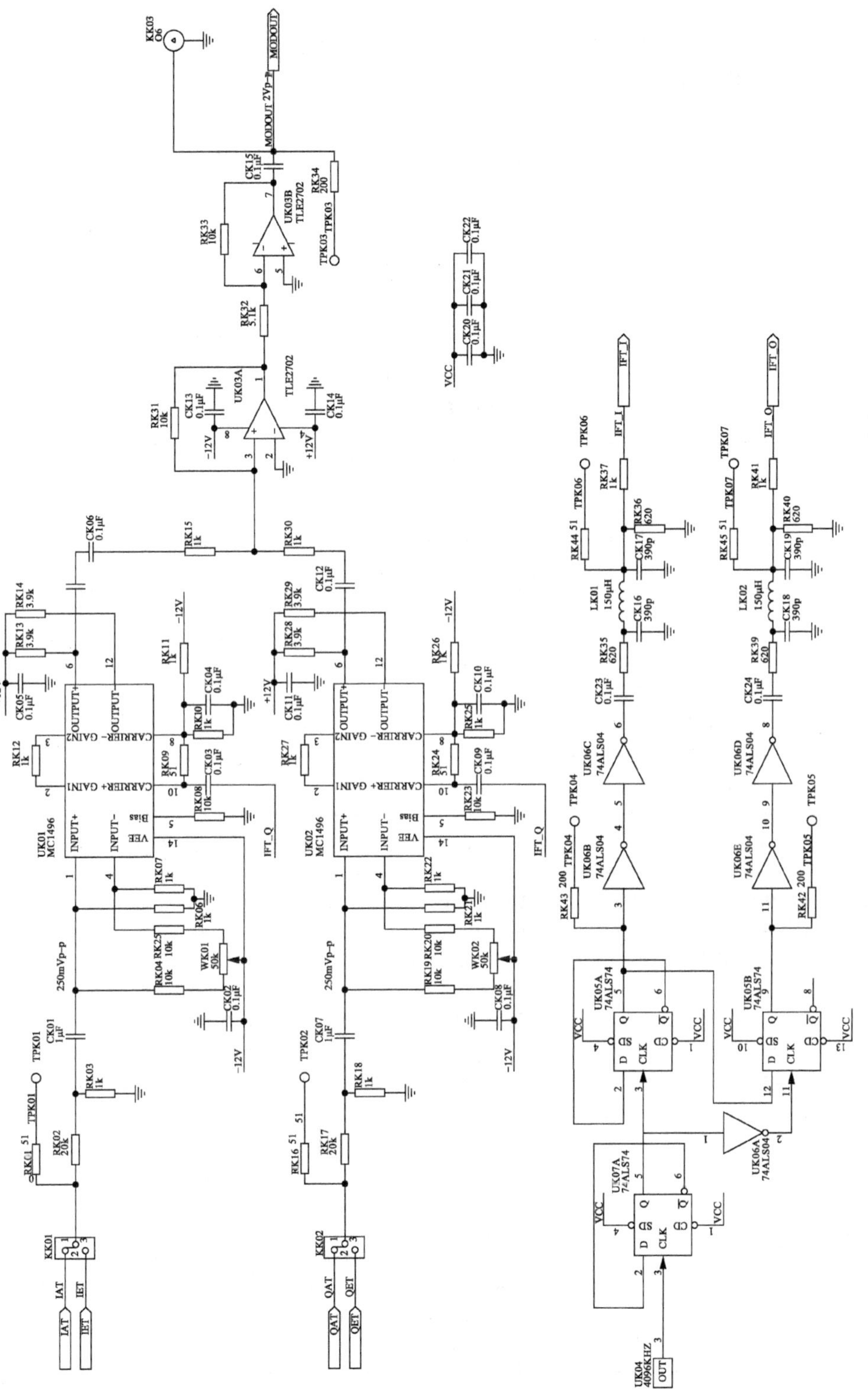

图6-7　中频调制器模块电原理图

4. 信道

利用 CPLD(EPM7064)产生接近白噪声谱的随机序列，经过滤波成为模拟信号，放大后叠加在已调的中频波形上，作为随机信道噪声。

5. 中频解调

中频解调模块将输入的 1.024MHz 调制信号(可能是形式多样的调制信号)，与本地压控晶体振荡器的输出信号(1.024MHz)进行混频，从而解调出基带信号。

中频解调模块电路框图如图 6-8 所示，电路原理图如图 6-9 所示，相应电路模块说明见表 6-3。

表 6-3　BPSK 传输系统实验电路模块说明

标号	名称	功能描述
UK01 UK02	平衡调制器 MC1496	完成调制过程
UK04	4.096MHz 的固定振荡器	
UK05A	二分频器	形成同相支路的载波信号
UK05B	90°移相器	
UK03A	有源合路器	将 I、Q 支路信号进行合路输出
UK03B	放大器	使输出调制信号电平为 2Vp-p
	无源低通波器	由 RK35、CK16、LK01、CK17、RK36 或 RK39、CK18、LK02、CK19、RK40 组成
UL03、 UL04	平衡混频器	
	VCXO	由 UL05A、UL05B、DL01、DL02 等元件组成
	正交本振信号产生器	由 UL07A 、UL06A 、UL06B 等元件组成
	同相支路无源低通滤波	由 RL4、CL22、LL01、CL23、RL42、RL43 组成
	正交支路无源低通滤波	由 RL45、CL24、LL02、CL25、RL46、RL47 组成
WL02、 WL03	直流偏置调整电路	无信号输入时，调整 WL02、WL03 使 TPL03、TPL04 输出信号最小
	VCXO	由非门 UL05A、UL05B，变容二极管 DL01、DL02 和晶体 XL01 组成。在输入电压的控制下改变振荡器的输出频率，其中心振荡频率为 4096kHz，该电路为解调电路 PLL 环的组成部分
KL01	跳线器的控制	置于 1_2 端：选择由解调器的 PLL 输出控制(其来源于基带解调模块的 PLL 输出)；置于 2_3 脚时，VCXO 的测试控制信号由电位器 WL01 提供，调整 WL01 可改变 VCXO 的控制电压，从而可以测试 VCXO 的电压/频率特性
UL06A、 UL07A	二分频器	完成对 4.096MHz 信号的四分频
UL06B	90°移相	得到 Q 支路的正交支路方波信号

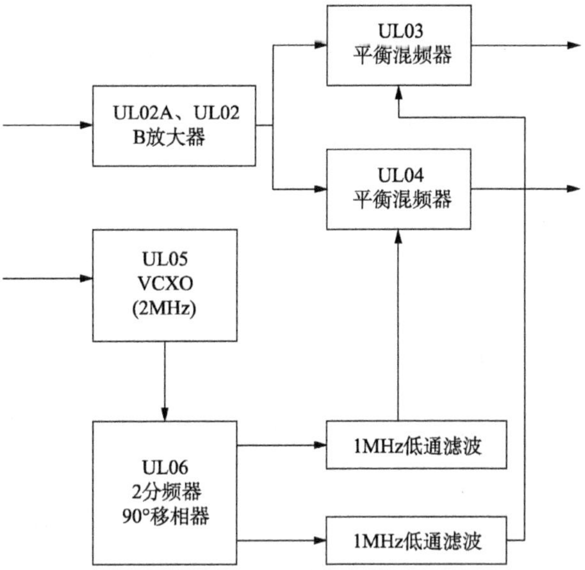

图 6-8　中频解调模块电路框图

VCXO 输出本地 4.096MHz 的方波信号，经两次二分频器后，得到 1.024MHz 的同相方波信号。该方波信号经 90°移相后得到 Q 支路的正交支路方波信号，Q 支路信号比 I 支路滞后 90°。这样得到正交的 1.024MHz 的方波信号，这两个方波信号分别直接送入两个无源低通波器，得到两个正交的 1.024MHz 正弦信号。这两个正交本地载波信号分别送入 I、Q 支路的平衡调制器中。

6. 基带解调

输入信号在中频解调模块中变换成正交的 I、Q 支路基带模拟信号，送入 A/D 模块。I、Q 支路信号在 A/D 模块中完成以下三方面的功能。

(1)低通滤波器：将带外噪声或干扰滤除，消除 A/D 采样时的折叠噪声，否则影响解调器的性能；

(2)直流电平调整：满足 A/D 对信号直流偏置的要求；

(3)A/D 转换：经 TLC5510 将模拟的 I、Q 路基带信号进行量化(A/D)，以便送入数字解调模块进行处理；

基带解调模块是对 A/D 单元的 I、Q 路数字信号处理，完成位定时恢复、载波恢复、码元再生等功能。其功能模块如图 6-10 所示。

6.1.2　实验方法

一、实验目的

1. 掌握 BPSK、DBPSK 调制、解调原理；
2. 掌握 BPSK 调制的“反向工作”现象及其包络变化特征；
3. 掌握通信系统性能测试的基本方法。

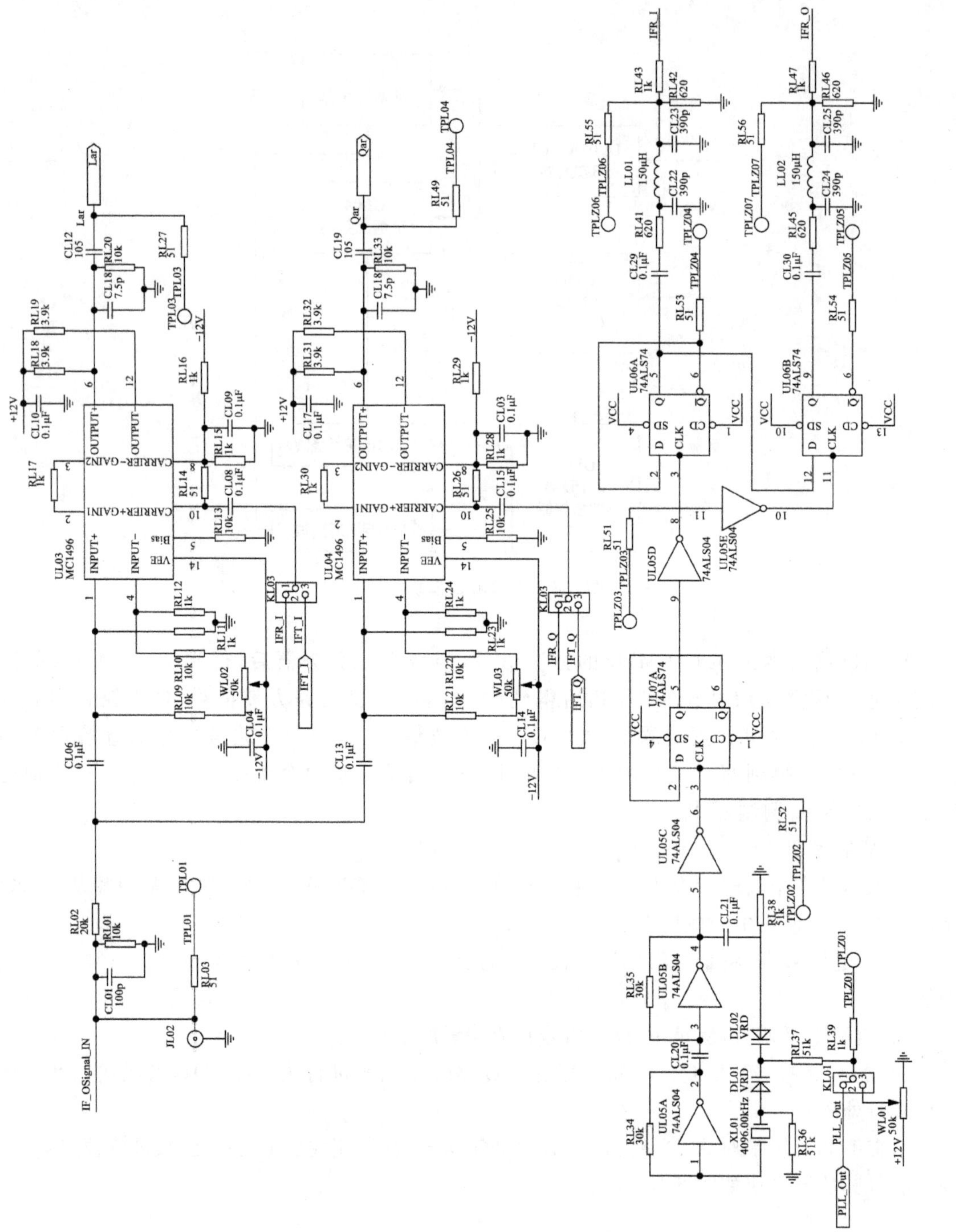

图 6-9　中频解调模块电原理图

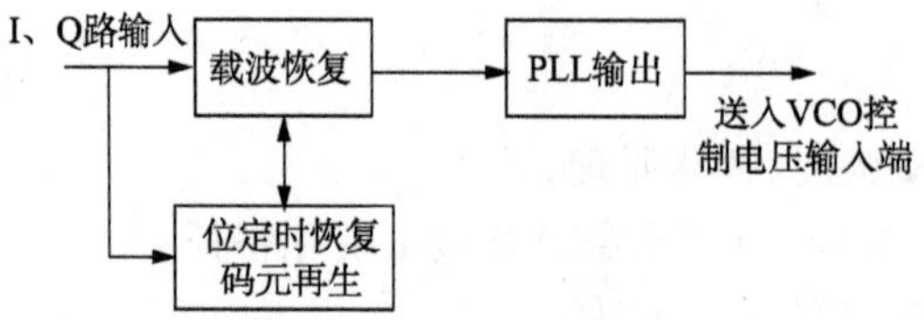

图 6-10　基带解调模块功能框图

二、实验工具与平台

1. 通信原理综合实验平台；
2. 数字示波器；
3. 误码测试仪；
4. 频谱分析仪。

三、实验步骤

1. 构建BPSK(DPSK)数字调制传输系统

根据实验原理的描述，结合课堂理论知识，设置初始跳线，进行BPSK(DPSK)数字调制传输系统的构建。按照系统的流程，将实验平台上各部分连成一个系统(包括排线连接和跳线设置)。

2. 基带波形观察与分析

通过改变跳线设置，选择不同的数据源(至少1种，全0、1码除外)，观察输入数据与D/A输出、基带滤波输出的信号波形，结合基带处理原理分析波形特点；记录波形和分析结果。

3. 中频调制观测与分析

选择除全0、1码外的某一数据源，固定成形滤波器，观测调制载波和调制输出信号；将调制信号与基带滤波输出信号比较，总结调制信号包络变化规律，观察发生相位0/π翻转的位置；记录波形与分析结果。

4. 中频解调观测与分析

对比本地载波信号(Q支路载波检测)与调制载波，观察其相位关系；将KL01跳线拔出后再插入，再次观察二者波形，分析观察结果；观察中频解调信号(I支路解调输出信号)与发送端基带滤波输出信号的对应关系；记录波形与分析结果。

5. 基带解调观测与分析

观察接收滤波器输出信号，与中频解调信号比较，分析接收滤波器的功能；观察环路滤波输出和鉴相输出的波形，分析同步工作过程；观察解调数据，与信源数据比较，分析延迟；观察“反向工作”现象(若数据相同，可将KL01跳线拔出后再插入)，分析形成原因(可结合第4步中的结论)，提出相应措施；记录波形与分析结果。

6. 性能测试

(1)眼图观测。以发送时钟作同步，观测发送信号眼图(发送端基带滤波输出信号)和接收端眼图(接收滤波输出)波形；改变噪声大小(SW001下面的跳线位置上升，表示噪声加大)，分析其对眼图的影响。记录波形与分析结果。

(2)BPSK调制信号频谱测量。选择更长m序列作为信源数据，观测BPSK信号频谱。测量时，用一条中频电缆将频谱仪连接到调制器的KO02端口。调整频谱仪中心频率为1.024 MHz，扫描频率为10kHz/DIV，分辨率带宽为1～10kHz，调整频率仪输入信号衰减器和扫描时间为合适位置。测量调制频谱占用带宽、电平等，记录实际测量结果，画下测量波形。

(3)误码性能指标测试。

①误码仪设置。

• 基于表5-6的说明，设置输入数据方式为同步方式，$\alpha=0.4$的升余弦响应，非差分调制方式，相干解调状态，其余均设置不变。

• 将误码测试仪RS422端口用DB9电缆(在误码测试仪的后部)连接到通信原理实验箱同

步接口模块的数据通信端口 JH02 上(通过转接电缆),误码仪必须断电后连接!

• 误码仪加电。将误码仪工作“模式”设置为“插入 0 误码”,“码类”选择 2^9-1,“接口”选择外时钟和 RS422 方式,“时钟方向”均为下降沿。

②BPSK 误码性能指标测试。

• 注意对 BPSK 调制解调由于存在相位模糊,因此误码仪加电后,可能不同步(误码仪同步指示灯亮),因此必须进行误码仪同步调整。可不断的拔出后再插入跳线 KL01(插在左端),以改变载波的相位直至误码仪同步为止。

• 噪声模块内的噪声输出电平调整开关 SWO01 设置在最低一挡 10000001,此时噪声输出电平最小,信噪比 S/N 最大。测量该 S/N 下的误码率,记录测量结果填入表 6-4 内。

表 6-4　测量结果

SWO01	10000001	10000010	10000100	10010000
P_e				

四、思考题

1. 若对 DPSK 误码性能进行测试,误码仪需要进行同步调整吗?

2. 请通过测试数据比较 BPSK 和 DBPSK 的误码性能,并同理论结果比较,分析差异的原因。

6.2　MPSK 调制系统的设计

6.2.1　基本原理

MPSK 利用具有多个相位状态的正弦波来表示多组二进制信息码元,即用载波的一个相位对应于一组二进制信息码元。如果载波有 2^n 个相位,它可以代表 n 位二进制码元的不同组合的码组。多进制相移键控也分为多进制绝对相移键控和多进制相对(差分)相移键控。

在 MPSK 信号中,载波相位可取 M 个可能值。因此,MPSK 信号可表示为

$$s_{\text{MPSK}}(t)=A\cos(2\pi f_c t+\theta_n),\quad \theta_n=\frac{2\pi}{M}(n-1),\quad n=1,2,\cdots,M$$

设 $A=1$,不失一般性,则这时上式展开可写成

$$\begin{aligned}s_{\text{MPSK}}(t)&=\cos(2\pi f_c t+\theta_n)\\&=a_n\cos2\pi f_c t-b_n\sin2\pi f_c t\end{aligned}$$

式中,$a_n=\cos\theta_n$,$b_n=\sin\theta_n$。

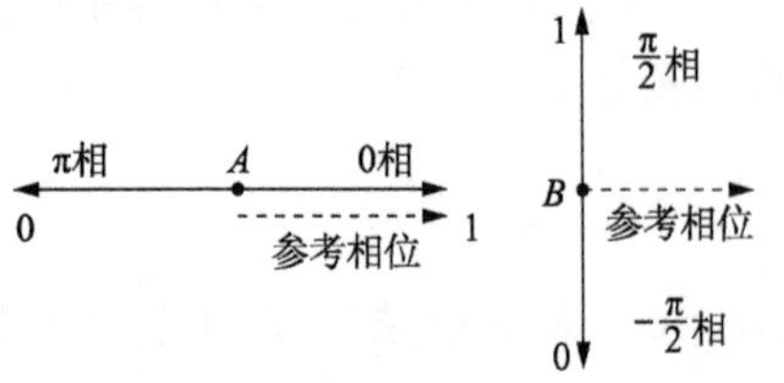

图 6-11　二进制数字相位调制信号矢量图

上式表明,MPSK 信号可等效为两个正交载波进行多电平双边带调幅所得已调波之和。它们的振幅分别是 a_n 和 b_n。在 MPSK 体制中,M 一般取 2^n,即 2,4,8,16,…,1024,…。目前应用较多的为 BPSK、QPSK、8PSK 信号,图 6-11、图 6-12 和图 6-13 给出这些信号的信号矢量图。

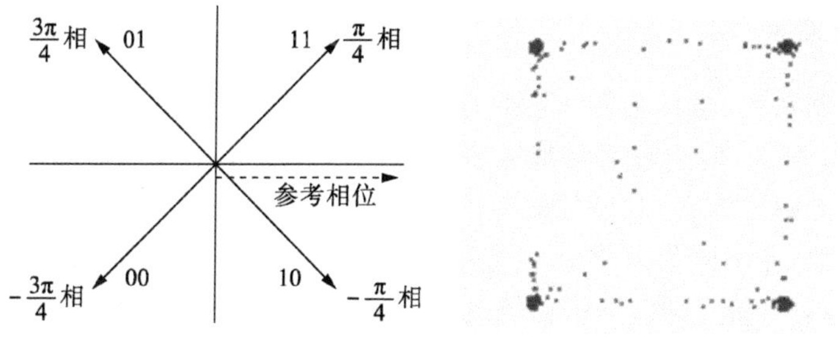

(a) 理论矢量图　　　　(b) 实验矢量图

图 6-12　QPSK 信号

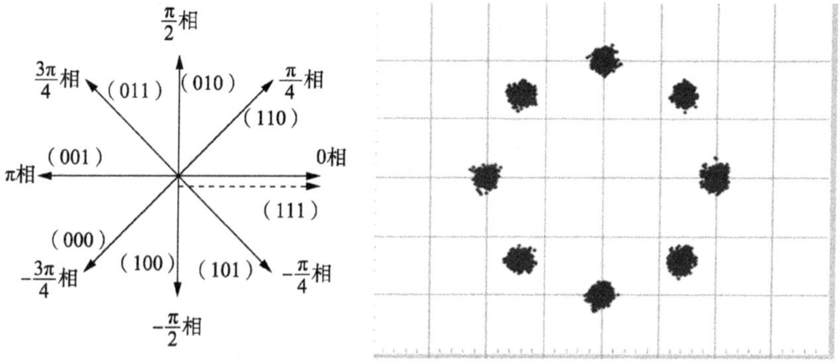

(a)　理论矢量图　　　　(b) 实验矢量图

图 6-13　8PSK 信号

M 进制数字相位调制信号的功率如图 6-14 所示，图中给出了信息速率相同时，BPSK、QPSK 和 8PSK 信号的单边功率谱。可以看出，M 越大，功率谱主瓣越窄，从而频带利用率越高。

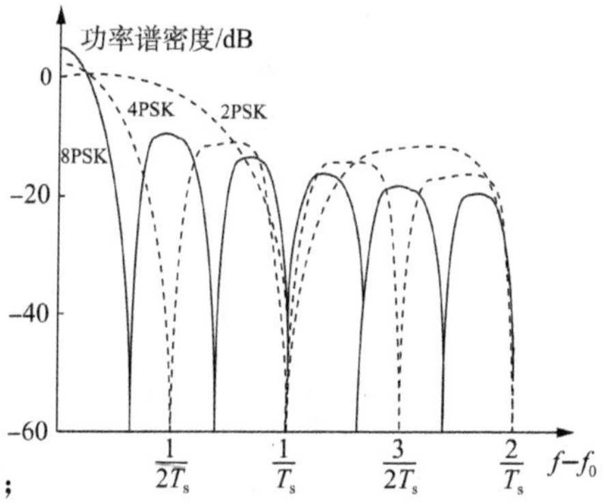

图 6-14　M 进制数字相位调制信号功率谱

6.2.2　设计方法

一、设计目的

1. 掌握 MPSK 调制解调基本原理及其信号特征；
2. 熟悉基于 MPSK 的数字调制传输系统流程。

二、设计工具与平台

1. C 语言开发平台或 MATLAB 软件仿真平台；
2. 通信原理实验创新平台；
3. 数字示波器；
4. 误码测试仪；
5. 频谱分析仪。

三、设计内容和要求

设计 MPSK 调制系统，包括信源、调制、信道、解调、信宿等模块；
1. 基于 AWGN 信道，搭建数字调制传输系统；
2. 提出系统性能测试方案，对该传输系统进行性能测试；
3. 改变信道参数，在不同信道下对系统进行误码性能测试，绘出误码性能图；
4. 改变 MPSK 中 M 的取值，分析比较其性能差异；同时结合理论性能曲线进行比较。
5. 设计要求构建的 MPSK 系统测试性能与理论性能差值不大于 1dB(10^{-5})。
部分设计可参考例程 4～6。

四、思考题

1. M 的不同取值，对于系统性能有何影响？
2. 将理论性能与仿真性能比较，有何规律？

6.3　MQAM 调制系统的设计

6.3.1　基本原理

正交幅度调制 QAM 是一种幅度和相位联合键控的调制方式。它可以提高系统的可靠性，同时能获得较高的频带利用率，是目前应用较为广泛的一种数字调制方式。

MQAM 星座如图 6-15 所示，一般当 M 为 2 的偶次幂(M=4、16、64、256 等)时，选择矩形的星座图，而 M 为 2 的奇次幂(M=32、128 等)时，选择十字形的星座图。图 6-16 给出 16QAM 的实验矢量图。

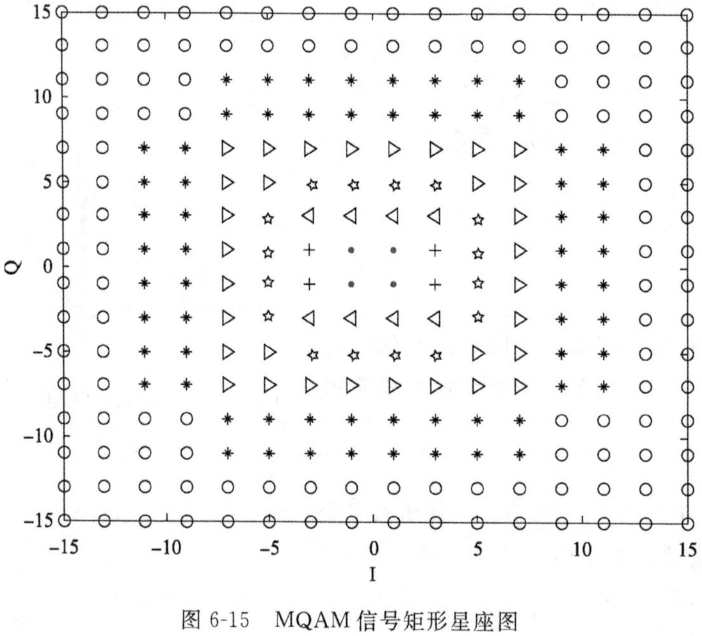

图 6-15　MQAM 信号矩形星座图

(从里到外分别表示 4QAM，8QAM，16QAM，32QAM，64QAM，128QAM，256QAM)

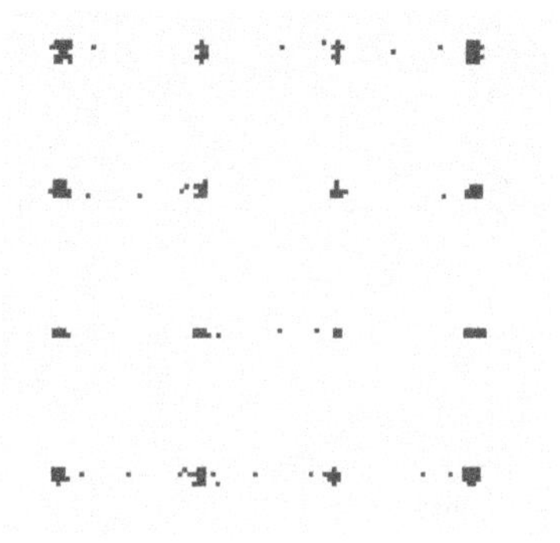

图 6-16　16QAM 信号实验星座图

正交幅度调制信号的波形具有如下形式：

$$s_{\mathrm{QAM}}(t)=A_{mc}g_{\mathrm{T}}(t)\cos(2\pi f_{c}t)+A_{ms}g_{\mathrm{T}}(t)\sin(2\pi f_{c}t)$$

其中，$m=1,2,\cdots,M$，$\{A_{mc}\}$和$\{A_{ms}\}$是一组幅度电平，是通过将 k 比特序列映射到信号的幅度而得到的。更一般地说，QAM 可以看成是一种兼有数字幅度和数字相位调制的形式，因此传输的 QAM 信号波形可以表示成

$$s_{\mathrm{QAM}}(t)=A_{m}g_{\mathrm{T}}(t)\cos(2\pi f_{c}t+\theta_{n})$$

其中，$m=1,2,\cdots,M_1$，$n=1,2,\cdots,M_2$。如果 $M_1=2^{k_1}$ 且 $M_2=2^{k_2}$，$k_1+k_2=\log(M_1M_2)$。图 6-17是一个 QAM 调制器的功能方框图。很显然，根据上式可给出信号的二维矢量形式

$$s_m=[\sqrt{E_s}A_{mc}\quad \sqrt{E_s}A_{ms}],\quad m=1,2,\cdots,M$$

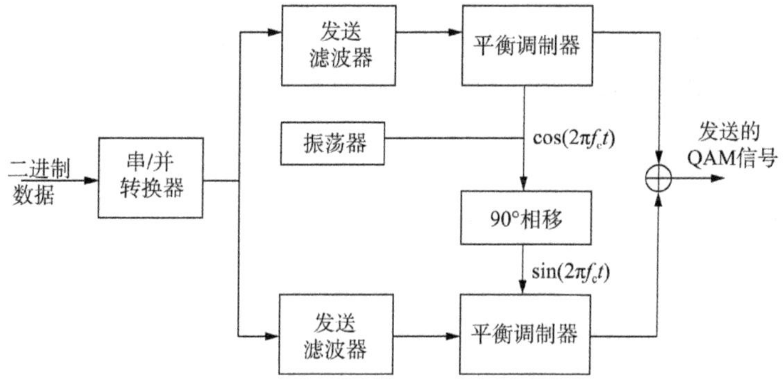

图 6-17　MQAM 调制器的功能框图

假设信号在传输过程中引入了载波相位偏移，同时受到加性高斯噪声的污染，接收信号可以表示为

$$r(t)=A_{mc}g_{\mathrm{T}}(t)\cos(2\pi f_{c}t+\phi)+A_{ms}g_{\mathrm{T}}(t)\sin(2\pi f_{c}t+\phi)+n(t)$$

其中，ϕ 是载波相位偏移，而

$$n(t)=n_{c}(t)\cos(2\pi f_{c}t)-n_{s}(t)\cos(2\pi f_{c}t)$$

将接收信号与两个相移的基函数

$$\phi_1(t)=g_{\mathrm{T}}(t)\cos(2\pi f_{c}t+\phi)$$
$$\phi_2(t)=g_{\mathrm{T}}(t)\sin(2\pi f_{c}t+\phi)$$

做相关，如图 6-18 所示，而且将相关器的输出进行采样并送至检测器。

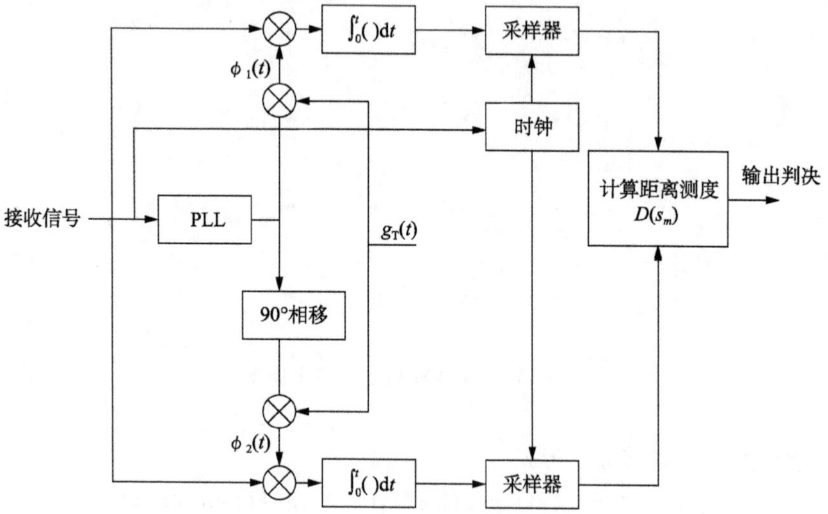

图 6-18　MQAM 信号的解调与检测

最佳检测器计算了距离测度

$$D(r,s_m)=|r-s_m|^2,\quad m=1,2,\cdots,M$$

6.3.2　设计方法

一、设计目的

1. 掌握 MQAM 调制基本原理；
2. 熟悉基于 MQAM 的数字调制传输系统流程。

二、设计工具与平台

1. C 语言开发平台或 MATLAB 软件仿真平台；
2. 通信原理实验创新平台；
3. 数字示波器；
4. 误码测试仪；
5. 频谱分析仪。

三、设计内容和要求

设计 MQAM 调制系统，包括信源、调制、信道、解调、信宿等模块。
1. 基于 AWGN 信道，搭建数字调制传输系统；
2. 提出系统性能测试方案，对该传输系统进行性能测试；
3. 改变信道参数，在不同信道下对系统进行误码性能测试，绘出误码性能图；
4. 改变 MQAM 中 M 的取值，分析比较其性能差异；同时结合理论性能曲线进行比较。
5. 设计要求构建的 MQAM 系统测试性能与理论性能差值不大于 1dB(10^{-5})。
部分设计可参考例程 7。

四、思考题

1. M 的不同取值,对于系统性能有何影响?

2. 将理论性能与仿真性能比较,有何规律?

6.4 OQPSK/π/4-QPSK 调制系统的设计

6.4.1 基本原理

一、偏移四相移键控 OQPSK

在讨论 QPSK 调制信号时,曾假定每个符号的包络是矩形,并认为信号的振幅包络在调制中是恒定不变的。但是当它通过限带滤波器进入信道时,其功率谱的旁瓣(即信号中的高频部分)会被滤除,所以限带后的 QPSK 信号已不能保持恒定包络,特别是在相邻符号间发生 180°相移(例如 10→01,00→11)时,限带后还会出现包络为 0 的现象,如图 6-19 所示。

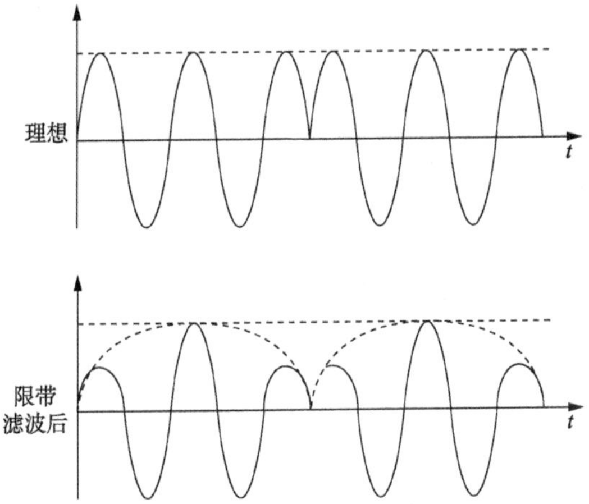

图 6-19 QPSK 信号限带前后的波形

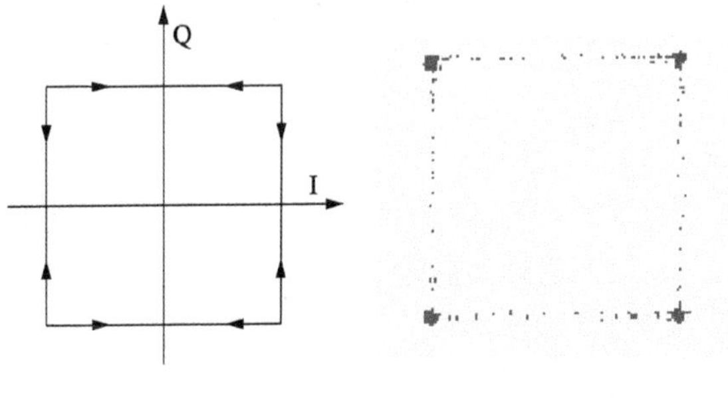

(a) 理论相位转移图 (b) 实验矢量图

图 6-20 OQPSK 信号

为了减小包络起伏,这里做一改进:在对 QPSK 做正交调制时,将正交路 $Q(t)$ 的基带信号相对于同相路 $I(t)$ 的基带信号延迟半个码元 $T_s/2$ 时隙。这种调制方法称为偏移四相相移键控 OQPSK 又称参差四相相移键控 SQPSK。

将正交路 $Q(t)$ 的基带信号偏移 $T_s/2$ 后,相邻 1 个比特信号的相位只可能发生 ±90°的变化,因而星座图中的信号点只能沿正方形四边形移动,消除了已调信号中相位突变 180°的现象,如图 6-20 所示。经限带滤波器后,OQPSK 信号中包络的最大值与最小值之比约为 $2^{1/2}$,不再出现比值无限大的现象。

OQPSK 信号的功率谱与 QPSK 信号的功率谱形状相同,其主瓣包含功率的 92.5%,第一个零点在 $0.5f_s$ 处。频带受限的 OQPSK 信号包络起伏比频带受限的 QPSK 信号小,经限幅放大后频谱展宽得少,所以 OQPSK 的性能优于 QPSK,由于 OQPSK 信号采用相干解调方式,因此其误码性能与相干解调的 QPSK 相同。

二、π/4-QPSK

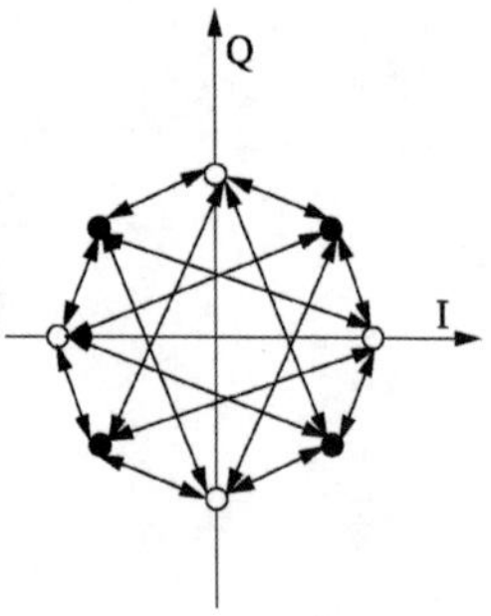

(a) 理论相位转移图

(b) 实验矢量图

图 6-21　π/4-QPSK

OQPSK 信号经窄带滤波后不再出现包络为 0 的情况；但仍要采用相干解调方式，这是我们所不希望的。现在北美和日本的数字蜂窝移动通信系统中采用了 π/4-QPSK 调制方式，它不但消除了倒 π 现象，还可以采用差分相干解调技术。

π/4-QPSK 调制系统把已调信号的相位均匀等分为 8 个相位点，分成“○”和“●”两组，已调信号的相位只能在两组之间交替选择，这样就保证了它在码元转换时刻的相位突变只可能出现 ±π/4 或 ±3π/4 两种情况之一，其矢量状态转换图如图 6-21 所示。

6.4.2　设计方法

一、设计目的

1. 掌握 OQPSK/π/4-QPSK 调制基本原理；
2. 熟悉基于 OQPSK/π/4-QPSK 的数字调制传输系统流程。

二、设计工具与平台

1. C 语言开发平台或 MATLAB 软件仿真平台；
2. 通信原理实验创新平台；
3. 数字示波器；
4. 误码测试仪；
5. 频谱分析仪。

三、设计内容和要求

设计 OQPSK/π/4-QPSK 调制系统，包括信源、调制、信道、解调、信宿等模块。

1. 基于 AWGN 信道，搭建数字调制传输系统；
2. 提出系统性能测试方案，对该传输系统进行性能测试；
3. 改变信道参数，在不同信道下对系统进行误码性能测试，绘出误码性能图；
4. 设计要求：构建的 OQPSK/π/4-QPSK 调制系统测试性能与理论性能差值不大于 1dB (10^{-5})。

部分设计可参考例程 8。

四、思考题

1. OQPSK 两个正交分量的眼图差别如何？
2. π/4-QPSK 和 OQPSK 的信号空间星座图有差异吗？

6.5　MSK/GMSK 调制系统的设计

6.5.1　基本原理

一、最小频移键控(MSK)

一般情况下,利用两个独立的振荡源产生的 2FSK 信号在频率转换点上相位不连续,因而使功率谱产生很大的旁瓣分量,带限后会引起包络起伏。为了克服上述缺点,需控制相位的连续性。这种形式的数字频率调制称为相位连续的频移键控(CPFSK)。

MSK 是 2FSK 的一种特殊情况。2FSK 信号可以看成是两个不同载频的 2ASK 信号之和,当$(\omega_2-\omega_2)T_s=n\pi$时,这两个信号相互正交。取 $n=1$,这时两频率之差 Δf 是正交条件下的最小频差,Δf 可表示为

$$\Delta f=f_2-f_1=\frac{1}{2T_s}$$

其频偏指数为

$$h=\frac{f_2-f_1}{R_s}=\frac{1}{2T_s}\frac{1}{R_s}=0.5$$

其中,$R_s=1/T_s$。这是满足正交条件下的最小调制指数,$h=0.5$ 的频移键控称为最小频移键控。在一个码元时间 T_s 内,MSK 信号可表示为

$$s_{\text{MSK}}(t)=A\cos[\omega_c t+\theta(t)]$$

当 $\theta(t)$为时间的连续函数时,已调波在所有时间上是连续的。若传 0 码时载频为 f_1,传 1 码时载频为 f_2。设 f_c 为载波频率。f_c 和 $\theta(t)$可分别表示为

$$f_c=\frac{f_1+f_2}{2}$$

$$\theta(t)=\pm\frac{2\pi\Delta f t}{2}+\theta(0)$$

其中,$\theta(0)$为初始相位。MSK 信号即可写为

$$s_{\text{MSK}}(t)=A\cos\left[2\pi f_c t+\frac{p_n\pi t}{2T_s}+\theta(0)\right],\quad 0\leqslant t\leqslant T_s$$

式中,$p_n=\pm1$,分别表示二进制信息 1 和 0。

根据上述分析可知,在每个码元期间内载波相位变化$+\pi/2$或$-\pi/2$。假设初始相位$\theta(0)=0$,由于每比特相位变化$\pm\pi/2$,因此累积相位 $\theta(t)$在每码元结束时必定为 $\pi/2$ 的整数倍。

MSK 的调制与解调方框图如图 6-22 所示。发送端调制器为一典型的 MSK 调制器,输入是二进制码元±1,经差分编码后串/并变换得两路并行不归零双极性码,且相互错开一个 T_s 波形,再将它们分别和 $\cos\pi t/(2T_s)$和 $\sin\pi t/(2T_s)$及 $\cos\omega_c t$ 和 $\sin\omega_c t$ 相乘,上下两路相加后即为 MSK 信号。当两支路码元互相偏离 T_s 时,恰好使 $\cos\pi t/(2T_s)$和 $\sin\pi t/(2T_s)$错开 1/4 周期,这保证了 MSK 信号相位的连续性。与产生过程相对应,MSK 信号可采用正交相干解调的方法恢复原信息码。实验矢量图如图 6-23 所示。

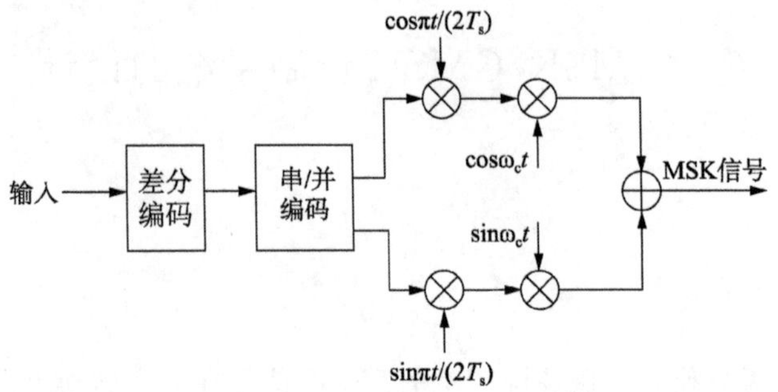

(a)发送端

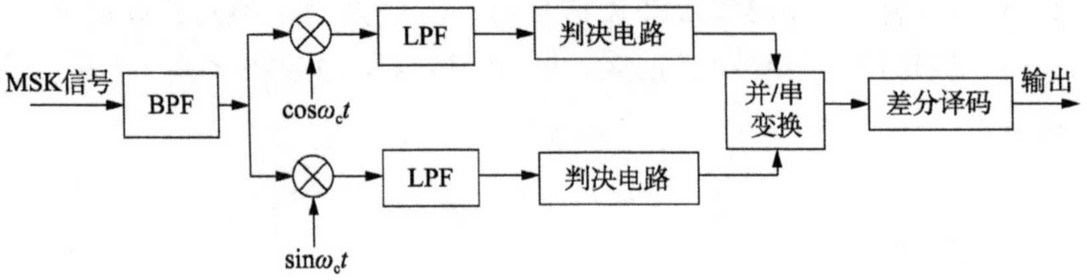

(b)接收端

图 6-22　MSK 的调制解调方框图

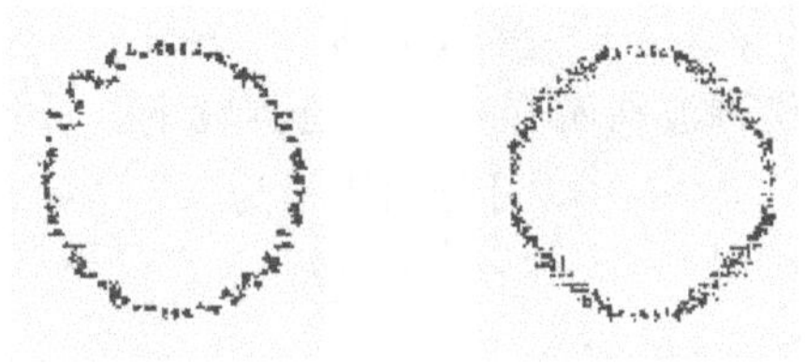

(a) MSK　　(b) GMSK

图 6-23　实验矢量图

二、高斯最小频移键控(GMSK)

MSK 信号具有恒定包络、相对窄带的带宽、相位连续等一系列优点。但它的旁瓣对于要求较高传输速率的数字传输系统来讲,不能满足－80～－60dB 的指标,为此还要对 MSK 做进一步的改进,这就是 GMSK 方式。

GMSK 实现起来较简单,只需在 MSK 调制器前加一个高斯型滤波器,就可输出功率谱密度更紧凑、满足指标的调制信号。

高斯滤波器的传输函数

$$H(f)=\exp(-\alpha^2 f^2)$$

滤波器的冲激相应

$$h(t)=(\sqrt{\pi}/\alpha)\exp(-\pi^2 t^2/\alpha^2)$$

式中,α 是与滤波器 3dB 带宽 B_b 有关的一个常数。且有

$$\alpha B_b=\sqrt{(\ln 2)/2}\approx 0.5887$$

由此可见，改变 α，B_b 将随之改变。

高斯滤波器的输入是基带信号波形 $x(t)$，则高斯滤波器的输出是

$$y(t)=x(t)*h(t)=\sum_k d_k G(t-nT_0)$$

式中，$G(t)$是高斯滤波器的矩形脉冲响应，表示为

$$G(t)=g(t)*h(t)=\int_0^{T_0} g(\tau)h(t-\tau)\mathrm{d}\tau$$

GMSK 在无线移动通信中得到应用。目前流行的 GSM 蜂窝移动通信系统中就是采用 $B_bT_s=0.3$ 的 GMSK 调制，以便得到更大的用户量，因为在那里对带外辐射的要求非常严格。GMSK 体制的缺点是有码间串扰(ISI)，B_bT_s 值越小，ISI 越大。

6.5.2　设计方法

一、设计目的

1. 掌握 MSK/GMSK 调制基本原理；
2. 熟悉基于 MSK/GMSK 的数字调制传输系统流程。

二、设计工具与平台

1. C 语言开发平台或 MATLAB 软件仿真平台；
2. 通信原理实验创新平台；
3. 数字示波器；
4. 误码测试仪；
5. 频谱分析仪。

三、设计内容和要求

设计 MSK/GMSK 调制系统，包括信源、调制、信道、解调、信宿等模块。

1. 基于 AWGN 信道，搭建数字调制传输系统；
2. 提出系统性能测试方案，对该传输系统进行性能测试；
3. 改变信道参数，在不同信道下对系统进行误码性能测试，绘出误码性能图；
4. 分析比较 MSK 和 GMSK 的性能；
5. 设计要求构建的 MSK/GMSK 调制系统测试性能与理论性能差值不大于 1dB(10^{-5})。

四、思考题

1. 在实现过程中，GMSK 调制与 MSK 调制的异同？
2. 描述 MSK、GMSK 在通信中的应用。

第 7 章　同 步 技 术

本章主要实验内容：
- √　模拟锁相环载波同步
- √　数字锁相环载波同步
- √　数字锁相环位同步
- √　帧成形及同步提取

同步是通信系统中，特别是数字通信系统中一个非常重要的技术问题，也是通信系统中必不可少的重要组成部分之一。同步系统的好坏直接影响着通信质量，甚至会影响通信系统能否正常进行有效而可靠地工作。本章涉及的同步技术包括模拟锁相环载波同步、数字锁相环载波同步、数字锁相环位同步和帧成形及同步提取等内容。

7.1　模拟锁相环载波同步实验

7.1.1　实验原理

一、载波同步基本原理

在数字通信中，采用频带传输系统方式时，一定要用到载波同步。载波同步是同步系统的一个重要方面。实现载波同步的方法有自同步法（直接法）和外同步法（插入导频法）两种。

直接法在发送端不需要专门加传输导频信号，接收端则是在接收到的信号中设法提取同步载波，例如平方变换法、平方环法、科斯塔斯环法、4 次方变换法、多相科斯塔斯环法等。插入导频法是在发送有用信号的同时，在适当频率位置上插入一个（或多个）同步载波信息，称为导频信息，接收端则根据这个导频信息提取需要的同步载波。

载波同步系统的主要性能指：载波同步的精度、载波同步的效率、同步建立时间 t_s、同步保持时间 t_c。在实际系统中，同步建立时间与同步保持时间是矛盾的。

本地恢复载波信号的稳态相位误差 Δ 对解调性能存在影响。若存在相差 Δ，则输出信号能量下降 $\cos^2\Delta$ 倍，即输出信噪比下降 $\cos^2\Delta$，其将影响信道的误码率性能，使误码增加。对 BPSK 而言，在存在载波恢复稳态相差时信道误码率为

$$P_e=\frac{1}{2}\mathrm{erfc}\left[\sqrt{\frac{E_b}{N_0}}\cos\Delta\right]$$

为了提高 BPSK 的解调性能，一般尽可能地减小稳态相差，在实际中一般要求其小于 5°。改善这方面的性能一般可通过提高环路的开环增益、减少环路时延。当然在提高环路增益的同时，对环路的带宽可能产生影响。

环路的相位抖动是指环路输出的载波在某一载波相位点按一定分布随机摆动，其摆动的方差对解调性能有很大的影响：一方面其与稳态相差一样对 BPSK 解调器的误码率产生影响；另一

方面还使环路产生一定的跳周率(按工程经验,在门限信噪比条件下跳周一般要求小于每两小时一次)。

采用 PLL 环路进行载波恢复具有环路带宽可控。一般而言,环路带宽越宽,载波恢复时间越短,输出载波相位抖动越大,环路越容易出现跳周(所谓跳周是指环路从一个相位平衡点跳向相邻的平衡点,从而使解调数据出现倒相或其他的错误规律);反之,环路带宽越窄,载波恢复时间越长,输出载波相位抖动越小,环路的跳周率越小。因而,可根据实际需要,调整环路带宽的大小。

二、实验电路组成及原理

模拟锁相环是一个相位自动控制系统。任何一个自动控制系统总是由两部分组成:一是误差检测元件;另一个是调整执行元件。在锁相环路中误差检测由鉴相器来完成,它对本地产生的输出信号相位和输入信号相位进行比较,产生一个与两个信号的相位差成比例的误差电压。受误差电压控制,鉴相器两个输入相位误差不断减小。在锁相环路中调整执行元件是由电压控制振荡器来完成。在锁相环路中,有时为了提高相位控制的性能,在上述两个元件之间,插入一低通滤波器。因此,对于锁相环路常由鉴相器、环路滤波器和压控振荡器(VCO)三个基本部分组成,如图 7-1 所示。

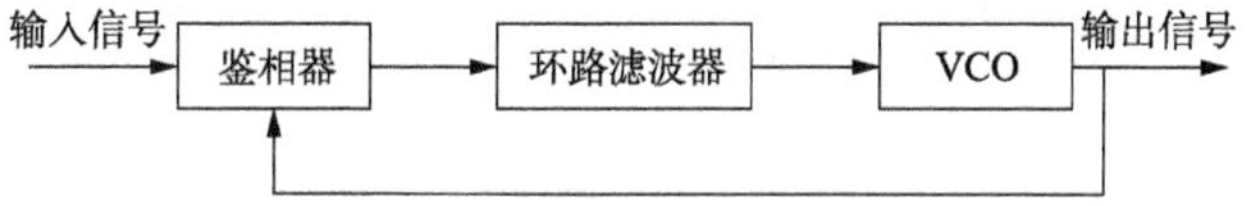

图 7-1 模拟锁相环结构

在 BPSK 调制方式的接收机中,为了对接收信号中的数据进行正确的解调,要求在接收机端知道载波的相位和频率信息,这就是我们常说的载波恢复。这个过程一般是通过锁相的方法来实现的。

在 BPSK 解调器中,最常用的载波恢复算法为判决反馈环结构,其结构如图 7-2 所示。

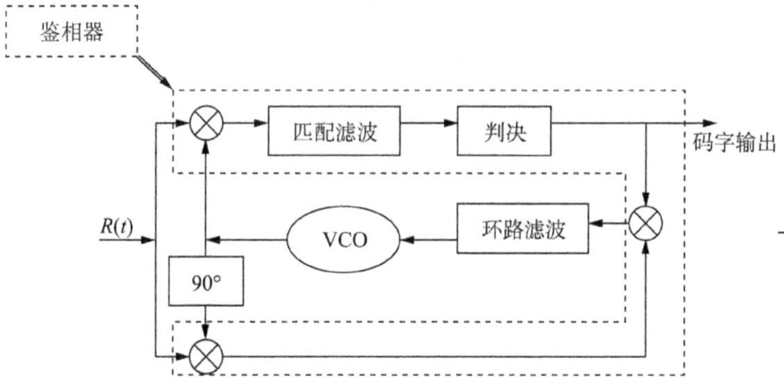

图 7-2 BPSK 判决反馈环结构

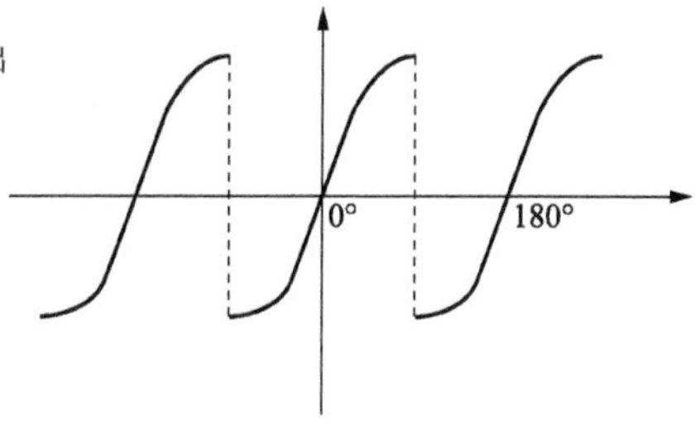

图 7-3 判决反馈环鉴相特性

判决反馈环鉴相器具有图 7-3 所示的特性。

从图 7-3 中可以看出,判决反馈环也具有 0°、180°两个相位平衡点。PLL 模拟锁相环的信号流程如图 7-4 所示。

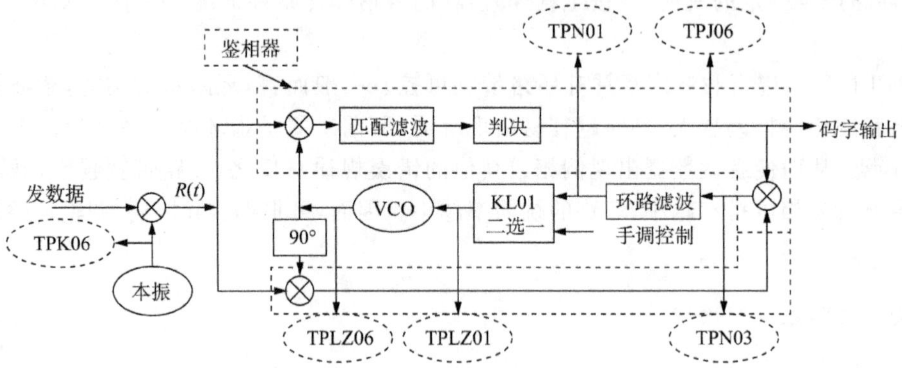

图 7-4　PLL 锁相环信号流框图

模拟锁相环电路在本实验平台的线路编解码模块中。HDB_3 模块译码所需的 256kHz 时钟是通过模拟锁相环从接收的 HDB_3 码流中提取的，并将恢复的时钟送入 HDB_3 译码单元。模拟锁相环模块的框图如图 7-5 所示。该模块主要由 MC4066、74LS161、74LS74、环路滤波器和输入带通滤波器(256kHz)组成。在 MC4066 内部有一个振荡器和一个高速鉴相器。HDB_3 码流经单极性变换后送入中心频率为 256kHz 有源带通滤波器，经四分频后进入 MC4066 的鉴相输入端 A；MC4066 的 512kHz 输出信号经八分频送入 MC4066 的鉴相输入端 B。MC4066 鉴相之后的信号经环路滤波后送入 MC4066 的压控振荡器输入端。模拟锁相环载波同步实验测试点说明及电路模块说明见表 7-1 和表 7-2。

表 7-1　模拟锁相环载波同步实验测试点说明

测试点	功能	测试点	功能
TPP01	256kHz 带通滤波器输出	TPP04	VCO 输出信号
TPP02	隔离放大器输出	TPP05	鉴相器 B 输入信号
TPP03	鉴相器 A 输入信号	TPP06	环路滤波器输出
TPP07	锁定指示检测		

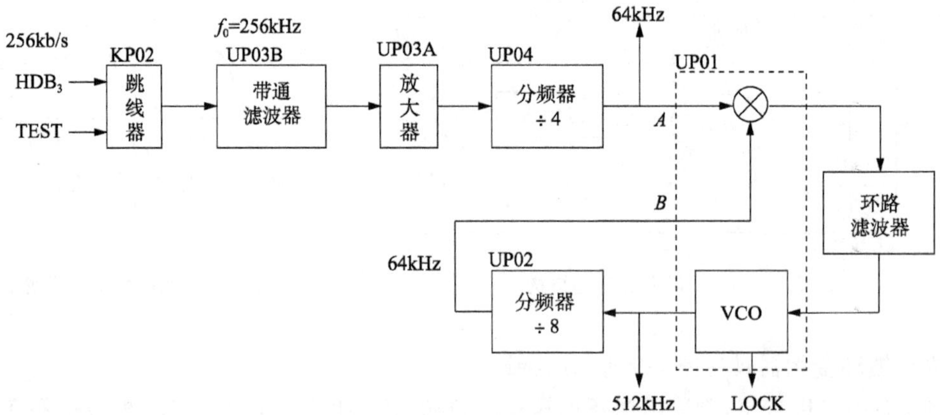

图 7-5　模拟锁相环组成框图

表 7-2　模拟锁相环载波同步实验电路模块说明

标号	名称	功能描述
KP01	跳线开关	设置于 1_2(左端):选择异或门鉴相输出，TPP03、TPP05 输出信号将存在一定相差；设置于 2_3(右端):选择三态门鉴相输出，TPP03、TPP05 输出信号将不存在相差
KP02	跳线开关	置于 1_2(左端):输入信号来自 HDB_3 编码模块的 HDB_3 码信号；置于 2_3(右端)选择外部的测试信号(TP002 输入)，此信号用于测量该模拟锁相环模块的性能
WP01		可以改变模拟锁相环的环路参数
UP01	锁相环(MC4046)	本实验主模块
UP02	分频器(74LS161)	完成八分频
UP04	分频器(74LS74)	完成四分频
UP03	带通滤波器	

7.1.2　实验方法

一、实验目的

1. 熟悉模拟锁相环的基本工作原理；
2. 掌握模拟锁相环的基本参数及设计方法；
3. 熟悉模拟锁相环的鉴相特性；
4. 了解模拟锁相环在通信中的应用。

二、实验工具与平台

1. 通信原理综合实验平台；
2. 数字示波器；
3. 函数信号发生器。

三、实验内容及步骤

1. VCO 自由振荡频率测量

将跳线开关 KL01 设置在 2_3(右端)位置。

(1)把函数信号发生器方式设置为记数(频率计功能)，闸门时间放在 100ms 或 1s，测量 TPLZ06 监测点的 VCO 输出振荡频率 f_0。记录闸门每次闪动的频率读数(其读数会存在一定的变化)。

(2)求出 VCO 在频率 2048kHz 时的短期频率稳定度($\Delta f/ f_0$)，填入表 7-3。

表 7-3

测量次数	1	2	3	4	5	6	7
VCO 输出信号频率/kHz							

2. VCO 压控灵敏度测量

手动调节电位器 WL01，用三用表测量 VCO 输入的压控电压(TPLZ01)，同时用函数信号发生器记录此时 TPLZ06 的信号频率。根据测量结果计算压控灵敏度，填入表 7-4。

表 7-4

VCO 输入电压/V	0	0.5	1	1.5	3	6	10
VCO 输出信号频率/kHz							

3. 判决反馈环解调器鉴相特性观察

准备工作：由于调制解调电路的基带信号及判决解调由基带成形模块实现，因此需用排线连接基带成形模块的 JKG01 和调制解调模块的 JKi01，用排线连接基带成形模块的 JKP01 和调制解调模块的 JKj01；用中频连接线将发送信号与接收中频输入信号相连；参考表 5-6 的说明，将数字调制解调模块跳线设置为测试数据模式，以更长 m 序列为测试数据，采用相干解调，测试数据产生的速率为 32kb/s。

(1)观察锁相环鉴相器输出：用示波器测量点 TPN03 的波形(在数字调制解调模块)。本实验平台中对 BPSK 信号解调采用判决反馈环解调器，其 PLL 环路鉴相特性具有锯齿正弦特性。

(2)手动调节电位器 WL01，观察其与 TPN03 波形之间的关系。

(3)用频率计分别测量 TPK06、TPLZ06 点的频差(收发频差)，同时记录 TPN03 的输出信号频率(其一般通过示波器进行测量)，填入表 7-5。比较测量结果。

表 7-5

收发频差/Hz							
TPN03 频率/Hz							

4. 环路锁定过程观测

准备工作：与步骤 3 不同之处将 KL01 设置在 1_2 状态，使锁相环闭环。

用示波器同时观测 TPK06、TPLZ06 的相位关系，测量时用 TPK06 同步；将 KL01 在 1_2 与 2_3 状态之间切换，让锁相环在失锁与锁定之间变化。此时，观察它们的变化过程(锁相过程)。

5. 锁定状态观测

(1)相位关系观察。用示波器同时测量鉴相器输入 TPK06、TPLZ06 的相位关系。是否存在相差，并解释原因。

(2)将 VCO 输入端的开关 KL01 不断在 1_2 位置(左端)、2_3 位置间进行切换，重复上述测量步骤。

(3)相位拌动观察。用示波器同时测量鉴相器输入 TPK06、TPLZ06 的相位关系，并以 TPK06 作同步。观察 TPLZ06 是否存在抖动，并解释原因。

6. 环路输出观察

(1)环路输出观察：在锁定状态观察 TPLZ01 的信号特点。

(2)将 VCO 输入端的开关 KL01 不断在 1_2 位置(左端)、2_3 位置间进行切换，重复上述测量步骤。

7. 解调器 PLL 环路鉴相器差拍电压和锁定过程观察

将跳线开关 KL01 设置在 1_2 位置(PLL 闭环)和 2_3(PLL 开环)位置来回切换，仔细观察测试模块内 TPN01 测量点的工作波形。观测时将示波器时基设定在 5～10 ms，有条件可使用存储示波器观测。

四、思考题

1. 模拟锁相环有哪些设计指标，实际应用中如何权衡？
2. 试描述模拟锁相环的应用现状。

7.2　数字锁相环载波同步设计

7.2.1　基本原理

载波同步的方法有许多，可以分成反馈结构、前向结构两大类。反馈结构的方法有 M 方环、Costas 环、通用环等；前向结构的方法侧重于频偏及相偏的估计算法，算法包括最大似然估计、快速傅里叶变换频偏估计、M 方次相位估计及基于非线性变换的相位估计。

一、Costas 环

科斯塔斯(Costas)环法又称为同相正交环法，原理如图 7-6 所示。此环路中，数字频率合成器 DDS 提供两路互为正交的载波，与输入接收信号分别在同相和正交两个鉴相器中进行鉴相，经低通滤波器之后的输出均不含倍频项，两者相乘后可以得到误差信号，然后送往环路滤波器得到仅与相位差有关的控制电压，从而准确地对压控振荡器进行调整。

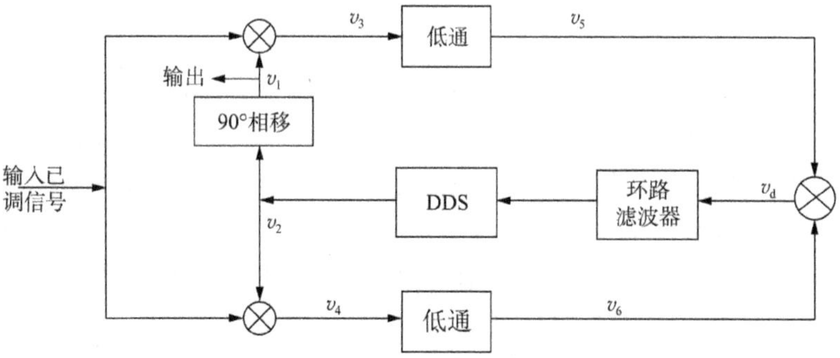

图 7-6　Costas 环法原理框图

设输入的抑制载波双边带信号为 $s(t)\cos\omega_c t$，并假定环路锁定，且不考虑噪声的影响，则 DDS 输出的两路互为正交的本地载波分别为

$$v_1=\cos(\omega_c t+\theta),\quad v_2=\sin(\omega_c t+\theta)$$

式中，θ 为 DDS 输出信号与输入已调信号载波之间的相位误差，通常是很小的一个值。

信号与本地载波相乘后得

$$v_3=s(t)\cos\omega_c t\cdot\cos(\omega_c t+\theta)=\frac{1}{2}s(t)[\cos\theta+\cos(2\omega_c t+\theta)]$$

$$v_4=s(t)\cos\omega_c t\cdot\sin(\omega_c t+\theta)=\frac{1}{2}s(t)[\sin\theta+\sin(2\omega_c t+\theta)]$$

经过低通滤波后，得到

$$v_5=\frac{1}{2}s(t)\cos\theta,\quad v_6=\frac{1}{2}s(t)\sin\theta$$

v_5, v_6 相乘产生的误差信号为

$$v_d = \frac{1}{8}s^2(t)\sin 2\theta \approx \frac{1}{8}s^2(t)2\theta = \frac{1}{4}s^2(t)\theta$$

它通过环路滤波器滤波后去控制 DDS 的相位和频率，最终使稳态相位误差减小到很小的数值，而没有剩余频差。此时 DDS 的输出 $v_1 = \cos(\omega_c t + \theta)$ 就是所需的同步载波，而 $v_5 = \frac{1}{2}s(t)\cos\theta \approx \frac{1}{2}s(t)$ 就是解调器的输出。

二、开环结构载波恢复

在传统的数字通信系统中通常采用锁相环来实现载波同步，而在全数字接收机中，主要利用开环频率估计算法直接估计出接收频率和本地载波的频差，然后加以校正。这是一种基于零中频的解调方案，将庞大的中频处理变为简单可靠的基带处理，避免了直接在中频数字化处理中面临的运算量与处理速度等问题。并且这种解调方案能提高解调性能、可靠性并降低成本。

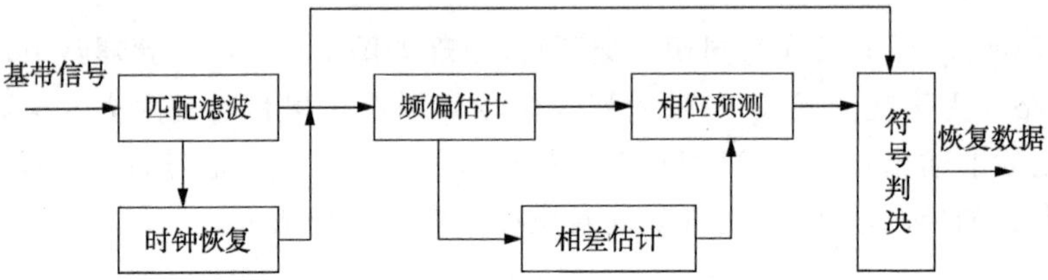

图 7-7　开环结构 PSK 接收机模型

开环结构 PSK 接收机模型如图 7-7 所示。接收信号经过中频数字正交下变频分解为基带信号，并在完成 A/D 采样和数字化后，送入匹配滤波器进行数字滤波，再由时钟恢复单元完成码元时钟恢复，然后由开环相位估计器估计出载波频差和初始相差值。载波相位预测时通过对含载波相位误差和载波频率误差的信号作非线性处理后，去除调制信号对相位的影响，直接提取出需要的载波频差，先根据载波频差的估计值消除频偏引起的相位偏差，再根据初始相差的估计值进行预测当前相位、并与当前载波相位进行比较判决，输出数据。由于该相位估计算法对在 $|\Delta f T| < 0.05$ 条件下性能最优，Δf 为载波频偏，T 是符号周期，所以在进行载波频差估计前，我们让信号通过一个频率跟踪校正环，去除残余频偏，确保频差在一个较小的情况下。

1. 频偏估计

我们已经假设匹配滤波器和时钟估计器理想，则载波恢复电路的输入信号可以表示为

$$r(k) = a_k \exp(\mathrm{j}2\pi\Delta f k T_s + \mathrm{j}\theta_0) + N(k)$$

其中，a_k 是复值 QPSR 传输数据的抽样值，Δf 和 θ_0 分别表示本地载波的频偏值和相位差值，T_s 是采样周期，$N(k) = N_I(k) + \mathrm{j}N_Q(k)$ 表示加性复白高斯噪声和 $\Delta f \neq 0$ 而引入的码间串扰。由于在接收机模拟前端配置 AFC 电路，可以实现 $|\Delta f T| \ll 0.1$，因此 $N(k)$ 中码间串扰引入的噪声分量可以忽略不计，从而 $N(k)$ 可以等效为加性复白高斯噪声，它的两个分量的均值为 0，方差为 $N_0/(2E_s) = N_0/(4E_b)$，E_b 是比特能量，E_s 是符号能量，E_b/N_0 是归一化信噪比。频偏大小估计是通过计算两相邻码元的相位差得到的。所采用的频偏估计器的仿真模型如图 7-8 所示。

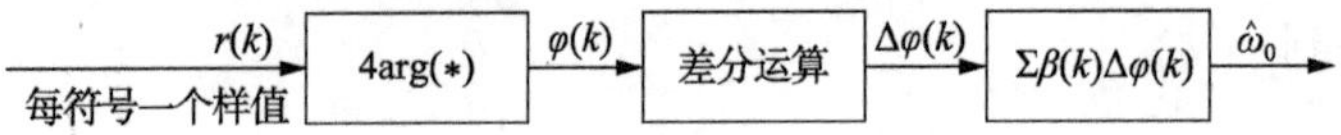

图 7-8　载波频偏估计器模型

高信噪比条件下，$r(k)$中的加性噪声可以等效为相位噪声，$\theta(k)$可以表示为

$$\theta(k)=2\pi\Delta fkT+\theta_0+\frac{2m+1}{4}\pi+N_Q(k)$$

式中，$k=-(H-1)/2,\cdots,(H-1)/2$，$m$取0，1，2，3，估计间隔为$H*T(H\leqslant N$，$N$是一个突发中的符号数)。$N_Q(k)$是均值为零，方差为$N_0/E_b$的等效相位高斯噪声。将$\theta(k)$乘以4以消除调制分量，有

$$\varphi(k)=4\theta(k)\mathrm{mod}2\pi=8\pi\Delta fkT_s+4\theta_0+\xi(k)$$

式中，$\xi(k)=4N_Q(k)\mathrm{mod}2\pi$是均值为零，方差为$4N_0/E_b$的高斯噪声。对相位$\varphi(k)$作差分运算，有

$$\Delta\varphi(k)=\varphi(k+1)-\varphi(k)=8\pi\Delta fT_s+\xi(k+1)-\xi(k)=\psi+\xi(k+1)-\xi(k)$$

式中可见，只要在噪声中估计出均值ψ，也就可以估计出Δf来。ψ可以由下式计算：

$$\hat{\psi}=\sum w_k[\Delta\varphi(k)]$$

其中，w_k是窗函数，窗函数不同，可能ψ的估计值也会有较大差异，对于最简单的形式，$\hat{\psi}=\frac{1}{H-1}\sum_{k=-(H+1)/2}^{(H-3)/2}\Delta\varphi(k)$，但是这并不是$\psi$的最优估计值。基于最大似然估计准则，$\psi$的无偏估计算法如下：

观测矢量$\Delta\bar{\varphi}=[\Delta\varphi(-(H-1)/2),\Delta\varphi(-(H-3)/2),\cdots,\Delta\varphi((H-3)/2)]^{\mathrm{T}}$的条件概率密度函数为

$$p(\Delta\bar{\varphi}/\psi)=(2\pi)^{-(H-1)/2}|C|^{-1/2}\exp\left[-\frac{1}{2}(\Delta\bar{\varphi}-\bar{\psi})^{\mathrm{T}}\cdot C^{-1}\cdot(\Delta\bar{\varphi}-\bar{\psi})\right] \tag{7-1}$$

式(7-1)中

$\bar{\psi}=[\psi,\psi,...,\psi]^{\mathrm{T}}$，$C=(C_{ij})_{(H-1)\cdot(H-1)}=E[(\Delta\bar{\varphi}-\bar{\psi})\cdot(\Delta\bar{\varphi}-\bar{\psi})^{\mathrm{T}}]$是协方差矩阵，且有

$$C=\frac{4N_0}{E_b}\begin{pmatrix}2&-1&0&0&\cdots&0\\-1&2&-1&0&\cdots&0\\\vdots&\vdots&\vdots&\vdots&&\vdots\\0&0&0&\cdots&-1&2\end{pmatrix}$$

基于最大似然估计准则，ψ无偏估计的计算公式为

$$\hat{\psi}=\frac{\bar{l}^tC^{-1}\Delta\bar{\varphi}}{\bar{l}^tC^{-1}\bar{l}}=\sum_{k=-(H-1)/2}^{(H-3)/2}\beta(k)\Delta\varphi(k) \tag{7-2}$$

式(7-2)中$\beta(k)$是式(7-1)中的窗函数w_k，且有

$$\beta(k)=\frac{3H/2}{H^2-1}\left[1-\left(\frac{k+1/2}{H/2}\right)^2\right]$$

已经证明式(7-2)中估计量的方差与有效估计的Cramer-Rao界一致。

2. 载波初始相差估计

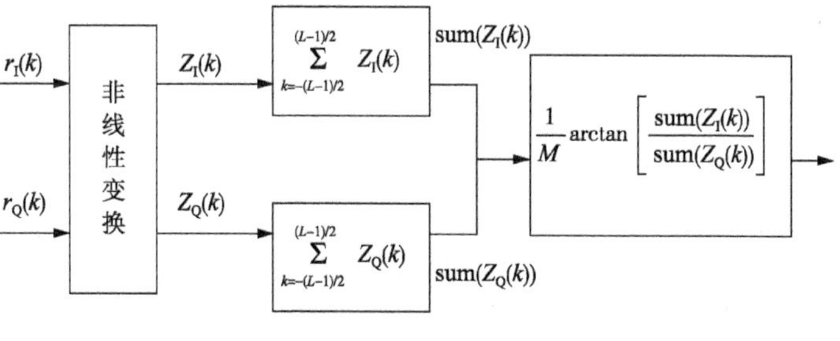

图7-9　载波相位估计器模型

由于每个突发的相干载波参数 Δf 和 θ_0 均需独立估计，所以我们采用相位估计器如图 7-9 所示，即先对输入复信号进行非线性操作，有

$$z(k)=\rho^2(k)*\exp[\mathrm{j}M\theta(k)]*\exp(\mathrm{j}8\pi\Delta fT_s)$$

式中，对于 QPSK 信号，$M=4$，$\rho(k)$、$\theta(k)$分别是输入复信号 $r(k)$的幅值和相角，并有

$$\rho(k)=\sqrt{r_I^2(k)+r_Q^2(k)},\quad \theta(k)=\arctan[r_Q(k)/r_I(k)]$$

其中

$$Z_I(k)=a_k\sin[8\pi(\Delta f-\hat{\Delta}f)kT+\theta_0]+N_I(k)$$

$$Z_Q(k)=\mathrm{j}a_k\cos[8\pi(\Delta f-\hat{\Delta}f)kT+\theta_0]+\mathrm{j}N_Q(k)$$

然后，在长为 $L\cdot T(L\leqslant N$，N 是一个突发中的符号数)的观测间隔内通过平均运算得到载波相位的估计值，θ_0 估计值为

$$\hat{\theta}_0=\frac{1}{M}\arctan\left(\frac{\sum\limits_{k=-(L-1)/2}^{(L-1)/2}z_Q(k)}{\sum\limits_{k=-(L-1)/2}^{(L-1)/2}z_I(k)}\right)$$

7.2.2 设计方法

一、设计目的

1. 掌握载波同步的基本原理；
2. 了解载波同步的基本方法。

二、设计工具与平台

1. C 语言开发平台或 MATLAB 软件仿真平台；
2. 通信原理实验创新平台。

三、设计内容和要求

1. 设计载波同步系统，包括信源、调制、信道、解调、信宿等五大基本模块；
2. 设计载波同步系统中的载波同步模块；
3. 对该系统进行性能测试，讨论载波同步中频偏、相偏对系统的影响；
4. 设计要求：当$|\Delta fT|\leqslant 0.05$，可实现载波同步。

部分设计可参考例程 9～10。

四、思考题

1. 载波同步有哪些设计指标，实现过程中如何权衡？
2. 分析实际通信系统中载波同步使用的方法现状。

7.3　数字锁相环位同步实验

7.3.1　实验原理

一、位同步基本原理

位同步是数字通信系统中一个非常重要的问题，它是数字通信系统的“中枢神经”。没有位同步，系统就会出现“紊乱”，无法正常工作。位同步只存在于数字通信中。应该说明的是在数字通信中，不论频带传输系统还是基带传输系统，都要涉及位同步问题。

在数字通信系统的接收端，位同步脉冲一般是通过位同步提取电路获得的。在传输数字信号时，信号通过信道会受到噪声的影响，而引起信号波形的变形（失真），因此数字通信系统中接收端都要对接收到的基带信号进行抽样判决，以判别出是“1”码还是“0”码。抽样判决器判决的时候都是由位同步脉冲来控制的。在频带传输系统中，位同步信号一般可以从解调后的基带信号中提取，只有特殊情况才直接从频带信号中提取；在基带传输系统中，位同步信号是直接从接收到的基带信号中提取的。

对位同步信号的基本要求是：

(1)位同步脉冲的频率必须和发送端（接收到的数字信号）的码元速率相同。

(2)位同步脉冲的相位（起始时刻）必须与发送端（接收到的数字信号）的码元相位（起始时刻）对准。

位同步的方法与载波同步方法相似，也可以分为直接法（自同步法）和插入导频法（外同步法）两种。直接法中细分为数字锁相法和滤波法（非线性变换）。与载波同步系统的性能指标相似，位同步系统的性能指标通常也有相位误差（精度）、同步建立时间、同步保持时间等。

二、实验电路组成及原理

1. 实验电路

数字锁相环的基本原理是通过对高倍时钟进行脉冲扣除电路来实现的，基本原理如图 7-10 所示，结构框图如图 7-11 所示。

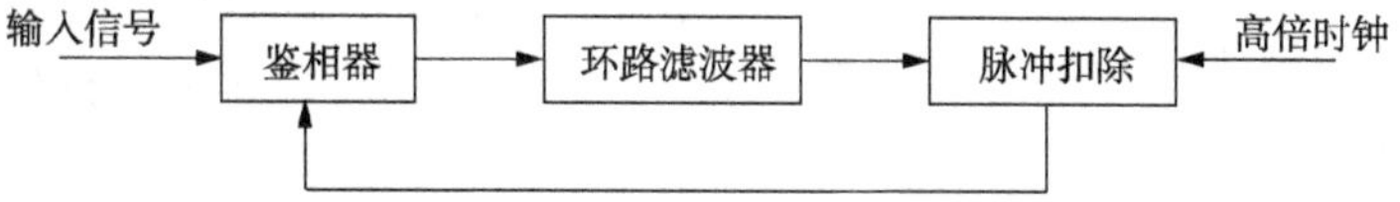

图 7-10　一般数字锁相环的结构

在 BPSK 接收机中，刚开始位定时时钟一般不处于正确位置。必须采用一定的算法对抽样点进行调整，这个过程称为位定时恢复。解调器输出的基带信号如图 7-12 所示，抽样时钟 B 偏离信号能量的最大点，使信噪比下降。由于位定时存在相位差，使误码率有所增加。而抽样时钟 A 在信号最大点处进行抽样，保证了输出信号具有最大的信噪比，从而也使系统性能最佳。

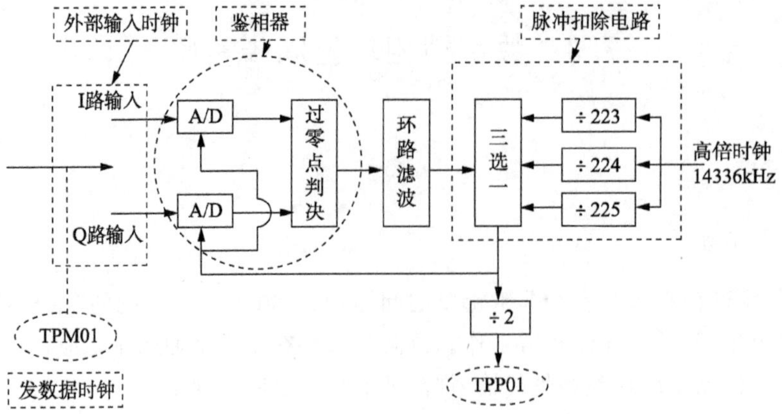

图 7-11　BPSK 位同步的数字锁相环结构

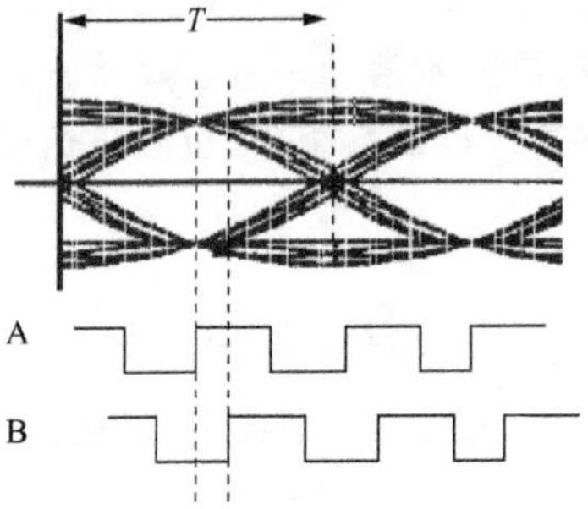

图 7-12　BPSK 的位定时恢复

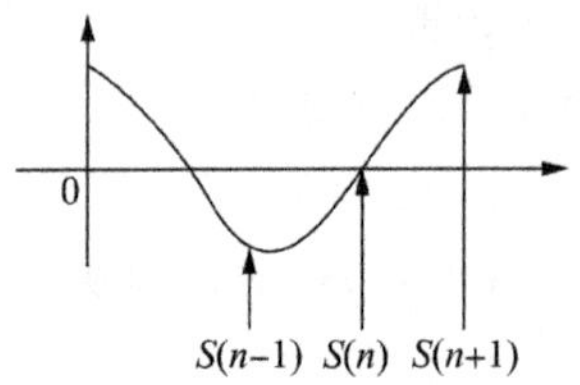

图 7-13　位定时误差提取示意图

在 BPSK 接收终端中位定时的恢复一般采用数字锁相环。图 7-11 给出了位定时恢复中的鉴相电路、脉冲扣除电路。以二倍码元速率抽样为例说明数字鉴相器的工作原理，信号抽样如图 7-13所示，$S(n-1)$、$S(n+1)$为调整后的最佳样点，$S(n)$为码元中间点。

首先位定时误差的提取时刻为其基带信号存在过零点，即如图 7-13 中的情况所示。位定时误差（鉴相器组成）的大小按下式进行计算：

$$e_b(n)=S(n)[S(n-1)-S(n+1)]$$

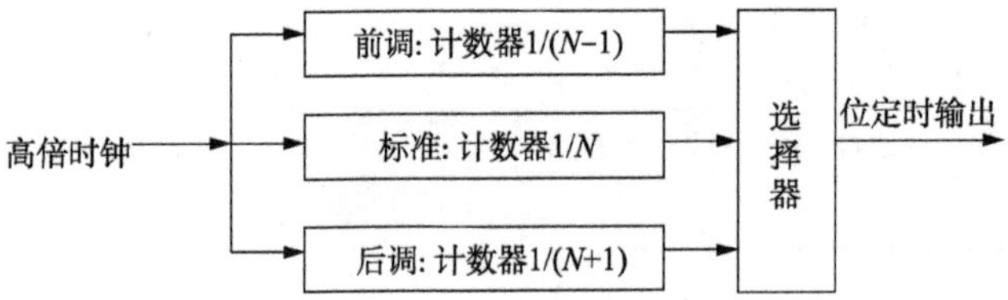

图 7-14　定时调整示意图

如果 $e_b(n)>0$，则位定时抽样脉冲应向前调整；反之应向后调整。这个调整过程主要是通过调整分频计数器进行的，如图 7-14 所示。

须注意的是，一般在实际应用中还须对位定时的误差信号进行滤波（位定时环路滤波），这样可提高环路的抗噪声性能。

2. 硬件实现原理

数字锁相环(DPLL)是一种相位反馈控制系统。它根据输入信号与本地估算时钟之间的相位误差对本地估算时钟的相位进行连续不断的反馈调节，从而达到使本地估算时钟相位跟踪输入信号相位的目的。DPLL 通常有数字鉴相器(DPD)、数字环路滤波器(DLF)和数控振荡器(DCO)三个组成模块。根据各个模块组态的不同，DPLL 可以被划分出许多不同的类型。

DPLL 实现框图如图 7-15 所示，在 LL-DPLL 中，DLF 用双向计数逻辑和比较逻辑实现，DCO 采用加扣脉冲式数控振荡器。这样设计出来的 DPLL 具有结构简洁明快，参数调节方便，工作稳定可靠的优点。

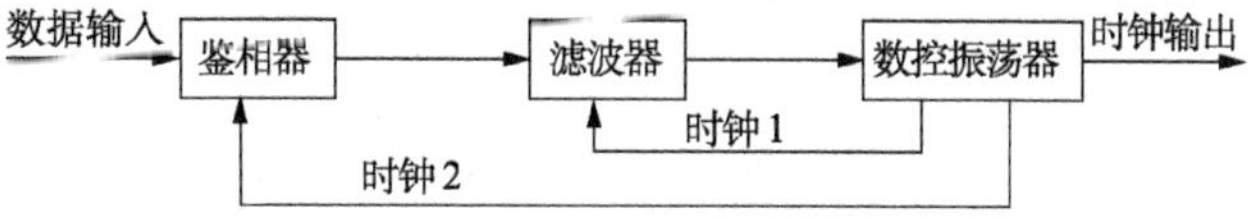

图 7-15　数字锁相环框图

下面就对数字锁相环的各个组成模块的功能、内部结构及对外接口信号作详细介绍。

(1)超前-滞后型数字鉴相器。

与一般 DPLL 的 DPD 的设计不同，位同步 DPLL 的 DPD 需要排除位流数据输入连续几位码值保持不变的不利影响。LL-DPD 为二元鉴相器，在有效的相位比较结果中仅给出相位超前或相位滞后两种相位误差极性，而相位误差的绝对大小固定不变。LL-DPD 通常有两种实现方式：微分型 LL-DPD 和积分型 LL-DPD。积分型 LL-DPD 具有优良的抗干扰性能，而它的结构和硬件实现都比较复杂。微分型 LL-DPD 虽然抗干扰能力不如积分型 LL-DPD，但是结构简单，硬件实现比较容易。本实验采用微分型 LL-DPD，将环路抗噪声干扰的任务交给 DLF 模块。

如图 7-16 所示，LL-DPD 在 ClkEst 跳变沿（含上升沿和下降沿）处采样 DataIn 上的码值，寄存在 Mem 中。在 ClkEst 下降沿处再将它们对应送到两路异或逻辑中，判断出相位误差信息并输出。Sign 给出相位误差极性，即 ClkEst 相对于 DataIn 是相位超前(Sign＝1)还是滞后(Sign＝0)。AbsVal 给出相位误差绝对值，若前一位数据有跳变，则判断有效，以 AbsVal 输出 1 表示；否则，输出 0 表示判断无效。

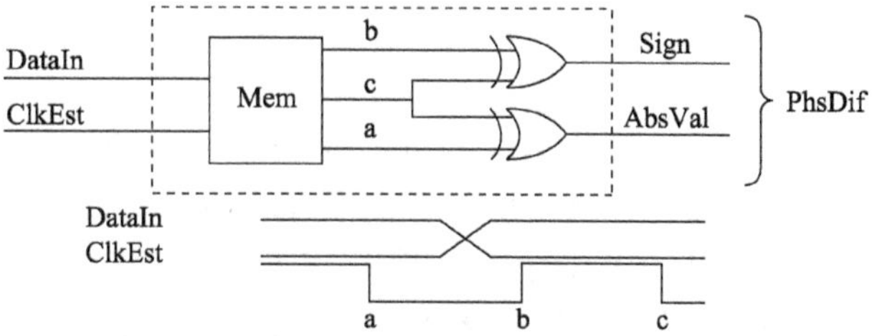

图 7-16　LL-DPD 模块内部结构与对外接口信号

(2)数字环路滤波器。

DLF 用于滤除因随机噪声引起的相位抖动，并生成控制 DCO 动作的控制指令。本实验实现的 DLF 内部结构及其对外接口信号如图 7-17 所示。

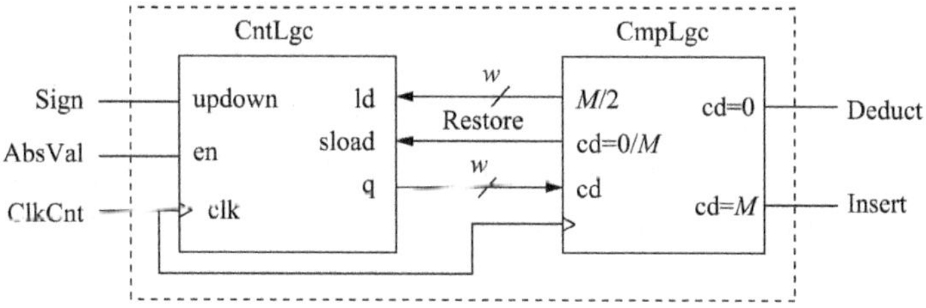

图 7-17　DLF 模块内部结构与对外接口信号

滤波功能用加减计数逻辑 CntLgc 实现，控制指令由比较逻辑 CmpLgc 生成。在初始时刻，CntLgc 被置初值 $M/2$。前级 LL-DPD 模块送来的相位误差 PhsDif 在 CntLgc 中作代数累加。在计数值达到边界值 0 或 M 后，比较逻辑 CmpLgc 将计数逻辑 CntLgc 同步置回 $M/2$，同时相应地在 Deduct 或 Insert 引脚上输出一高脉冲作为控制指令。随机噪声引起的 LL-DPD 相位误差输出由于长时间保持同一极性的概率极小，在 CntLgc 中会被相互抵消，而不会传到后级模块中去，达到了去噪滤波的目的。计数器逻辑 CntLgc 的模值 M 对 DPLL 的性能指标有着显著地影响。加大模值 M，有利于提高 DPLL 的抗噪能力，但是会导致较大的捕捉时间和较窄的捕捉带宽。减小模值 M 可以缩短捕捉时间，扩展捕捉带宽，但是降低了 DPLL 的抗噪能力。根据理论分析和调试实践，确定 M 为 1024，图中计数器数据线宽度 w 可以根据 M 确定为 10。

(3)数控振荡器。

DCO 的主要功能是根据前级 DLF 模块输出的控制信号 Deduct 和 Insert 生成本地估算时钟 ClkEst，这一时钟信号即为 DPLL 恢复出来的位时钟。同时，DCO 还产生协调 DPLL 内各模块工作的时钟，使它们能够协同动作。要完成上述功能，DCO 应有三个基本的组成部分：高速振荡器(HsOsc)、相位调节器(PhsAdj)和分频器(FnqDvd)，如图 7-18 所示。

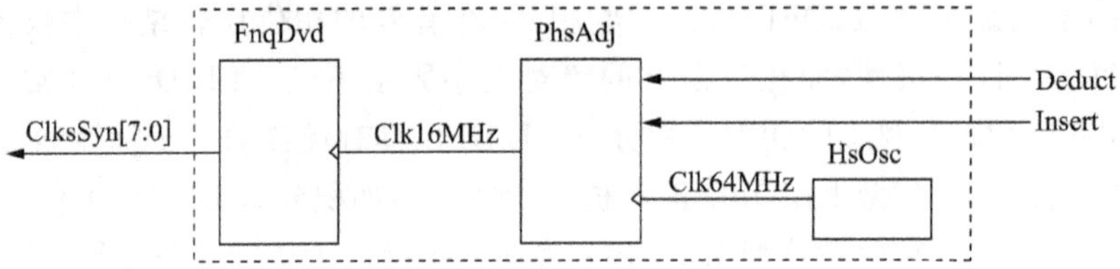

图 7-18　DCO 模块内部结构与对外接口信号

高速振荡器(HsOsc)提供高速稳定的时钟信号 Clk，该时钟信号有固定的时钟周期，周期大小即为 DPLL 在锁定状态下相位跟踪的精度，同时，它还影响 DPLL 的捕捉时间和捕捉带宽。考虑到 DPLL 工作背景的要求，以及尽量提高相位跟踪的精度以降低数据接收的误码率，取 HsOsc 输出信号 Clk 频率为所需提取位时钟信号的 16 倍。若取 HsOsc 输出信号 Clk64MHz 的周期为 15.625ns，即高速振荡器 HsOsc 的振荡频率为 64MHz。

PhsAdj 在控制信号 Deduct 和 Insert 上均无高脉冲出现时，仅对 Osc 输出的时钟信号作 4 分频处理，从而产生的 Clk16MHz 时钟信号将是严格 16MHz。当信号 Deduct 上有高脉冲时，在脉冲上升沿后，PhsAdj 会在时钟信号 Clk16MHz 的某一周期中扣除一个 Clk64MHz 时钟周期，从而导致 Clk16MHz 时钟信号相位前移。当在信号 Insert 上有高脉冲时，相对应的处理会导致 Clk16MHz 时钟信号相位后移。

引入分频器 FnqDvd 的目的主要是为 DPLL 中 DLF 模块提供时钟控制，协调 DLF 与其他模块的动作。分频器 FnqDvd 用计数器实现，可以提供多路与输入位流数据有良好相位同步关系的时钟信号。在系统中，分频器 FnqDvd 提供 8 路输出 ClksSyn[7：0]。其中，ClksSyn1 即为本地估算时钟 ClkEst，也即恢复出的位时钟；ClksSyn0 即为 DLF 模块的计数时钟 ClkCnt，其速率是 ClkEst 的两倍，可以加速计数，缩短 DPLL 的捕捉时间，并可扩展其捕捉带宽。

7.3.2　实验方法

一、实验目的

1. 了解数字锁相环的基本概念；
2. 熟悉数字锁相环的指标测量；
3. 掌握全数字锁相环的设计方法。

二、实验工具与平台

1. 通信原理综合实验平台；
2. 通信原理实验创新平台；
3. 数字示波器；
4. 函数信号发生器。

三、实验内容及步骤

1. VCO自由振荡频率测量

准备工作：由于调制解调电路的基带信号及判决解调由基带成形模块实现，因此需用排线连接基带成形模块的JKG01和调制解调模块的JKi01，用排线连接基带成形模块的JKP01和调制解调模块的JKj01；将KL01设置在1_2(右端)位置，用中频连接线将发送信号与接收中频输入相连；参考表5-6的说明，将数字调制解调模块跳线设置为：选择输入数据为测试数据模式，测试数据为全0，采用相干解调，测试数据产生的速率为32kb/s。

(1)把函数信号发生器方式设置为记数(频率计功能)，闸门时间放在100ms或1s，测量TPP01监测点的VCO输出振荡频率 f_0。记录闸门每次闪动的频率读数(其读数会存在一定的变化)。

(2)求出VCO在频率32kHz(高倍时钟为14336kHz)时的短期频率稳定度($\Delta f/f_0$)，见表7-6。

表7-6

测量次数	1	2	3	4	5	6	7
TPP01频率/kHz							

2. 失锁状态观察

用示波器同时观测TPM01、TPP01的相位关系，测量时用TPM01同步。

3. 环路锁定过程观测

(1)用示波器同时观测TPM01、TPP01的相位关系，测量时用TPM01同步；测试数据选择为全0与全1之间变化。让数字锁相环在失锁与锁定之间变化。此时，观察它们的变化过程(锁相过程)。

(2)自己设计实验方案，使环路在初始调整过程中以脉冲扣除为主。

(3)自己设计实验方案，使环路在初始调整过程中以加脉冲为主。

4. 锁定状态观测

此时测试数据设置为全1。

(1)相位关系观察：用示波器同时测量鉴相器输入TPM01、TPP01的相位，是否存在相差，并解释原因。

(2)相位抖动观察：用示波器同时测量鉴相器输入TPM01、TPP01的相位，并以TPM01作同步。观察TPP01是否存在抖动，并解释原因。

(3)测量TPP01的抖动量(TPP01抖动时间的均值与码元宽度的比值)，并解释原因。

5. 解调器位定时信号相位抖动与输入数据关系观测

示波器以发送时钟 TPM01 信号为同步信号，在不同的测试码型下观测接收时钟 TPP01 的相位抖动情况。将各项测试结果作比较分析是否符合理论？

6. 基于创新平台设计 DPLL 模块，要求在 $|\Delta\theta|\leqslant 0.1\pi$ 时可实现符号同步

部分设计可参考例程 11。

四、思考题

1. 数字锁相环有哪些设计指标，实际应用中如何权衡？

2. 试描述数字锁相环目前的发展现状。

7.4　帧成形及同步提取实验

7.4.1　实验原理

一、帧同步基本原理

帧(frame)同步是建立在位同步基础上的一种同步。帧同步的实现常用的有两种方法：一种是插入特殊码组的方法，这种方法是在每群信息码元中(通常在开头处)插入一个特殊的码组，这个特殊的码组应该与信息码元序列有较大的区别，接收端通过识别这个特殊码组，就可以根据这些特殊码组的位置确定出群的"头"与"尾"，从而实现帧同步；另一种方法不需要外加的特殊码组，是利用信息码组本身彼此不同的特性实现帧同步的。

帧同步码组最常用的形式是巴克码。巴克码是一种具有特殊规律的二进制码组。它的特殊规律是，如果一个长度为 n 的巴克码$(x_1,x_2,x_3,\cdots,x_n)$，每个码元 x_i 只可能取值+1 或−1，则它的自相关函数为

$$R(j)=\sum_{i=1}^{n-j}x_x x_{i+j}=\begin{cases}n, & j=0\\ 0,+1,-1, & 0<j<n\end{cases}$$

通常把这种非周期序列的自相关函数 $R(j)=\sum_{i=1}^{n-1}x_x x_{i+y}$ 称为局部自相关函数。常见位数较低的巴克码组如表 7-7 所示。表中"+"表示+1，"−"表示−1。

表 7-7　常见的巴克码组

位数 N	巴克码组	位数 N	巴克码组
2	++；−+	7	+++−−+−
3	++−	11	+++−−−+−+−
4	+++−；++−+	13	+++++−−++−+−+
5	+++−+		

自相关函数在 $j=0$ 时，具有尖锐的单峰特性。自相关函数具有尖锐的单峰特性正是连贯式插入帧同步码组的主要求之一。

帧同步系统的性能指标有漏同步概率 P_1、假同步概率 P_2、帧同步平均建立时间 t_s 等。一般要求系统的同步建立时间要短；漏同步概率 P_1 和假同步概率 P_2 要小。

二、实验电路组成及原理

在数字传输系统中，几乎所有业务均以一定的格式出现（如 PCM 以 8 比特一组出现）。因而在信道上各种业务传输之前要对业务的数据进行包装。

信道上对业务数据包装的过程称为帧组装。不同的系统、信道设备帧组装的格式、过程不一样。

1. 帧成形

TDM 制的数字通信系统，在国际上已逐步建立起标准并广泛使用。TDM 的主要特点是在同一个信道上利用不同的时隙来传递各路（语音、数据或图像）不同信号。各路信号之间的传输是相互独立的，互不干扰。32 路 TDM（一次群）系统帧组成结构示意图如图 7-19 所示。

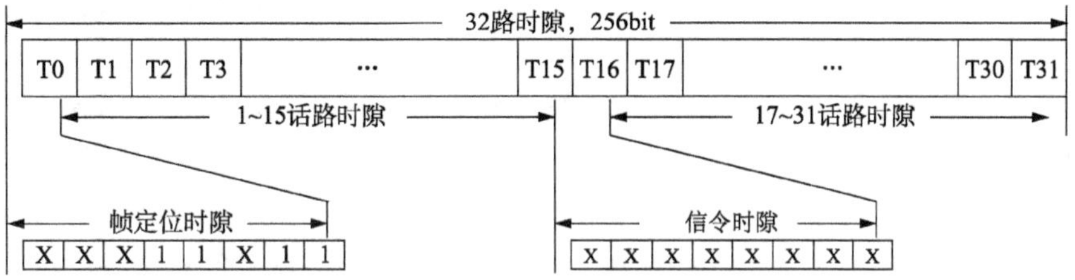

图 7-19　路 TDM 帧组成结构示意图

在一个帧中共划分为 32 段时隙（T0～T31），其中 30 个时隙用于 30 路话音业务。T0 为帧定位时隙（亦称报头），用于接收设备做帧同步用。在帧信号码流中除有帧定位信号外，随机变化的数字码流中也将会以一定概率出现与帧定位码型一致的假定位信号，它将影响接收端帧定位的捕捉过程。在搜索帧定位码时是连续的对接收码流搜索，因此帧定位码要具有良好的自相关特性。T1～T15 时隙用于话音业务，分别对应第 1 路到第 15 路话音 PCM 码字。T16 时隙用于信令信号传输，完成信令的接续。T17～T31 时隙用于话音业务，分别对应第 16 路到第 30 路话音 PCM 码字。

数字复接/解复接由复接和解复接两个独立的模块构成。通信原理综合实验平台实现在信道传输上采用了类似 TDM 的传输方式：定长组帧、帧定位码与信息格式。具体原理详见 2.4 节描述。

2. 帧同步

在 TDM 复接系统中，要保证接收端分路系统和发送端一致，必须要有一个同步系统，以实现发送端和接收端同步。帧定位同步系统是复接/解复接设备中最重要的部分。在帧定位系统中要解决的设计问题有：①同步搜索方法；②帧定位码型设计；③帧长度的确定；④帧定位码的码长选择；⑤帧定位保护方法；⑥帧定位保护参数的选择，等等。这些设计完成后就确定了复接系统的下列技术性能：①平均同步搜捕时间；②平均发现帧时间；③平均确认同步时间；④平均发生失帧的时间间隔；⑤平均同步持续时间；⑥失帧引入的平均误码率，等等。

通常帧定位同步方法有两种：逐码移位同步搜索法和置位同步搜索法。本实验平台的解复接同步搜索方法采用的是逐码移位同步法。逐码移位同步搜索法的基本工作原理是调整收端本地帧定位码的相位，使之与收到的总码流中的帧定位码对准。同步后用收端各分路定时脉冲就可以对接收到的码流进行正确的分路。如果本地帧同步码的相位没有对准接收信号码流的帧定位码位，则检测电路将输出一个一定宽度的扣脉冲，将接收时钟扣除一个，这等效于将数据码流后移一位码元时间，使帧定位检测电路检测下一位信码。如果下一位检测结果仍不一致，则再扣除一位时钟，这过程称“同步搜索”。搜索直至检测到帧定位码为止。因接收码流除有帧定位码型外，随机的数字码流也可能存在与帧定位码完全相同的码型。因此，只有在同一位置，多次连续出现帧定位码型，方可算达到并进入同步。这一部分功能由帧定位检测电路内的校核电路完成。

无论多么可靠的同步电路，由于各种因素（如强干扰、短促线路故障等）的影响，总会破坏同步工作状态，使帧失步。从帧失步到重新获得同步的这段时间（亦称同步时间）将使通信中断。误码也将会造成帧失步。因此，从同步到下一次失步的时间因尽量长一些，否则将不断的中断通信。这一时间的长短表示 TDM 同步系统的抗干扰能力。抗误码造成的帧失步主要由帧定位检测电路内的保护记数电路完成，只有当在一定的时间内在帧定位码位置多次检测不到帧定位码，才可判定为帧失步，需重新进入同步搜索状态。逐码移位同步搜索法系统组成框图如图 7-20 所示。

语音信号的中断时间短于 100ms，将不易被人耳分辨出来。但对某些数据终端传输却是不允许的。为能深入了解在有误码的环境下帧失步、同步和抗误码性能，在复接模块内专门设计了一个错码产生器（3 种类型误码），通过错码设置跳线开关 SWB02（E_SEL0，E_SEL1）选择不同的信道误码率（分别约为 4×10^{-3}、1.6×10^{-2} 和 1×10^{-1}）。能够观测到复接/解复接具有抗误码性能，即在小误码时帧同步锁定状态，加大误码帧失步，进入帧同步搜索（扫描）状态；另可测试不同误码和帧失步对话音业务的影响和观测对数据业务的影响。

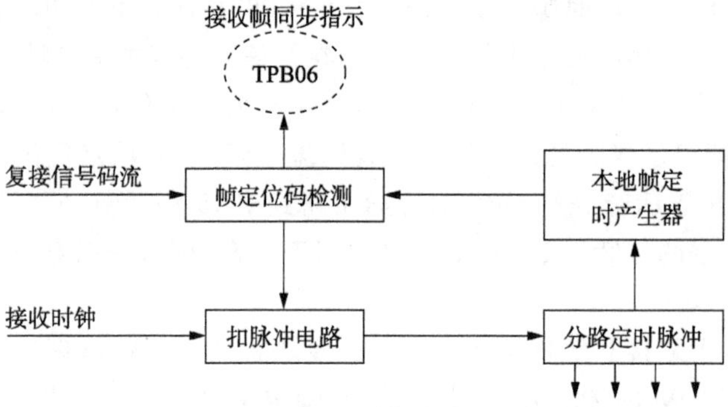

图 7-20　逐码移位同步法电路组成框图

7.4.2　实验方法

一、实验目的

1. 了解帧的结构、帧组成过程；
2. 熟悉帧信号的观测方法；
3. 验证帧同步的机理；
4. 熟悉接收端帧的同步过程和扫描状态；
5. 熟悉帧失步对数据业务的影响。

二、实验工具与平台

1. 通信原理综合实验平台;
2. 数字示波器。

三、实验步骤

准备工作:首先将解复接模块内的输入信号和时钟选择跳线开关 KB01、KB02 于跳线开关最下端,使复接模块和解复接模块连接成自环测试方式;参考表 2-9 说明,设置复接模块内的 m 序列选择跳线开关,使 m 序列发生器产生 m 序列 1,同时在传输帧中插入误码。下面实验内容及步骤中的测试点需参考表 2-8 的说明。

1. 发送传输帧结构观察

用示波器同时观测帧复接模块同步指示测试点与解复接模块复接帧信号的波形,观测时用前者同步。掌握帧结构的观测方法。找到并读出帧定位信号码格式,记录测试结果并画出波形。

(1)帧内话音数据观察。

用 10 针排线连接 PCM/PAM 模块排针插槽 JK501 和复接解复接模块的 JKB01,以获取时钟信号,并将 KB03 设在左端,让 ADPCM 电路输出 PCM 编码信号;用示波器同时观测帧复接模块同步指示测试点与解复接模块复接帧信号的波形,观测时用前者同步,找出帧内话音数据并画出波形。

注:由于 ADPCM 电路的 MC145540 芯片输出的是 PCM 信号的扰码,因此虽然此时 ADPCM 电路没有模拟输入,仍有 PCM 编码信号输出。

(2)帧内开关信号观测。

用示波器同时观测帧复接模块同步指示测试点与解复接模块复接帧信号的波形,观测时用前者同步,找到并读出帧内开关信号码格式。调整跳线开关 SWB01 上的短路器,改变开关信号格式,观测帧内开关信号码格式是否随之完全一致变化,记录测试结果并画出波形。

思考题:当调整跳线开关 SWB01 中 LED7～LED0 为 11100100 码型时(与帧定位信号一致),系统会出现什么情况?

(3)帧内 m 序列数据观测。

用示波器同时观测帧复接模块同步指示测试点与解复接模块复接帧信号的波形,观测时用前者同步。调整 m 序列选择跳线开关,产生不同的 m 序列输出,观测帧内 m 序列数据是否随之变化,记录测试结果并画出波形。

2. 解复接帧同步信号指示观测

用示波器接复接、解复接模块的同步指示测试点,观测两信号之间是否同步,记录测试结果并画出波形。

3. 解复接开关信号输出指示观测

在解复接器同步时,观察解复接模块的开关信号指示发光二极管指示灯(DB01～DB08)。随意改变复接模块内跳线开关 SWB01 中短路器(LED0～LED7)的状态,观测接收端发光二极管指示灯(DB01～DB08)是否随之对应一致变化,记录测试结果。

4. 解复接 m 序列数据输出测量

用示波器测量同时观测发端 m 序列信号测试点与解复接输出 m 序列信号波形，观测时用前者同步。观测解复接输出 m 序列信号是否正确。调整 m 序列选择跳线开关，产生不同的 m 序列输出，观测帧内 m 序列数据是否随之一致变化，记录测试结果并画出波形。

5. 帧同步过程观察

用示波器同时观测复接模块帧同步指示测试点与解复接模块帧同步指示测试点波形。将解复接模块内的输入数据选择跳线开关 KB01 的短路器拔除，使传输信道中断，观测解复接模块帧同步失步情况。反复插入和拔除 KB01 的短路器，观测同步和失步状态，记录测试结果并画出波形。

6. 误码环境下的帧同步性能测试

用示波器同时观测复接模块帧同步指示测试点与解复接模块帧同步指示测试点波形。设置复接模块内的错码选择跳线开关 SWB02，使传输信道中加入错码，误码率依次选择 1×10^{-1}、1.6×10^{-2}、4×10^{-3}。观测接收帧同步信号是否与发端同步，记录测试结果并画出波形。

7. 帧失步下对接收帧内数据信号传输的定性观测

(1)将复接模块内的错码选择跳线开关设置在无误码位置，此时复接/解复接系统处于正常通信状态，解复接模块内的开关信号指示发光二极管指示灯(DB01～DB08)与发端复接模块内跳线开关 SWB01 的 LED0～LED7 状态一致。随意改变 WB01 的 LED0～LED7 短路器，观察 DB01～DB08 指示灯是否随之变化。

(2)设置复接模块内的错码选择跳线开关，改变传输信道误码率，定性观测解复接模块内的开关信号指示发光二极管指示灯(DB01～DB08)的变化态，记录测试结果。

思考题：从发光二极管指示灯(DB01～DB08)能定性的观测到误码和失步状态吗？

四、思考题

1. 将复接模块内开关信号跳线开关 SWB01 中的 LED7～LED0 设置为 11100100 码型，使其与帧定位信号一致，对解复接模块会造成什么影响？

2. 常用的帧定位同步方法有哪些，简述其工作原理。

3. 何为接收帧同步的搜索(扫描)过程？

第 8 章　信道建模与仿真

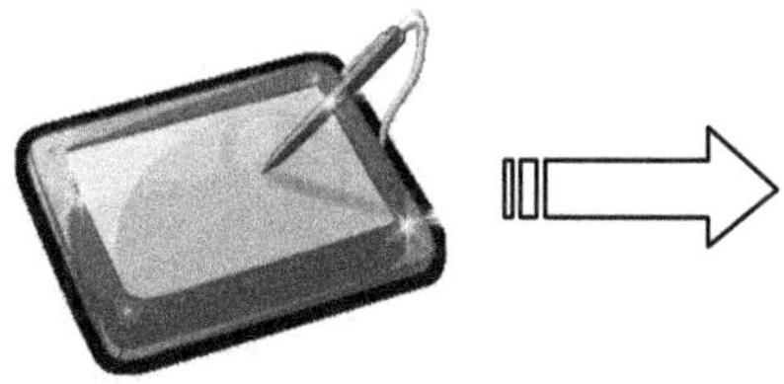

本章主要实验内容：

√　加性高斯白噪声信道建模与仿真

√　瑞利衰落信道建模与仿真

√　莱斯衰落信道建模与仿真

一般意义上来讲，信道表示从信源到信宿之间的所有设备。信道模型是用数学语言或算法规则描述信道模块的转化关系。通常这种描述并不是基于内在的物理联系，而是根据对外在（经验）观察的拟合。在具体实践中，信道模型涉及两种截然不同的实体。一方面是单纯的物理媒质，这种媒质可以是自由空间（只是一种理想状况）、大气、电缆、波导或光纤等。通常，这种定义下的信道无疑包括了一定的其他物理条件或几何限定条件，而这些限定条件对于发射端和接收端之间的有效传导功能具有重大意义。其中的一些限定条件包括了载波频率、带宽和物理环境等。由于"大气"或"无线"信道依赖于各种控制因素的不同组合，因此可能有多种不同的描述方法。另一方面，无线中继或移动系统工作于产生多个路径的环境，这种环境恰好可作为一个"多径"信道来描述。本章将对常用的一些信道进行建模和仿真，包括高斯白噪声信道、瑞利衰落信道、莱斯衰落信道。

8.1　加性高斯白噪声信道建模与仿真

8.1.1　基本原理

加性高斯白噪声信道（AWGN）是最重要的一种信道模型，它在通信系统中起着非常重要的作用。在实际系统中所遇到的噪声往往是由正态（或高斯）概率分布来表征的，其最根本的原因是在电子器件中的热噪声（由热骚动引起电子的随机运动而产生）能够用一个高斯过程准确地建模。对于热噪声具有高斯行为的解释是，电路中由电子运动引起的电流可以看成是大量的小电流（即单个电子）的相加。可以假设，至少这些源中的大多数在特性行为上是独立的。因此，总电流就是这些大量的独立和同分布的随机变量之和。根据中心极限定理，总电流就有一个高斯分布。

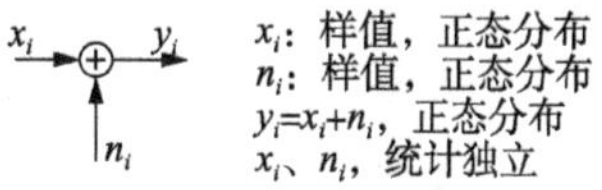

图 8-1　加性高斯白噪声信道模型

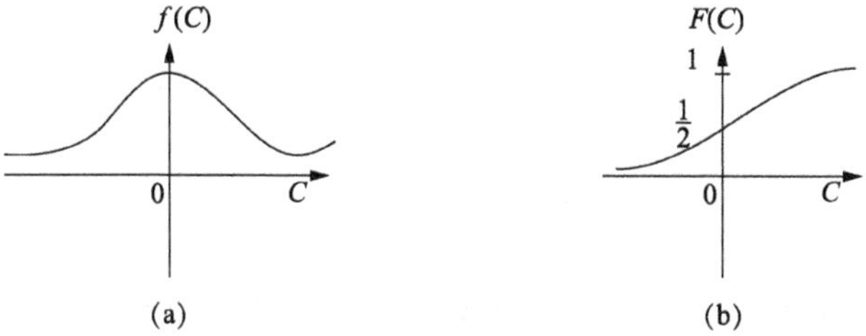

图 8-2　高斯概率密度函数和对应的概率分布函数

加性高斯白噪声信道模型如图 8-1 所示，x_i 为输入信号，n_i 为加性高斯白噪声，y_i 是输出信号。高斯分布如图 8-2 所示。这个概率密度函数由式(8-1)给出：

$$f(C)=\frac{1}{\sqrt{2}\pi\sigma}\mathrm{e}^{-C^2/(2\sigma^2)},\quad -\infty<C<\infty \tag{8-1}$$

其中，σ^2 是 C 的方差，它是概率密度函数 $f(C)$ 的分散程度的一种度量。概率分布函数 $F(C)$ 是在区间 $(-\infty, C)$ 内 $f(C)$ 下所包围的面积，即

$$F(C)=\int_{-\infty}^{C} f(x)\mathrm{d}x \tag{8-2}$$

由于式(8-2)的积分无法用简单的函数来表示，使得完成逆映射很困难。已经找到了克服这个难题的一种办法。由概率论知道，具有概率分布函数为

$$F(R)=\begin{cases}0, & R<0\\ 1-\mathrm{e}^{-R^2/(2\sigma^2)}, & R\geqslant 0\end{cases} \tag{8-3}$$

的瑞利分布随机变量 R 与一对高斯随机变量 C 和 D 是通过如下变换：

$$C=R\cos\Theta \tag{8-4}$$

$$D=R\sin\Theta \tag{8-5}$$

关联的。这里 Θ 是在 $(0, 2\pi)$ 内的均匀分布变量，参数 σ^2 是 C 和 D 的方差。由式(8-3)容易求得逆函数，所以

$$F(R)=1-\mathrm{e}^{-R^2/(2\sigma^2)}=A \tag{8-6}$$

并且，

$$R=\sqrt{2\sigma^2\ln\left(\frac{1}{1-A}\right)} \tag{8-7}$$

其中，A 是在 $(0, 1)$ 内均匀分布的随机变量。现在，如果产生第二个均匀分布的随机变量 B，而定义

$$\Theta=2\pi B \tag{8-8}$$

那么，从式(8-4)和式(8-5)可求得两个统计独立的高斯分布随机变量 C 和 D。

上面所述的方法在实际中常被作为产生高斯分布的随机变量。正如在图 8-2 中所看到的，这些随机变量有一个零均值和方差 σ^2。如果想要一个非零均值的高斯随机变量，那么用加一个均值的办法将变量 C 和 D 进行转换即可。

8.1.2　设计方法

一、设计目的

1. 掌握 AWGN 建模方法；
2. 熟悉高斯白噪声序列产生的基本方法。

二、设计工具与平台

1. C 语言开发平台或 MATLAB 软件仿真平台；
2. 通信原理实验创新平台。

三、设计内容和要求

1. 对 AWGN 进行信道建模；
2. 分析建模方法的正确性；
3. 搭建通信测试系统，基本模块为信源、信道、信宿；对 AWGN 进行硬判决性能测试；
4. 改变噪声参数，重新进行步骤 3；

5. 设计要求:实验测试的结果接近理论结果。

部分设计可参考例程 12～13。

四、思考题

1. 描述仿真过程中,AWGN 中的信噪比参数 SNR、E_s/N_0、E_b/N_0 之间的关系。
2. 产生高斯随机变量还有哪些方法?

8.2　瑞利衰落信道建模与仿真

8.2.1　基本原理

在无线环境中,接收机接收到的信号往往是发送信号的反射波。因此,当反射波很多时,根据中心极限定理,信道冲激响应可看作两个正交的 0 均值,σ^2 方差的高斯分量的组合。因此,信号的包络服从瑞利分布,相位服从$\{-\pi,+\pi\}$的均匀分布。

由上可知,瑞利衰落信道模型如图 8-3 所示。

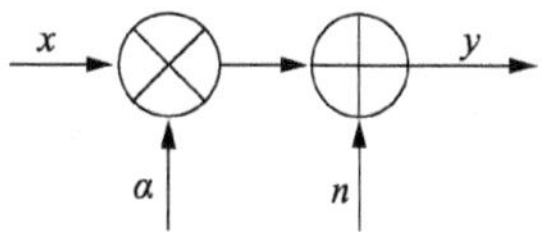

图 8-3　瑞利衰落信道模型

对于传输信号来说不仅引入了加性干扰,即高斯噪声,同时也引入乘性干扰。如果仅仅考虑信号包络,则接收信号可表示为

$$y=\alpha x+n \tag{8-9}$$

其中,n 为加性高斯噪声,α 为衰落因子,也称为信道增益,其概率分布为瑞利分布,即

$$p(\alpha)=\begin{cases}\dfrac{\alpha}{\sigma^2}\mathrm{e}^{-\alpha^2/2\sigma^2}, & \alpha\geqslant 0\\ 0, & \alpha<0\end{cases} \tag{8-10}$$

其中,σ^2 为高斯分布的方差,由式(8-10)可得瑞利分布的均值 m_α 和方差 σ_α^2 分别为

$$m_\alpha=\sqrt{\pi/2}\sigma=1.2533\sigma$$

$$\sigma_\alpha{}^2=\left(2-\frac{\pi}{2}\right)\sigma^2=0.429\sigma^2$$

将乘性因子 α 归一化,即 $E\{\alpha^2\}=1$,则瑞利分布可表示为

$$p(\alpha)=\begin{cases}2\alpha\mathrm{e}^{-\alpha^2}, & \alpha\geqslant 0\\ 0, & \alpha<0\end{cases} \tag{8-11}$$

均值和方差变为

$$m_\alpha=0.8862$$

$$\sigma_\alpha{}^2=0.2146$$

在无线信道中,多径和衰落是对性能影响最严重的两种现象。在任何无线通信信道中,发送和接收天线之间通常存在多于一条的信号传播途径。多径的出现可能是因为大气的反射或折射,或建筑物和其他物体的反射,多径和衰落可能出现在所有的无线通信系统中。若存在 N 条路径,信道的输出信号为

$$y(t)=\sum_{i=1}^{N}\alpha_i(t)x[t-\tau_i(t)]+n(t) \tag{8-12}$$

其中,$\alpha_i(t)$和 $\tau_i(t)$表示与第 i 条多径分量相关的衰落和传播延迟。注意到延迟和衰落都表示为

时间的函数,以表明对移动物体而言,衰落、延迟以及多径分量的个数通常都是时间的函数。

为说明仿真离散信道模型的基本方法,我们假设根据分量的个数 N、延迟和作为延迟函数的复衰落的概率分布来指定模型,得到信道的一个表示(瞬时信道)如下。

(1)产生一个随机数 N 作为延时的个数。

(2)根据延迟值的分布产生 N 个随机数。

(3)基于延迟值产生 N 个衰减值。

(4)产生符合高斯分布的随机数作为噪声分量。

这 $3N$ 个随机数以及高斯噪声随机数的集合代表了信道的一个瞬时值。

假设附加的多径分量来自于自然因素(如高山)和人为因素(如额外的建筑物)所引起的反射,每个多径分量或射线都可能在移动物体附近遭受到局部散射,致使到达接收机的信号是大量散射分量的总和。这些具有随机相位的分量叠加,根据中心极限定理,最终的复包络可以建模为复高斯过程。在 $\lambda/2$(在 1GHz 频段上大约为 15cm)量级上的短距离移动会导致一条路径中散射分量相位的明显改变,使得分量在一个地方建设性地叠加,而在距它很近的另一个地方却破坏性地叠加。这将导致接收信号幅度/功率快速的波动,这种现象称为小尺度衰落或快衰落。相对地,在长距离($\gg\lambda$)范围移动以及地形特征的改变对衰落和接收信号的功率有缓慢影响,这种现象称为大尺度或慢衰落。在某种程度上,快衰落和慢衰落的定义取决于观察者。慢衰落信道通常被定义为接收信号电平在多个符号或数据帧内保持恒定的信道,而快衰落信道通常意味着,接收信号的强度在符号时间这个量级的时段上会显著改变。因此,快衰落和慢衰落得到的定义主要依赖于基本的符号速率。

8.2.2 设计方法

一、设计目的

1. 掌握瑞利衰落信道的基本特点;
2. 熟悉瑞利衰落信道建模方法。

二、设计工具与平台

1. C 语言开发平台或 MATLAB 软件仿真平台;
2. 通信原理实验创新平台。

三、设计内容和要求

1. 对瑞利衰落信道进行建模;
2. 分析建模方法的正确性;
3. 搭建通信测试系统,基本模块:信源、信道、信宿;对该系统进行性能测试;
4. 设计要求:测试快衰落和慢衰落瑞利信道,并且比较其差异。

部分设计可参考例程 14。

四、思考题

1. 分析用于 GSM 的离散信道模型,对应于乡村、丘陵、城市等不同情形下的信道模型有何异同。

2. 对典型的瑞利衰落信道进行举例。

8.3　莱斯衰落信道建模与仿真

8.3.1　基本原理

由于大量散射分量的存在，导致接收机输入信号的复包络是一个复高斯过程。在该过程均值为 0 的情况下，幅度满足瑞利分布。如果存在视距(line of sight，LOS)分量，幅度则变为莱斯(Ricean)分布。

幅度恒定的直达信号和瑞利分布的散射信号的和构成了一个包络服从莱斯分布的信号。莱斯分布的概率密度函数(pdf)由式(8-13)给出。

$$p(a)=\begin{cases}\dfrac{a}{\sigma^2}e^{-(a^2+D^2)/2\sigma^2}I_0\left(\dfrac{aD}{\sigma^2}\right), & a\geqslant 0\\ 0,a<0\end{cases} \tag{8-13}$$

式中，D^2 是直达信号的功率；$I_0(.)$是修正的第一类零阶贝塞尔函数。定义如下：

$$I_0(z)=\frac{1}{2\pi}\int_0^{2\pi}\exp[z\cos(u)]du \tag{8-14}$$

比值 $K=D^2/\sigma^2$ 称为莱斯分布因子，是非衰落分量功率对衰落分量功率的比值。$K\gg 1$ 表示衰落不严重，而 $K\ll 1$ 时表示存在严重的衰落。

8.3.2　设计方法

一、设计目的

1. 掌握莱斯衰落信道的基本特点；
2. 熟悉莱斯衰落信道建模方法。

二、设计工具与平台

1. C 语言开发平台或 MATLAB 软件仿真平台；
2. 通信原理实验创新平台。

三、设计内容和要求

1. 对莱斯衰落信道进行建模；
2. 分析建模方法的正确性；
3. 搭建通信测试系统，基本模块为信源、信道和信宿，对该系统进行性能测试；
4. 设计要求测试快衰落与慢衰落莱斯信道，并且与瑞利信道比较。

部分设计可参考例程 15。

四、思考题

1. 分析室内无线信道模型，与室外无线信道模型有何差异。
2. 对典型的莱斯衰落信道进行举例。

第 9 章　信 道 均 衡

本章主要实验内容：
- √　基带传输系统中码间干扰抑制
- √　多径信道的自适应线性均衡
- √　多径信道的自适应判决反馈均衡

数字基带系统的传输特性是非理想的，这导致前后码元的波形畸变，出现很长的拖尾，从而对当前码元造成干扰。无线数字传输系统受信道多径的影响，也会导致相邻码元间的干扰。码间干扰严重时会使判决发生大量错误，因此两种通信系统都需要采取措施抑制码间干扰，改善系统的性能，信道均衡是广泛采用的方法。本章实验主要基于基带传输码间干扰抑制和多径信道均衡，探讨码间干扰产生的原因和抑制干扰的原理以及方法。

9.1　基带传输系统中码间干扰抑制实验

基带信号传输的接收波形已经是脉冲形式，但通常还需要解调器来恢复脉冲波形，这是因为到达接收端的基带波形不是理想脉冲，即每个码元不是只占据自己的码元间隔。由于发送端滤波器和信道传输特性不理想，接收脉冲序列存在着码间串扰，从而产生拖尾信号。这样的信号可以使基带信号抗噪声性能下降，还可能造成严重的传输错误，因而通常需要采用均衡技术来消除码间串扰的影响。

9.1.1　实验原理

一、零 ISI 信号设计（奈奎斯特第一准则）

数字通信系统中，信号的等效低通形式可以表示为

$$s(t)=\sum_{n=0}^{\infty} a_n g(t-nT) \tag{9-1}$$

式中，$g(t)$是基本脉冲波形，具有带限频率响应特性 $G(f)$，即当$|f|>W$ 时，$G(f)=0$。$\{a_n\}$是由信号星座集中符号组成的发送序列，T 是符号周期，$1/T$ 为符号速率。

信号 $s(t)$经过冲激响应为$c(t)$的基带信道，可得接收信号

$$r(t)=\sum_{n=0}^{\infty} a_n h(t-nT)+\omega(t) \tag{9-2}$$

这里 $h(t)=g(t)*c(t)e^{j\theta}$，$*$ 代表卷积，$\omega(t)$表示信道上的加性高斯白噪声。在数字基带传输系统中，接收信号首先通过一个接收滤波器。已经证明，最佳接收滤波器是与接收信号脉冲 $h(t)$相匹配的滤波器，即此滤波器的频率响应是 $H^*(f)$。接收端滤波器的输出可以表示为

$$y(t)=\sum_{n=0}^{\infty} a_n x(t-nT)+v(t) \tag{9-3}$$

这里，$x(t)$是接收滤波器与$h(t)$的卷积，其频响为$X(f)=H(f)H^*(f)=|H(f)|^2$；$v(t)$为接收滤波器与噪声$\omega(t)$的卷积。在$t=kT,k=0,1,2,\cdots$时刻对$y(t)$抽样，有

$$y(kT)=\sum_{n=0}^{\infty}a_n x(kT-nT)+v(kT),\quad k=0,1,2,\cdots \tag{9-4}$$

或者等价为

$$y_k=\sum_{n=0}^{\infty}a_n x_{k-n}+v_k,\quad k=0,1,2,\cdots \tag{9-5}$$

样本值$\{y_k\}$可以表示为

$$y_k=x_0\left(a_k+\frac{1}{x_0}\sum_{\substack{n=0\\ n\neq k}}^{\infty}a_n x_{k-n}\right)+v_k,\quad k=0,1,2,\cdots \tag{9-6}$$

不失一般性，令x_0等于1，则有

$$y_k=a_k+\sum_{n=0,n\neq k}^{\infty}a_n x_{k-n}+v_k,\quad k=0,1,2,\cdots \tag{9-7}$$

式中，a_k为第k抽样时刻的期望信息符号，$\sum\limits_{n=0,n\neq k}^{\infty}a_n x_{k-n}$为码间干扰ISI，$v_k$是第$k$抽样时刻的加性噪声。

奈奎斯特研究指出，要使码元速率为R_s符号/s的信号不存在码间串扰，理论上所需的最小系统带宽为$R_s/2$，且信号具有零ISI的充分必要条件是

$$x(nT)=\begin{cases}1, & n=0\\ 0, & n\neq 0\end{cases} \tag{9-8}$$

其傅里叶变换$X(f)$满足$\sum\limits_{m=-\infty}^{\infty}X\left(f+\dfrac{m}{T}\right)=T$。当系统带宽大于最小带宽$R_s/2$时，满足式(9-8)的信号形式很多，例如理想低通信号。实际中通常采用具有升余弦频谱特性的信号，即

$$X_{\mathrm{rc}}(f)=\begin{cases}T, & 0\leqslant|f|\leqslant\dfrac{1-\alpha}{2T}\\ \dfrac{T}{2}\left[1+\cos\dfrac{\pi T}{\alpha}\left(|f|-\dfrac{1-\alpha}{2T}\right)\right], & \dfrac{1-\alpha}{2T}<|f|\leqslant\dfrac{1+\alpha}{2T}\\ 0, & |f|>\dfrac{1+\alpha}{2T}\end{cases} \tag{9-9}$$

式中，α为滚降系数，取值为$0\leqslant\alpha\leqslant1$。其信号脉冲$x_{\mathrm{rc}}(t)$可以表示为

$$x_{\mathrm{rc}}(t)=\frac{\sin(\pi t/T)}{\pi t/T}\frac{\cos(\pi\alpha t/T)}{\pi\alpha t/T} \tag{9-10}$$

图9-1给出α三种不同取值时的时域脉冲，从图中可以看出时域脉冲满足$x_{\mathrm{rc}}(t)=1,t=0$和$x_{\mathrm{rc}}(t)=0,t=kT,k=\pm1,\pm2,\cdots$。显然，在抽样时刻$t=kT,k\neq0$，若没有信道失真，则相邻符号引起的ISI为0。然而，当信道有失真时，ISI就不为零，需要采用均衡器来抑制ISI。

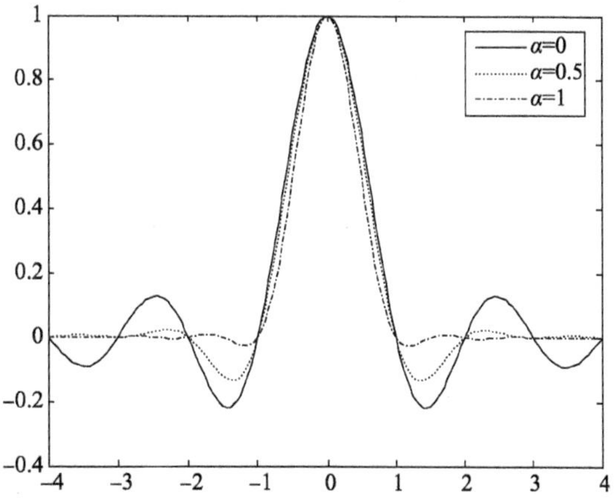

图9-1　α取0、0.5、1时的升余弦频率响应脉冲波形

二、受控 ISI 信号设计

理想低通信号为零 ISI 信号，是具有 $\sin x/x$ 形式的冲激响应，该波形频带利用率最高，且满足抽样值无失真条件。但是，这种波形有两个严重的缺点：一是频谱函数为矩形，过渡带为 0；二是波形振荡衰减较慢。为了克服这两个缺点，人们提出采用部分响应信号，在保持频谱宽度不变的情况下，改变理想低通信号的陡然截止特性，并加速波形振荡的衰减。部分响应信号是在相邻码元抽样时刻引入固定幅度的串扰，因而是受控 ISI 信号。常用的受控 ISI 信号有两种：一种是双二进制信号脉冲，其时域和频域表达式为

$$x(nT)=\begin{cases}1, & n=0,1\\ 0, & \text{其他}\end{cases} \tag{9-11}$$

$$X(f)=\begin{cases}\dfrac{1}{2W}(1+e^{-j\pi f/W}) & =\begin{cases}\dfrac{1}{W}e^{-j\pi f/2W}\cos\dfrac{\pi f}{2W}, & |f|<W\\ 0, & \text{其他}\end{cases}\\ 0 & \end{cases} \tag{9-12}$$

$$x(t)\ =\mathrm{sinc}(2\pi Wt)+\mathrm{sinc}\left[2\pi\left(Wt-\frac{1}{2}\right)\right] \tag{9-13}$$

另一种为变形(修正)二进制信号脉冲，其时域和频域表达式为

$$x(nT)=\begin{cases}1, & n=0,1\\ -1, & n=1\\ 0, & \text{其他}\end{cases} \tag{9-14}$$

$$X(f)\ =\begin{cases}\dfrac{1}{2W}(e^{j\pi f/W}-e^{-j\pi f/W})=\dfrac{j}{W}\sin\dfrac{\pi f}{W}, & |f|\leqslant W\\ 0, & \text{其他}\end{cases} \tag{9-15}$$

$$x(t)\ =\mathrm{sinc}\left[\frac{\pi(t+T)}{T}\right]-\mathrm{sinc}\left[\frac{\pi(t-T)}{T}\right] \tag{9-16}$$

接收端在检测受控 ISI 信号时，可以采用逐信号检测的方法，也可以采用最大似然准则来检测符号序列，具体原理可见通信原理相关内容。

三、线性均衡方法

尽管理论上存在理想的基带传输特性，但在实际实现时，由于总是存在设计误差和信道特性的变化，因此总是存在一定的码间干扰，导致系统性能的下降。信道有失真时，可以采用均衡的方法有效地降低码间干扰的影响。在实际应用中，均衡器通常是系数可调的线性横向 FIR 滤波器，如图 9-2 所示。

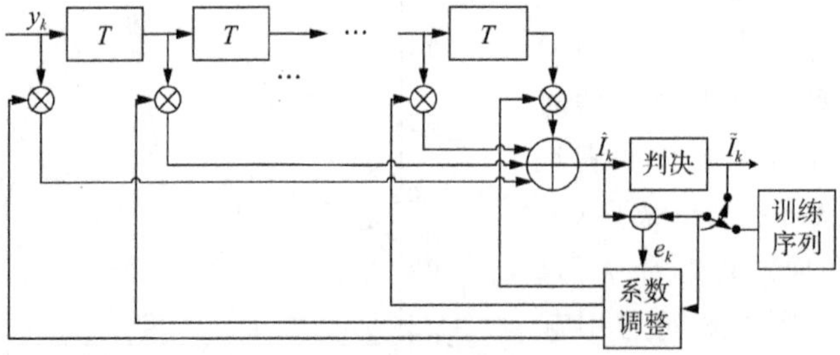

图 9-2　自适应线性均衡器结构框图

在实际通信系统中，信道响应一般是未知的，而且可能是时变的，因此需要测量出信道响应并调节均衡器系数，一旦调节好，在数据传输过程中，这些系数将保持不变，这种均衡器称为预置式均衡器。另外，如果不断更新滤波器系数，跟踪信道时变，就是自适应均衡器的思想。本实验采用预置式均衡。下面给出两种线性均衡方法：迫零均衡与最小均方误差(MSE)均衡。

1. 迫零均衡

实际上，由信道失真引起的ISI通常都局限在所期望符号两边的有限个符号上。此时，信道均衡器可按FIR滤波器或者横向滤波器实现。均衡器的频率响应为

$$G_E(f)=\sum_{n=-K}^{K}c_n e^{-j2\pi fn\tau}$$

式中，$\{c_n\}$是$2K+1$个均衡器系数，选择合适的K，使均衡器跨过ISI的长度，即$2K+1\geqslant L$，L是ISI影响的信号样本个数。已均衡的输出信号为

$$q(t)=\sum_{n=-K}^{K}c_n x(t-n\tau) \tag{9-17}$$

对时刻$t=mT$的样本$q(mT)$应用零ISI条件可得

$$q(mT)=\sum_{n=-K}^{K}c_n x(mT-n\tau)=\begin{cases}1, & m=0\\ 0, & m=\pm1,\pm2,\cdots,\pm k\end{cases} \tag{9-18}$$

FIR迫零均衡器并未完全消除码间串扰，随着K趋向于无穷大，可以使ISI值趋于零。利用式(9-18)的方程组，就可以解出均衡器系数$\{c_n\}$。

2. MSE均衡

迫零均衡器的缺点之一是可能会显著增强噪声的影响。基于MSE准则的均衡器能克服这一缺点。令FIR均衡器的输出为

$$z(t)=\sum_{n=-K}^{K}c_n y(t-n\tau) \tag{9-19}$$

式中，$y(t)$是均衡器的输入，是经信道输出的信号和噪声的叠加

$$y(t)=\sum_{n=0}^{\infty}a_n x(t-nt)+v(t) \tag{9-20}$$

均衡器输出在$t=mT$时刻抽样，可以得到

$$z(mT)=\sum_{n=-K}^{K}c_n y(mT-n\tau) \tag{9-21}$$

在$t=mT$时刻均衡器输出的期望值就是发送信号a_m，a_m和$z(mT)$之间的差值定义为误差，则均方误差定义为

$$\begin{aligned}\text{MSE}&=E|z(mT)-a_m|^2=E\left[\left|\sum_{n=-K}^{K}c_n y(mT-n\tau)-a_m\right|^2\right]\\&=\sum_{n=-K}^{K}\sum_{k=-K}^{K}c_n c_k R_y(n-k)-2\sum_{k=-K}^{K}c_k R_{ay}(k)+E(|a_m|^2)\end{aligned} \tag{9-22}$$

式中

$$R_y(n-k)=E[y^*(mT-n\tau)y(mT-k\tau)],\quad R_{ay}(k)=E[y(mT-k\tau)a_m^*]$$

将$\sum_{n=-K}^{K}\sum_{k=-K}^{K}c_n c_k R_y(n-k)-2\sum_{k=-K}^{K}c_k R_{ay}(k)+E(|a_m|^2)$对$\{c_n\}$微分，并令微分值等于0，可得最小MSE解，即

$$\sum_{n=-K}^{K} c_n R_y(n-k) = R_{ay}(k), \quad k = 0, \pm 1, \pm 2, \cdots, \pm K \tag{9-23}$$

这是均衡器系数的 $2K+1$ 个线性方程组，与迫零均衡的解不同，这些方程都与噪声和ISI的统计特性相关。实际中，自相关阵 $R_y(n)$ 和互相关阵 $R_{ay}(n)$ 事先都是未知的，可以通过在信道上发送训练信号并采用时间平均估值的方法获得，即以时间平均来代替集合平均。如式(9-24)所示

$$\begin{aligned} R_y(n) &= \frac{1}{K}\sum_{k=1}^{K} y^*(kT - n\tau) y(kT) \\ R_{ay}(n) &= \frac{1}{K}\sum_{k=1}^{K} y(kT - n\tau) a_k^* \end{aligned} \tag{9-24}$$

9.1.2 实验方法

一、实验目的

1. 了解基带通信系统码间干扰形成的原因和信号设计方法；
2. 掌握抑制码间干扰的基本原理和关键技术。

二、实验工具与平台

1. 信息与通信系统教学实验平台(包括硬件母版、子板及其配套的串口连线和直流电源适配器)；

2. PC配置要求为CPU：Pentium II 300MHz以上；内存：128MB以上；硬盘：50MB以上程序存储空间；显示设备：至少支持1024×768分辨率的显示器；可用串口：9针；

3. 本实验所附光盘中的软件。

三、实验内容和要求

1. 零ISI信号设计。通过设置不同的升余弦滚降系数的值来获得不同的升余弦时域特性，通过设置不同的码元周期来观察接收码元的情况，分析码元周期满足什么条件可以使得码间干扰为0。

2. 受控ISI信号设计。观察双二进制脉冲的波形以及双二进制信号传输时符号间的干扰情况；自行填写二进制序列，从而观察预编码与解码的情况。

3. 迫零均衡实验。根据实验给出的失真信号的一组抽样值，用迫零均衡算法算出均衡器的最佳抽头系数(3抽头和5抽头)，填入实验界面相应的空格中，观察均衡器的均衡效果。

4. MSE均衡实验。根据实验给出的失真信号的一组抽样值，用MSE均衡算法算出均衡器的最佳抽头系数(3抽头和5抽头)，填入相应的空格中，观察均衡器的均衡效果，并与迫零均衡效果进行比较分析。

四、实验步骤

1. 实验的初始化

(1)将实验板通过串口电缆连接到PC的串口，然后打开实验板的电源。

(2)运行程序，单击菜单中的“设置”，然后单击“串口初始化”；或者单击工具条上的“串口初始化”按钮，出现“串口初始化”窗口。选择使用的串口，单击“设置完毕”，即可完成串口的

设置。也可以更改设置，单击“重新选择”；或者关闭串口，单击“关闭串口”。设置完毕后单击“退出”。

2. 零 ISI 信号设计

(1)单击菜单栏上的“操作”，然后单击“零 ISI 信号设计”；或者工具栏上的“NISI”按钮，即可弹出“零 ISI 信号设计”实验界面，如图 9-3 所示。

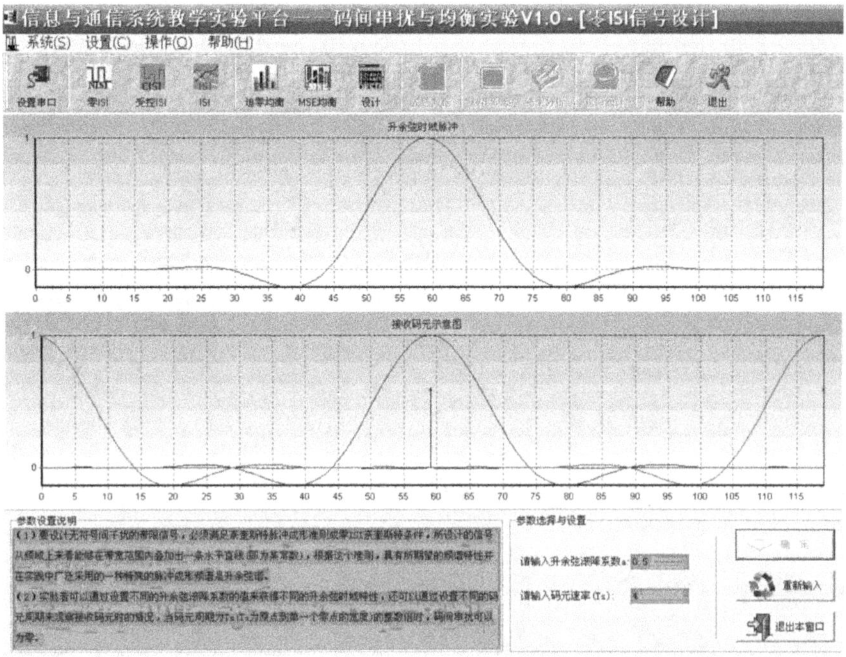

图 9-3　零 ISI 信号设计实验界面

(2)实验者可以根据实验界面内的“参数设置说明”填写升余弦滚降系数 α 和码元速率，图 9-3 中 T_s 为升余弦波形原点到第一个零点的宽度，然后可以观察升余弦波形和接收码元示意图，可以看到采用升余弦波形传输信号时，当码元周期为 T_s 的整数倍时，码间串扰为零。从图形上可以看出，在抽头时刻(灰色的向上箭头)，其他时刻的码元不会对该时刻的码元造成干扰。

3. 受控 ISI 信号设计

(1)单击菜单栏上的“操作”，然后单击“受控 ISI 信号设计”；或者单击工具栏上的“CISI”按钮，即可弹出“受控 ISI 信号设计”实验界面，如图 9-4 所示。

(2)实验者可以观察双二进制脉冲的波形以及双二进制信号传输时符号间的干扰情况，并可以根据实验窗口内的“参数设置说明”填写二进制序列，从而观察预编码与解码的情况，了解受控 ISI 信号的预编码与解码方法。

4. ISI 信道参数设计

(1)单击菜单栏上的“操作”，然后单击“ISI 信道参数设计”；或者单击工具栏上的“ISI” 按钮，即可弹出“ISI 信道参数设计”实验界面，如图 9-5 所示。

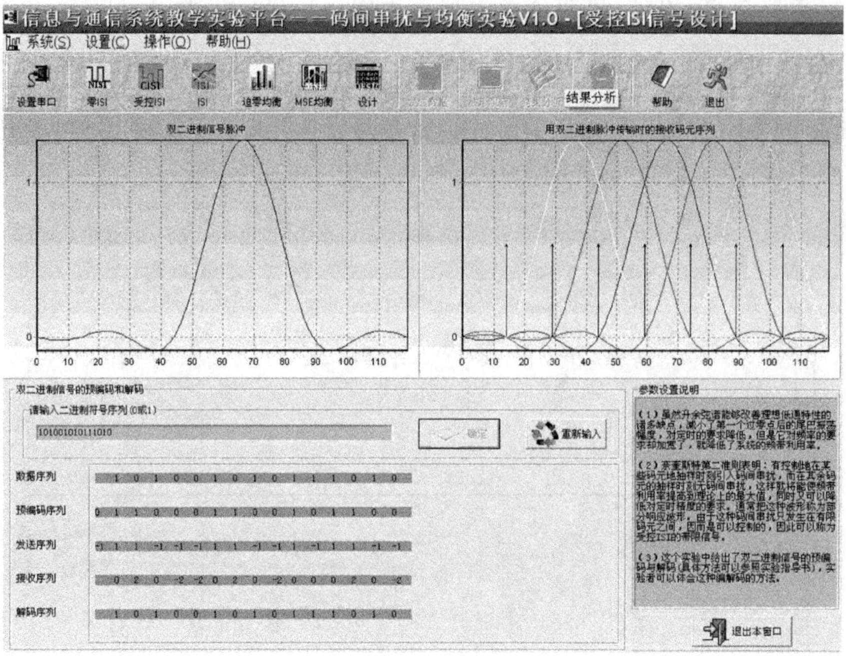

图 9-4　受控 ISI 信号设计实验界面

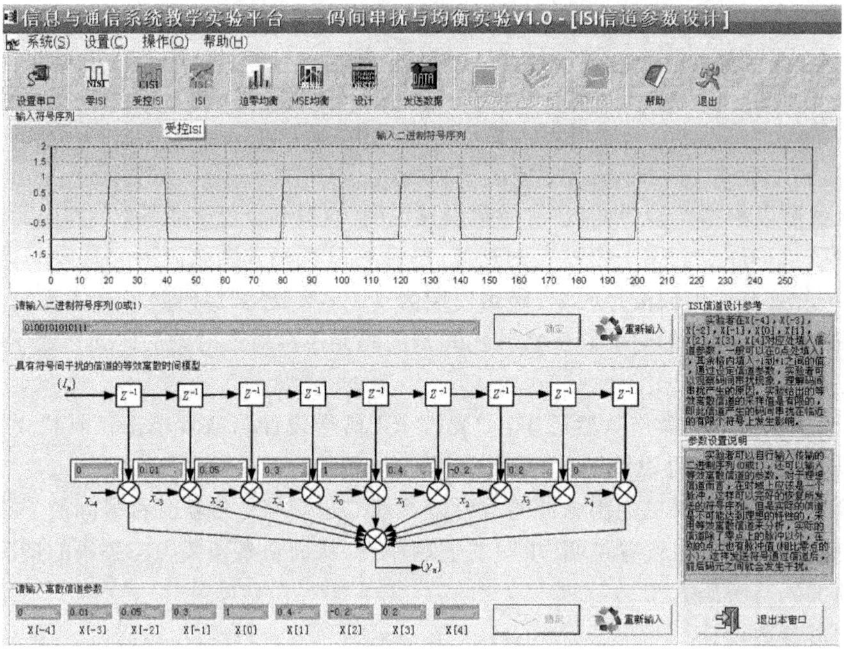

图 9-5　ISI 信道参数设计实验界面

(2)实验者输入由 0 和 1 组成的二进制符号序列，输入完毕后，在界面上将显示这个序列；然后根据实验窗口内的“参数设置说明”来填写等效离散时间信道的模型参数，输入完毕后，单击“确定”按钮。

(3)此时菜单栏上的“设置”、“发送数据”和工具栏上的“DATA”按钮变亮，说明此时已可以向实验板传送实验数据。可以将刚才设置好的二进制序列和等效离散信道参数传送给实验板进行计算，并通过示波器观察实验结果。

5. 迫零均衡

(1)单击菜单栏上的“操作”，然后单击“ISI 信道的迫零均衡”；或者工具栏上的“ZF”按钮，即可弹出“ISI 信道的迫零均衡”实验界面，如图 9-6 所示。

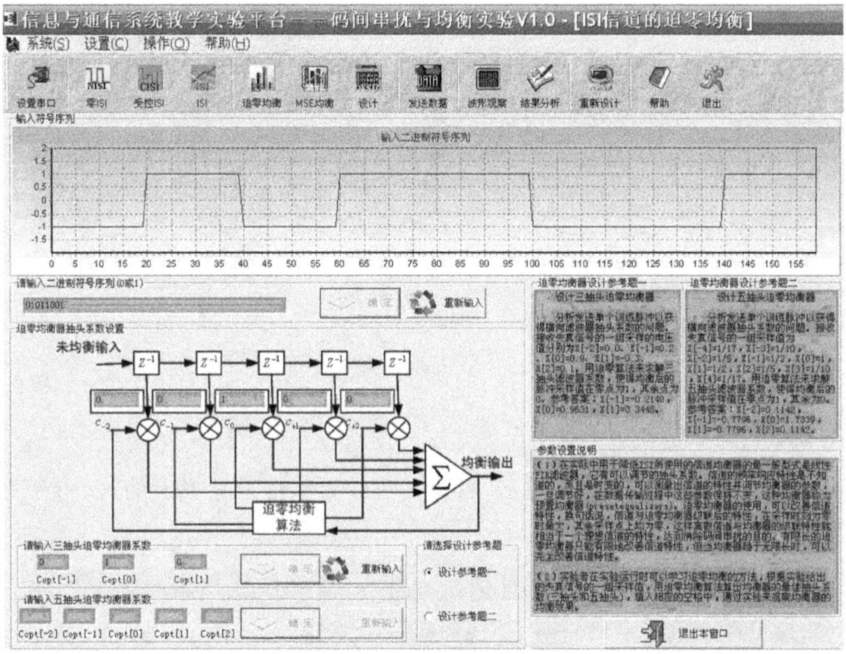

图 9-6　迫零均衡实验界面

(2)实验者输入要传输的二进制符号序列，输入完毕后，在界面上将显示这个序列；然后根据实验界面内的“参数设置说明”选择“实验设计参考题一”或“实验设计参考题二”，输入均衡器系数，输入完毕后，按“确定”按钮。

(3)此时菜单栏上的“设置”、“发送数据”和工具栏上的“DATA”按钮也是亮的，说明此时已可以向实验板传送实验数据了。实验程序将刚才设置好的二进制序列和设计参考题给定的等效离散信道参数和输入的均衡器系数传送给实验板进行运算，并通过示波器观察实验结果。这时，刚才输入的二进制序列和信道参数会被更新。

6. MSE 均衡

单击菜单栏上的“操作”，然后单击“ISI 信道的 MSE 均衡”；或者单击工具栏上的“MSE”按钮，即可弹出“ISI 信道的 MSE 均衡”实验界面，如图 9-7 所示。

按照步骤 5 的第(2)、(3)点进行下面的实验步骤。

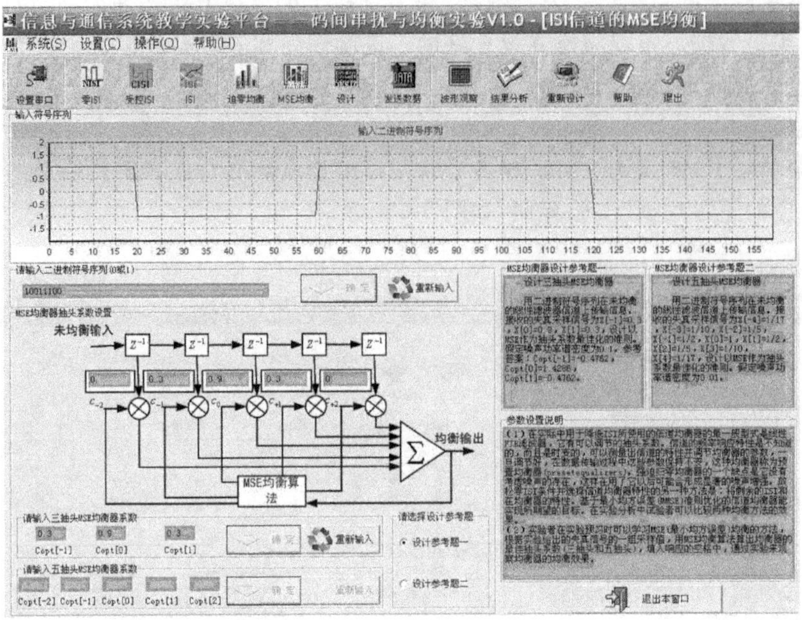

图 9-7　MSE 均衡实验界面

7. 自定义参数

(1)单击菜单栏上的“操作”,然后单击“自定义”;或者单击工具栏上的“design”按钮,即可弹出“自定义”实验界面,如图 9-8 所示。

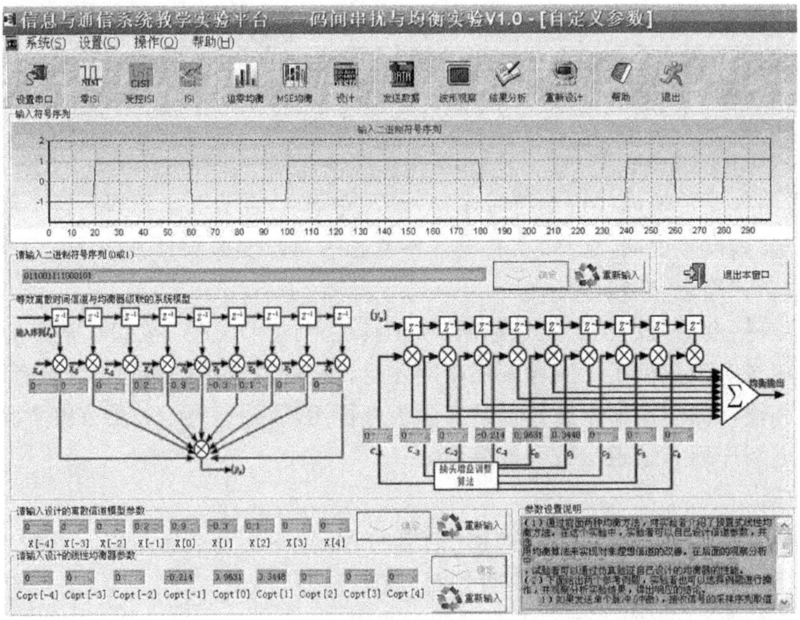

图 9-8　自定义参数实验界面

(2)实验者输入要传输的二进制符号序列,输入完毕后,在界面上将显示这个序列;根据实验界面内的“参数设置说明”,自行设计信道参数和均衡器系数后输入,然后按“确定”按钮。

(3)此时菜单栏上的"设置"、"发送数据"和工具栏上的"DATA"按钮变亮,说明可以向实验板传送实验数据了。可以将刚才设置好的二进制序列和自行设计的等效离散信道参数和输入的均衡器系数传送给实验板进行运算,并通过示波器观察实验结果。这时,输入的二进制序列、信道参数以及均衡器系数会被更新。

8. 观察窗口

在数据传输成功后,可以进行输出波形的观察。

(1)单击菜单栏上的"操作",然后"观察输出波形";或工具栏上的 "观察输出波形"按钮,即可弹出"观察输出波形"窗口,如图 9-9 所示。

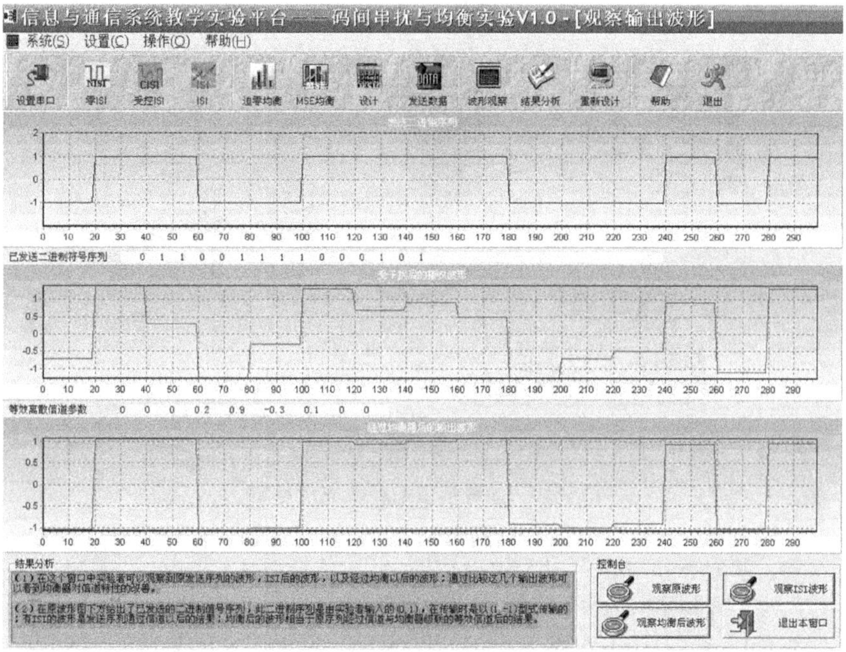

图 9-9　观察窗口

(2)单击"观察原波形"按钮,可以观察原输入波形;单击"观察 ISI 波形",可以观察 ISI 波形;单击"观察均衡后波形",可以观察均衡后的波形。

9. 分析窗口

在数据传输成功后,可以进行实验结果分析。

(1)单击菜单栏上的"操作",然后"均衡结果分析";或者工具栏上的"均衡结果分析"按钮,即可弹出"均衡结果分析"按钮。

(2)实验者在这个界面上通过记录相应的数据来分析均衡器的性能,包括"均衡器与信道的级联冲击响应","引起 ISI 的最大幅值","产生 ISI 的抽样幅值总和"等。

五、思考题

1. 分析码间干扰形成的原因及对通信系统造成的影响。
2. 迫零均衡与 MSE 均衡各有何优缺点? 其应用背景有何区别?
3. 自适应线性均衡与判决反馈均衡各有何优缺点? 其应用背景有何区别?
4. 通过查阅文献,了解其他信道均衡方法,并进行一定的仿真分析。

9.2 多径信道的自适应线性均衡实验

发射机发出的信号在无线信道中传输时，会受到树木、建筑物、山体或大气层等散射形成多条信号路径，这些路径信号在接收端叠加在一起，如图 9-10 所示。由于不同路径信号到达接收端的时延和强度不同，它们叠加在一起时会造成前后发送数据间的干扰，即符号间干扰(ISI)，这就是无线信道的多径效应。以正弦发送信号为例(见图 9-11 (a))，假设经过无线信道后有三条不同延时和幅度的路径(见图 9-11 (b))到达接收端，三路信号在接收端叠加波形见图 9-11 (c)，显然接收到信号失真严重，已不是标准正弦信号。在实际通信过程中，假设发送端发送 QPSK

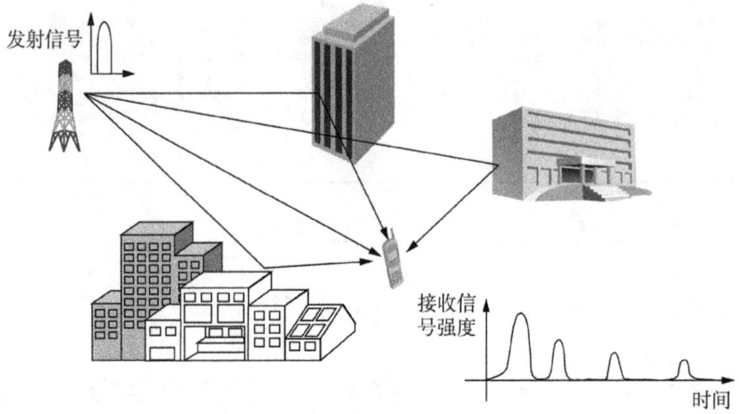

图 9-10　无线信道多径效应示意图

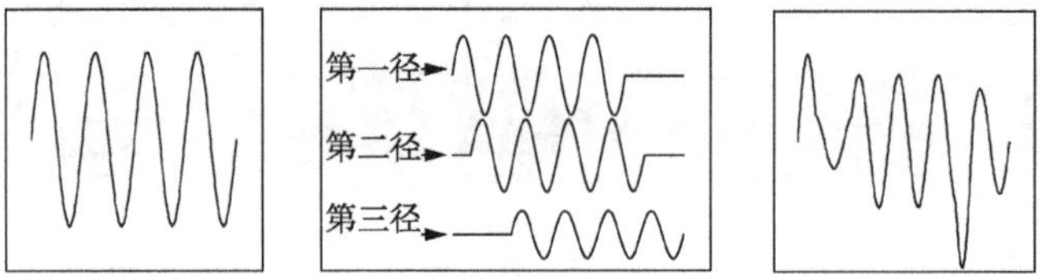

(a) 发送正弦信号　(b) 三条路径的接收信号　(c) 实际接收信号

图 9-11　多径信道对正弦发送信号的影响示意图

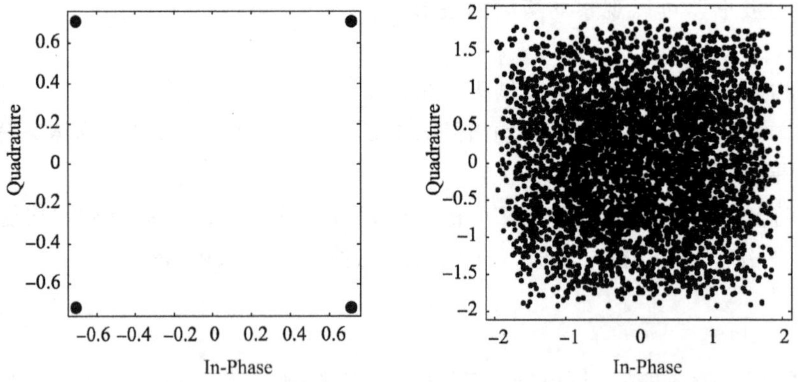

(a) QPSK发送信号星座图　(b) 经过信道后的QPSK接收信号星座图

图 9-12　多径信道对 QPSK 调制信号的影响示意图

调制信号，其星座图如图 9-12 (a)所示，该信号经过典型多径信道后，接收端星座图如图 9-12 (b)所示。由于 ISI 干扰严重，从图中已难以分辨出 QPSK 信号星座。如果直接对接收信号进行解调判决，系统的误码率会非常高，无法进行正常通信。

实际通信系统常采用均衡技术来抑制信道多径引起的 ISI 干扰。均衡可分为频域均衡和时域均衡，其中时域均衡在高速数据传输中应用广泛。时域均衡常用的方法有：自适应线性均衡、自适应判决反馈均衡(DFE)、最大似然序列检测(MLSE)和 Turbo 均衡等。多径信道下，MLSE 计算复杂度随信道时域冲激响应长度呈指数增长，在实际系统中因复杂度过高而较难实现。实际系统常采用次优的信道均衡方法，如线性均衡和 DFE 均衡。本实验重点验证时域自适应线性均衡和自适应判决反馈均衡的性能。

知识加油站

频域均衡常用于信道时域冲激响应非常长(即多径数非常多)的情况，该技术将信号变换到频域，使得频域待估计的参数数目明显小于时域参数数目。而且，在单载波频域均衡系统(SC-FDE)和 OFDM 系统中，频域均衡是广泛采用的抑制 ISI 干扰的技术。

9.2.1 实验原理

时域均衡通常利用具有可变增益的多抽头横向滤波器来减少接收波形的码间干扰。均衡器的输入为信道输出序列$\{y_k\}$，输出是发送信息序列$\{I_k\}$的估计。I_k 的估计可表示为

$$\hat{I}_k = \sum_{j=-K}^{K} c_j y_{k-j} \tag{9-25}$$

式中，$\{c_j\}$为该滤波器的抽头系数。对式(9-25)的估值 $\hat{I}_k$ 进行判决得到 $\tilde{I}_k$，若 $\tilde{I}_k$ 等于发送信号 I_k，则判决正确；否则，发生判决错误。要想获得正确的判决结果，就要求估计值 $\hat{I}_k$ 与实际发送信号 I_k 的距离最接近，进而要求设计合适的均衡器系数。人们对均衡器系数$\{c_j\}$的优化准则进行了大量研究。目前，广泛应用的准则有，峰值失真准则和均方误差(MSE)准则。本小节以 MSE 准则为例介绍线性均衡器的设计。

假设信道冲激响应为$\{h_n\}$，则发送信号$\{I_k\}$经过信道后的输出$\{y_n\}$为

$$y_n = \sum_{k} I_k h_{n-k} + w_n \tag{9-26}$$

这里，w_n 为噪声采样。将$\{y_n\}$经过线性均衡器$\{c_j\}$，其输出为发送信号 I_k 的估计值 $\hat{I}_k$，$\hat{I}_k$ 可表示为

$$\hat{I}_k = q_0 I_k + \sum_{n \neq k} I_n q_{k-n} + \sum_{j} c_j w_{k-j} \tag{9-27}$$

式中，$q_n = \sum_{j} c_j h_{n-j}$是信道$\{h_n\}$与均衡器$\{c_j\}$级联的等效滤波器，实际上就是两者的卷积。式(9-27)中，第一项 $q_0 I_k$ 为包含发送信号 I_k 的项，第二项 $\sum_{n \neq k} I_n q_{k-n}$为其他发送信号$\{I_n\}(n \neq k)$对当前信号 I_k 的干扰(即 ISI)，第三项是噪声经过均衡器后的输出。

MSE 准则定义误差 $e_k = I_k - \hat{I}_k$ 的均方值为代价函数，即

$$J(\boldsymbol{c}) = E[|e_k|^2] = E[|I_k - \hat{I}_k|^2] \tag{9-28}$$

该准则通过选择合适的系数使 $J(\boldsymbol{c})$达到最小。实际系统的均衡器往往是有限长的，假设均衡器具有 $2K+1$ 个抽头，信道有 L 径。那么第 k 采样时刻，均衡器的输出为

$$\hat{I}_k = \sum_{j=-K}^{K} c_j y_{k-j} \tag{9-29}$$

从而,均衡器的 MSE 为

$$J(\boldsymbol{c}) = E[|I_k - \hat{I}_k|^2] = E\left[\left|I_k - \sum_{j=-K}^{K} c_j y_{k-j}\right|^2\right] \tag{9-30}$$

将式(9-30)对所有 c_j^* $(j=-K,-K+1,\cdots,K)$求导数令导数为 0,可得

$$\sum_{j=-K}^{K} c_j E[y_{k-j} y_{k-l}^*] = E[I_k y_{k-l}^*], \quad l=-K,\cdots,K \tag{9-31}$$

结合式(9-26)和式(9-31)可知,求最佳滤波器系数需要利用信道抽头、噪声和信号的统计信息,然而这些信息对接收机一般都是未知的。此时,为获得合适的均衡器系数,可以采用最小均方算法(LMS)。该算法对系数进行递推调整,系数调整的方向与 MSE 代价函数 $J(\boldsymbol{c})$的变化方向相反,也就是说与 $J(\boldsymbol{c})$的梯度矢量相反。从而,所有系数 $\boldsymbol{c}=[c_{-K},c_{-K+1},\cdots,c_K]^{\mathrm{T}}$ 的更新方程可写为

$$\boldsymbol{c}_{k+1} = \boldsymbol{c}_k - \mu \frac{\partial J(\boldsymbol{c})}{\partial \boldsymbol{c}} \tag{9-32}$$

其中,$\mu(\mu>0)$为系数调整步长因子,为小于 1 的正常数。由式(9-30)可知

$$\frac{\partial J(\boldsymbol{c})}{\partial \boldsymbol{c}} = -E[e_k \boldsymbol{y}_k^*] \tag{9-33}$$

这里 $\boldsymbol{y}_k = [y_{k+K},\cdots,y_k,\cdots,y_{k-K}]^{\mathrm{T}}$。将式(9-33)代入式(9-32)有

$$\boldsymbol{c}_{k+1} = \boldsymbol{c}_k + \mu E[e_k \boldsymbol{y}_k^*] \tag{9-34}$$

考虑到统计信息难以获得,实际系统用 $e_k \boldsymbol{y}_k^*$ 代替统计值 $E[e_k \boldsymbol{y}_k^*]$,式(9-34)最终可写成

$$\boldsymbol{c}_{k+1} = \boldsymbol{c}_k + \mu e_k \boldsymbol{y}_k^* \tag{9-35}$$

式(9-35)就是系数调整的 LMS 算法。

下面将自适应线性均衡算法总结如下。

第一步:初始化参数 $\boldsymbol{c}_0$,μ;

第二步:对接收信号进行线性均衡,即 $\hat{I}_k = \boldsymbol{c}_k^{\mathrm{T}} \boldsymbol{y}_k$;

第三步:计算均衡后误差信号 $e_k = I_k - \hat{I}_k$;

第四步:更新均衡器系数 $\boldsymbol{c}_{k+1} = \boldsymbol{c}_k + \mu e_k \boldsymbol{y}_k^*$。

在大多数通信系统中,信道特性先验未知,且信道响应是时变的。因此,均衡器系数需要根据信道响应的变化而不断调整,即系数是自适应的。自适应均衡器的工作原理是,首先发送一个预定长度的对接收端已知的训练序列,接收端根据训练序列计算误差信号 $e_k = I_k - \hat{I}_k$(I_k 为 k 时刻训练符号),并对均衡器系数进行调整;初始训练完成后,均衡器系数收敛到最佳值附近,此时可以利用判决结果来计算误差信号 $e_k = \tilde{I}_k - \hat{I}_k$($\tilde{I}_k$ 为 k 时刻均衡器输出 $\hat{I}_k$ 的判决值),然后继续调整均衡器系数,这称为自适应面向判决模式。该均衡器称为自适应线性均衡器,其原理框图如图 9-13 所示。

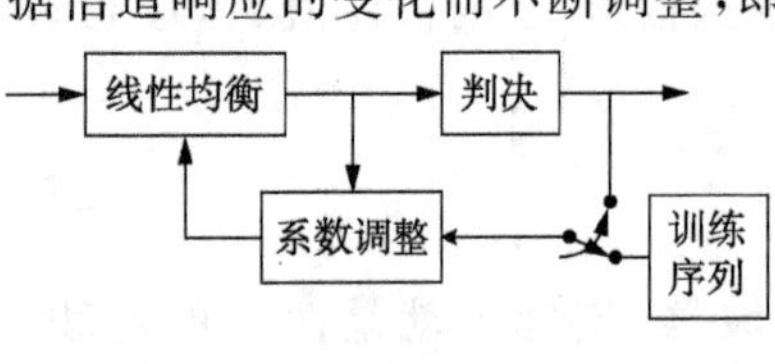

图 9-13　自适应线性均衡器原理框图

9.2.2　实验方法

一、实验目的

1. 了解通信系统的基本框架;

2. 掌握自适应线性均衡的基本原理；

3. 了解多径信道均衡的关键技术。

二、实验工具与平台

1. MATLAB 软件仿真平台；

2. 通信网络实验系统；

3. 创新开发实验平台。

三、实验内容和要求

1. 编写 MQAM 调制系统的自适应线性均衡算法，给出发送信号、均衡前后信号的星座图，进行对比观察；

2. 给定信道和均衡器参数，统计不同信噪比时系统的误符号率或误比特率性能；

3. 通过调节均衡系数更新步长因子，对比不同因子下线性均衡的效果，给出误符号率或误比特率随步长因子的变化曲线；

4. 固定步长因子，改变训练符号长度，给出相应的误符号率或误比特率性能；

5. 给定信道和均衡器参数，统计不同调制方式下系统的误符号率或误比特率性能；

6. 基于通信网络实验系统编写自适应线性均衡的 Verilog HDL(或 VHDL)程序，并加以验证；

7. 实验要求给出系统的均衡误差能量和误符号率性能曲线。

部分内容可参考例程 16。

四、思考题

1. 自适应线性均衡的性能如何？计算复杂度如何？能否有效对抗实际无线信道的多径效应？

2. 自适应线性均衡的性能主要受哪些因素影响？

3. 实际系统中，设计线性均衡器时，需要考虑哪些参数？这些参数设计应遵循什么原则？

9.3　多径信道的自适应判决反馈均衡实验

9.3.1　实验原理

判决反馈均衡器(DFE)由前馈滤波器和反馈滤波器组成，如图 9-14 所示。前馈滤波器输入为接收信号，而反馈滤波器的输入则是先前均衡符号的判决序列。前馈部分与线性均衡器相同，反馈部分用于从当前估计值中去除先前被检测符号引起的那部分 ISI 干扰。假定前馈部分有 K_1+1 个抽头，反馈部分有 K_2 个抽头，则 DFE 均衡的输出可表示为

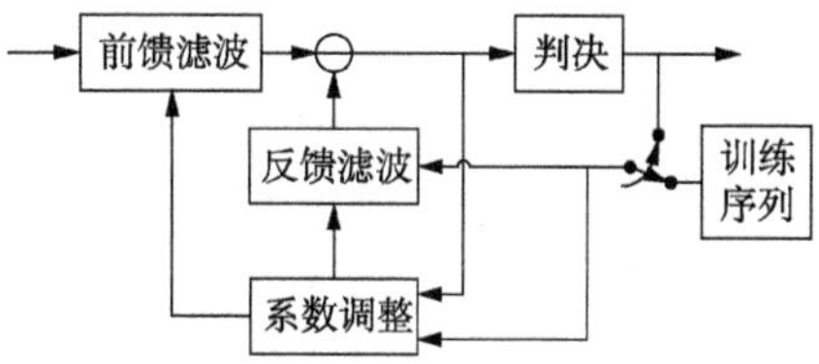

图 9-14　DFE 均衡器原理框图

$$\hat{I}_k = \sum_{j=-K_1}^{0} c_j y_{k-j} + \sum_{j=1}^{K_2} c_j \tilde{I}_{k-j} \tag{9-36}$$

采用峰值失真准则和 MSE 准则都可得到均衡器的系数。由于 MSE 准则应用更普遍，下面

以 MSE 准则为例介绍 DFE 均衡器的原理。

假设先前均衡符号的判决是正确的，DFE 均衡器的 MSE 为

$$\begin{aligned} J(\boldsymbol{c}) &= E\left[\,|I_k - \hat{I}_k|^2\right] \\ &= E\left[\,\left|I_k - \sum_{j=-K_1}^{0} c_j y_{k-j} - \sum_{j=1}^{K_2} c_j \tilde{I}_{k-j}\right|^2\right] \end{aligned} \tag{9-37}$$

其中，$\boldsymbol{c}=[c_{-K_1},\cdots,c_0,\cdots,c_{K_2}]^{\mathrm{T}}$。选择合适的系数可使 $J(\boldsymbol{c})$ 最小。与自适应线性均衡器类似，判决反馈均衡器中的前馈滤波器和反馈滤波器的系数可以递推调整，调整方向与 $J(\boldsymbol{c})$ 的梯度矢量相反。从而，DFE 系数的调整方程为

$$\boldsymbol{c}_{k+1}=\boldsymbol{c}_k-\mu\frac{\partial J(\boldsymbol{c})}{\partial \boldsymbol{c}} \tag{9-38}$$

$\mu(\mu>0)$为系数调整步长因子。由式(9-37)可知

$$\frac{\partial J(\boldsymbol{c})}{\partial \boldsymbol{c}}=-E[e_k\boldsymbol{V}_k^*] \tag{9-39}$$

这里，$e_k=I_k-\hat{I}_k$，$\boldsymbol{V}_k=[y_{k+K_1},\cdots,y_k,\tilde{I}_{k-1},\cdots,\tilde{I}_{k-K_2}]^{\mathrm{T}}$。用 $e_k\boldsymbol{V}_k^*$ 代替 $E[e_k\boldsymbol{V}_k^*]$可得

$$\boldsymbol{c}_{k+1}=\boldsymbol{c}_k+\mu e_k\boldsymbol{V}_k^* \tag{9-40}$$

下面将自适应 DFE 均衡算法总结如下。

第一步：初始化参数 $\boldsymbol{c}_0$，μ；

第二步：对接收信号进行 DFE 均衡，即 $\hat{I}_k=\boldsymbol{c}_k^{\mathrm{T}}\boldsymbol{V}_k=\sum_{j=-K_1}^{0} c_j y_{k-j}+\sum_{j=1}^{K_2} c_j\tilde{I}_{k-j}$；

第三步：计算均衡后误差信号 $e_k=I_k-\hat{I}_k$；

第四步：更新均衡器系数 $\boldsymbol{c}_{k+1}=\boldsymbol{c}_k+\mu e_k\boldsymbol{V}_k^*$。

与线性自适应均衡器类似，DFE 均衡器可利用训练符号或判决结果来自适应调整均衡器系数，由此得到自适应 DFE 均衡器，其原理见图 9-14。

9.3.2　实验方法

一、实验目的

1. 了解通信系统的基本框架；
2. 掌握自适应 DFE 均衡的基本原理；
3. 了解多径信道均衡的关键技术。

二、实验工具与平台

1. MATLAB 软件仿真平台；
2. 通信网络实验系统；
3. 创新开发实验平台。

三、实验内容和要求

1. 编写自适应线性均衡算法，给出发送信号、均衡前信号和均衡后信号的星座图，进行对比观察；
2. 给定信道和均衡器参数，统计不同信噪比时系统的误符号率或误比特率性能；

3. 通过调节均衡系数更新步长因子，对比不同因子下 DFE 均衡的效果，给出误符号率或误比特率随步长因子的变化曲线；

4. 固定步长因了，改变训练符号长度，给出相应的误符号率或误比特率性能；

5. 给定信道和均衡器参数，统计不同调制方式下系统的误符号率或误比特率性能；

6. 基于通信网络实验系统，编写自适应线性均衡算法的 VerilogHDL（或 VHDL）程序，并加以验证；

7. 实验要求给出系统的均衡误差能量和误符号率性能曲线。

部分内容可参考例程 17。

四、思考题

1. 自适应 DFE 均衡的性能与自适应线性均衡的性能相比如何？计算复杂度如何？

2. 总结 DFE 均衡的优缺点。

3. 调查自适应 DFE 均衡在实际系统中应用情况。

第 10 章　综合设计实验

本章主要实验内容：
- √　数字基带传输系统
- √　频带传输系统
- √　差错控制系统
- √　综合通信系统

通信系统是指完成信息传递所需的一切设备及传输媒介的综合。广义地讲，通信系统涵盖全球通信网络、地球同步通信卫星、陆地微波传输系统、集群通信系统、个人通信系统等。复杂的通信系统设计是以“自顶至底”的方式完成，其设计过程开始于分析用户要求和性能期望，包括吞吐率、误码率、中断概率，以及对带宽、功率、复杂度与成本和系统生命周期等的限制。此时，主要涉及的问题是调制方式、编码、均衡，以及各种新的通信技术的采用。本章的实验主要涉及各通信系统的设计，包括数字基带传输系统、频带传输系统、差错控制系统及综合通信系统，其内容涵盖了大量的实用通信系统，如 CDMA、DVB-C、CCSDS、IEEE 802.16、蓝牙等。

10.1　数字基带传输系统设计

数字通信系统中，描述系统性能的重要指标是比特误码率(BER)或符号错误概率，二者是等效的，一般采用蒙特卡罗法来进行仿真估计。该方法是伯努利(Bernoulli)试验序列的实现，它不需要有关系统和输入过程的任何假设条件。图 10-1 给出蒙特卡罗法实现的方框图。一般来说，若所要估计的错误概率为 $P(m)$，则所选取样本大小为 $N \gg (1/P(m))$。通常，蒙特卡罗估计是无偏估计，N 越小，估计的方差就越大，N 越大，估计的方差就越小。当 N 趋于无穷时，估计值收敛于真实值。这就需要在仿真精度与仿真运行时间之间进行折中。

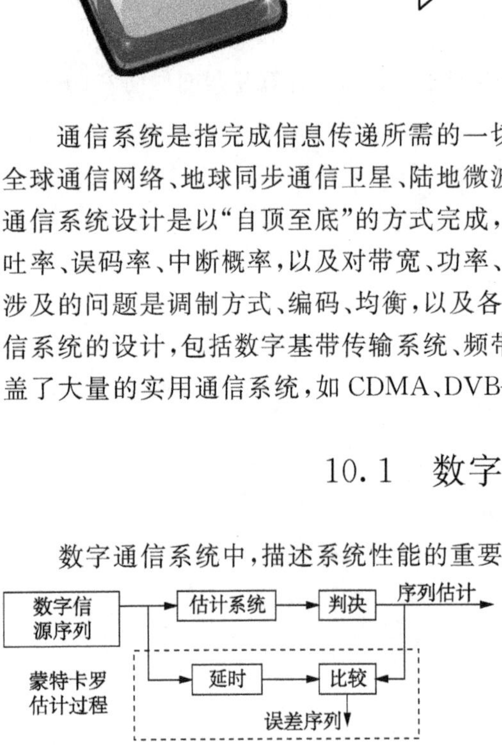

图 10-1　实现蒙特卡罗估计的原理框图

在很多实际应用的基带传输系统中，典型框图如图 10-2 所示。其中，脉冲形成器用来将输入的码元变换成适合于基带信道传输的各种码型，也称码型变换器；脉冲形成器的各种码型是以矩形脉冲为基础的，一般低频分量较大，占用频带较宽，为了更适合信道传输要求，可以通过发送滤波器将其平滑；接收滤波器用于滤除大量的带外噪声，并对失真的波形进行均衡，以便得到有利于抽样判决的波形；在抽样判决中，根据定时脉冲来判别信号为“1”码还是“0”码；同步提取电路用来完成定时脉冲的提取，以便进行数字信号传输系统的同步。

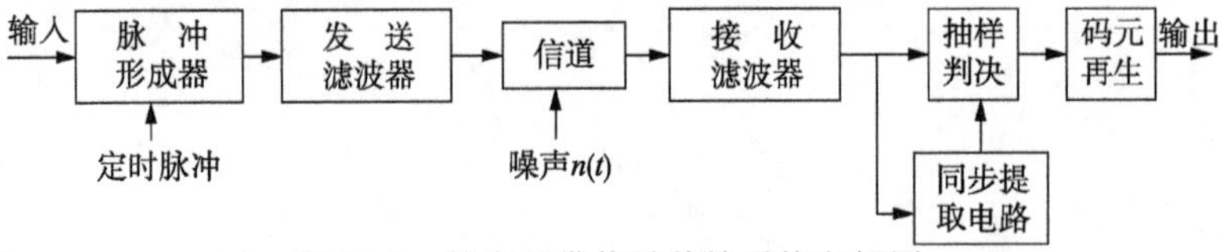

图 10-2　数字基带信号传输系统方框图

10.1.1　基带传输系统眼图的仿真

一、系统概述

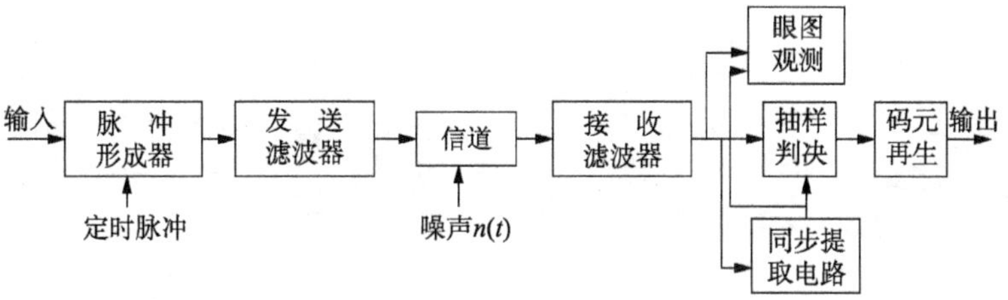

图 10-3　数字基带信号传输系统眼图观测示意图

眼图是数字信号在示波器上重复扫描得到的显示图形。其观察方法见 5.5.1 节。眼图反映了整个传输系统的质量，如果眼图清晰，张开度大，则可实现二进制数码的可靠传输，误码会非常少（10^{-6}以下）。如果观察到的眼图不好，则需要对图 10-3 所示系统进行调整。

(1)发送滤波器。系统中插入发送滤波器的作用，一方面是为了波形设计，另一方面是为了抑制基带码中的高频分量。因为脉冲形成器输出的信号波形前、后沿很陡，信号中的高频分量丰富。如果这些分量送入线路将干扰其他设备，这是不允许的。因此任何电子设备都需通过电磁泄漏检测才准下线，投放市场。对电信设备的检测指标尤其严格。因此，在送入信道之前需将基带码过滤，使基带码达到所要求的功率谱密度函数。

(2)接收滤波器。即均衡电路，它是为补偿线路传输失真，为改善眼图开启度而加入的。调整均衡电路可观察到眼图的明显变化。能使眼图开启最大的均衡电路是最好的均衡电路。

关于仿真中眼图的观测如下例所示。

例 10-1　发送端眼图观测。

眼图是接收、发送滤波器之后的波形重叠效果，本例中讨论发送端的眼图观测。在 MATLAB 中，基带传输系统发送端采用的升余弦滤波器可用 rcosflt(X, Fd, Fs, TYPE_FLAG, R, DELAY) 函数来实现，其中，X 为输入信号；Fd 为输入信号频率(Hz)；Fs 为输出信号频率(Hz)，该信号必须为 Fd 的整数倍；TYPE_FLAG 滤波器选型参数；R 为滚降系数；DELAY 为从滤波器开始至脉冲响应峰值的时延。另外，eyediagram 是用来得到眼图的函数。awgn(X,SNR)是高斯噪声函数，其中，X 为输入信号，即待加噪声的信号；SNR 为信噪比(dB)，此时输入信号 X 功率设为 0 dBW。发送端眼图观测的 MATLAB 程序如下：

```
M = 16; Fd = 1; Fs = 10;                                  %M 为进制数
Pd = 100;                                                 %数据量
msg_d = randint(Pd,1,M);                                  %信源随机数
msg_a = qammod(msg_d,M);                                  % QAM 基带调制符号
delay = 3;                                                %定义升余弦滤波器延时
rcv = rcosflt(msg_a,Fd,Fs,'fir/normal',.5,delay);
N = Fs/Fd;
propdelay = delay .* N + 1;
rcv1 = rcv(propdelay:end-(propdelay-1),:);                %对升余弦滤波输出进行结尾处理

offset1 = 0;
```

```
h1 = eyediagram(rcv1,N,1/Fd,offset1);                    %绘制眼图
set(h1,'Name','Eye Diagram Displayed with No Offset');
```

仿真眼图如图 10-4 所示。可以改变滤波参数,进一步观察眼图的特征。

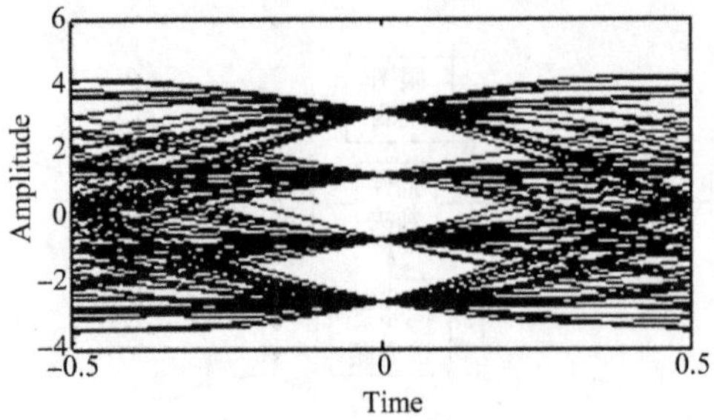

(a) 同相信号眼图

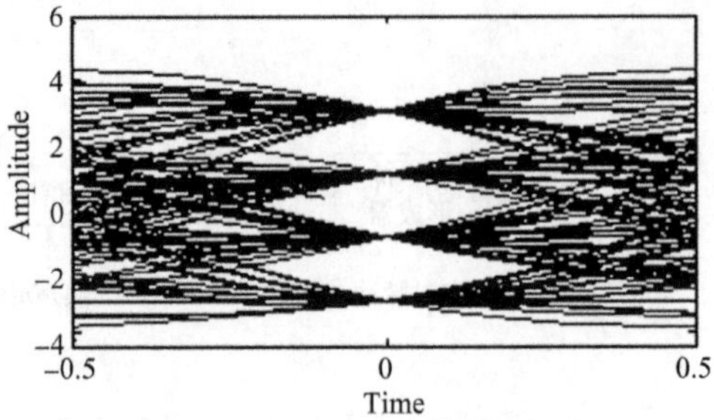

(b) 正交信号眼图

图 10-4　QAM 信号发送端眼图

二、设计方法

1. 设计目的

(1)熟悉数字基带传输系统流程;

(2)掌握各模块基本原理。

2. 设计工具与平台

(1)C 语言开发平台或 MATLAB 软件仿真平台;

(2)创新开发实验平台。

3. 设计内容和要求

(1)设计基带传输系统,包括脉冲成形、发送滤波、接收滤波、抽样判决和码元再生等模块;

(2)加入 AWGN,搭建基带传输系统;

(3)固定信道,调整发送滤波器、接收滤波器,使眼图效果最佳(即眼睛开启度最大);

(4)改变信道参数,分析、观测眼图变化规律;

(5)设计要求:二进制码元下,信噪比为 15dB 时,眼突清晰,张开度大。

4. 思考题

(1)发送滤波器的设计要考虑哪些因素?

(2)接收滤波器设计中重点是什么?

10.1.2　基带传输系统误码率的仿真

一、系统概述

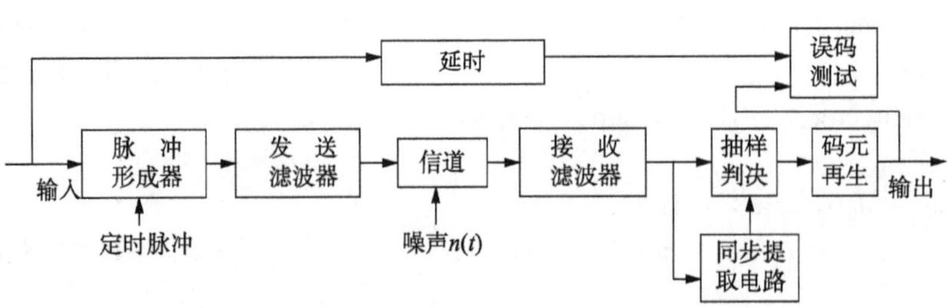

图 10-5　数字基带信号传输系统误码观测示意图

无论是设备故障、传播衰落、码间干扰、邻近波道干扰等因素都可能造成系统性能恶化甚至造成通信中断，其结果都可以通过误码的形式表现出来。误码可以通过误码测试仪来进行检测，其工作过程可概括为以下几个过程和步骤。

(1)以某种方式产生和发送码组相同的码型，以相同相位的本地码组作为比较标准。

(2)将本地码组与接收码组逐个进行比较，并输出误码脉冲信号。

(3)对误码脉冲信号进行统计，并给出相应的误码率。

图 10-5 为采用蒙特卡罗仿真时的误码测试示意图，以输入数据进行延时后的结果作为误码测试标准。例 10-2 构建了一个基带传输系统，并进行了误码率测试。

例 10-2　基带传输系统。

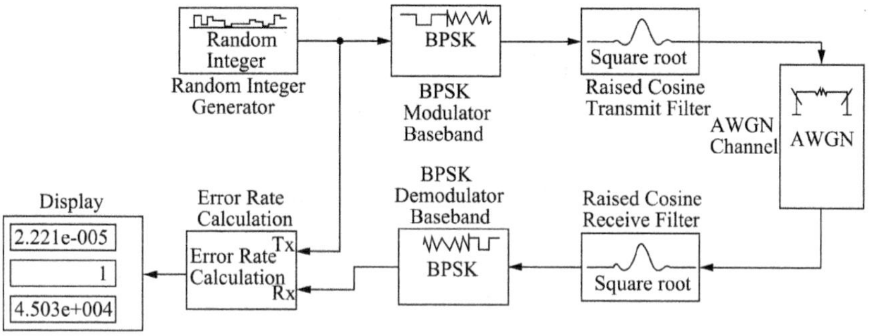

图 10-6　基带传输系统示例

上述为 MATLAB Simulink 构建的一个基带传输系统，发送滤波器、接收滤波器模块参数如图 10-7 所示。

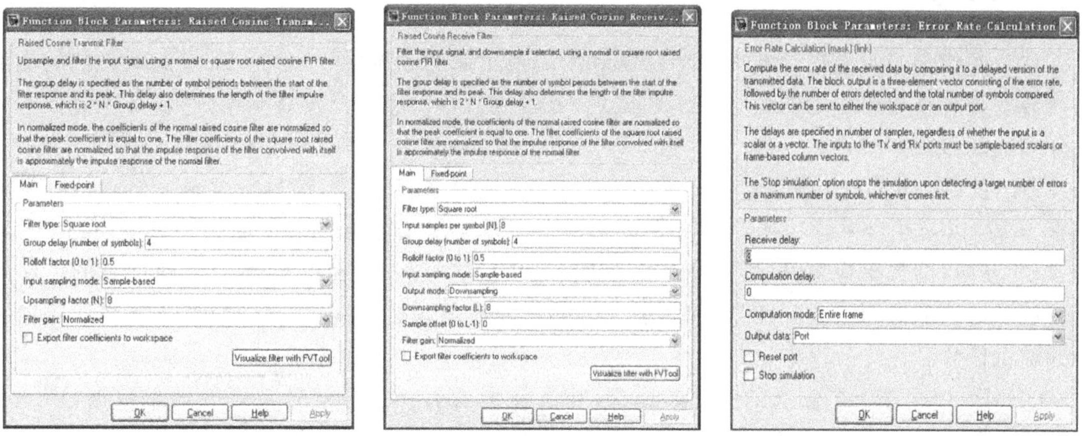

(a)发送滤波器模块　　(b)接收滤波器模块　　(c)误码率计算模块

图 10-7　模块参数

滤波器中滚降系数选 0.5，群延时为 4。为进行误码率测试，在误码率计算模块(error rate calculation)中必须对由信源模块(random integer)直接来的信号添加延时，如图 10-7(c)所示，接收延时设为收发滤波器群延时之和。

二、设计方法

1. 设计目的

(1)熟悉数字基带传输系统流程；

(2)掌握各模块基本原理。

2. 设计工具与平台

(1)C 语言开发平台或 MATLAB 软件仿真平台；

(2)创新开发实验平台。

3. 设计内容和要求

(1)设计基带传输系统,包括脉冲成形、发送滤波、接收滤波、抽样判决和码元再生等模块；

(2)加入 AWGN,搭建基带传输系统；

(3)固定信道,调整发送滤波器、接收滤波器,使误码率最低；

(4)改变信道参数,测试系统误码率,绘制误码曲线图；

(5)设计要求:二进制码元下,信噪比为 15dB 时,系统误码率小于 10^{-6}。

4. 思考题

(1)发送滤波器的设计要考虑哪些因素?

(2)接收滤波器设计对误码性能有何影响?

(3)在基带传输系统中,影响误码性能的因素有哪些?

10.1.3 CDMA 数字基带收发系统的设计

一、系统概述

移动通信是当今通信领域内最为活跃和发展最迅速的领域之一,也是 21 世纪对人们的生活和社会发展有重要影响力的科学技术领域之一。目前,移动通信已发展到第三代,其主流技术为码分多址(CDMA)技术。

著名的香农公式 $C=W\log_2(1+S/N)$描述了信道容量 C(b/s)、信号带宽 W(Hz)、信号平均功率 $S(W)$以及噪声平均功率 $N(W)$之间的换算关系,在信道容量 C 一定的情况下,可以将 W 与 S/N 互换,即如果带宽 W 扩充到一定程度,那么就能在较低 S/N 要求下得到很高的传输质量。这一结论的应用就是采用伪随机码(PN)的扩频编码调制,把原数据信号变换成类似于白噪声的随机信号。

CDMA 技术基于扩频通信的基本原理,将要传送的具有一定信号带宽的信息数据,用一个带宽远大于信号带宽的高速伪随机编码信号去调制它,使原信息数据信号的带宽被大大扩展。长期以来,扩频通信主要用于军事保密通信和电子对抗系统,随着世界范围政治格局的变化和冷战的结束,该项技术才转向“商业化”。

由于用户在不断地随机运动,建立用户之间的通信,首先必须引入区分和识别动态用户地址的多址技术。多址技术的基本类型有频分多址(FDMA)、时分多址(TDMA)和码分多址(CDMA)。

码分多址与频分多址、时分多址不同，被分割的参量不是频率或时间，而是信号的波形，即码的结构。这时复用的各个信号，从频谱或时间上看就不再是互不重叠的。码分是利用各路信号的正交性，其基本方法是：在发送端先将多路信号分别由一组正交码进行某种调制或变换，使各路信号成为某种正交信号组，然后混合传输。接收端产生一组与发端同步的正交码，并将收到的信号与正交码组中的每个码分别做点积。根据两个矢量相同信号的点积为 1，两个矢量正交信号的点积为零，就可以利用复合信号中所含各信号的正交性，通过求点积来从复合信号中分离出各路信号。

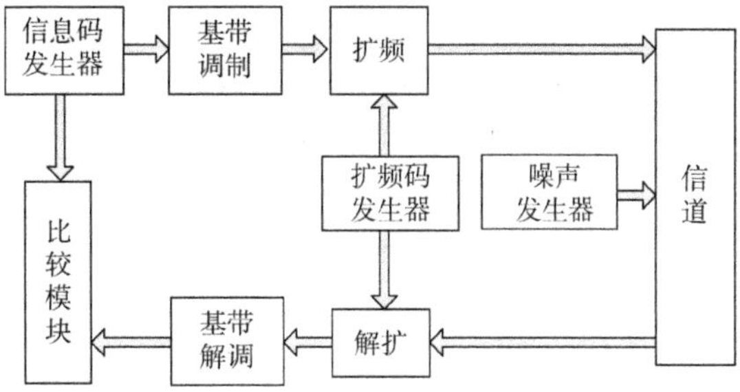

图 10-8　CDMA 基带收发系统整体框图

地址码的选择直接影响到码分多址的容量、抗干扰能力、接入和切换速度等性能。所选择的地址码应能提供足够数量的自相关函数特性尖锐的码序列，保证信号经过地址码解扩后具有较高的信噪比。地址码提供的码序列应接近白噪声特性，同时编码方案简单，保证建立同步速率较快。常用的地址码有：m 序列、Gold 码、Walsh 码。m 序列、Gold 码是伪随机码，而 Walsh 则是正交码。

CDMA 基带收发系统整体框图如图 10-8 所示。

1. Walsh 码

Walsh 码是正交码，经常被用作码分多址系统的地址码。例如

$$\begin{pmatrix} W_1 \\ W_2 \\ W_3 \\ W_4 \end{pmatrix} = \begin{pmatrix} 1 & 1 & 1 & 1 \\ 1 & -1 & 1 & -1 \\ 1 & 1 & -1 & -1 \\ 1 & -1 & -1 & 1 \end{pmatrix}$$

就是一组码长为 4 的 Walsh 码。所谓正交性是指

$$\frac{\sum\limits_{k=1,2,3,4} W_i(k) \times W_j(k)}{4} = \begin{cases} 1, & i = j \\ 0, & i \neq j \end{cases}$$

上式说明这个码字内的 4 个码只有本身相乘叠加后归一化值是 1，任意两个不同的码相乘加后的值都是 0，即互相关值为零。对于其他长度的沃尔什码也是这样。

上面的沃尔什码的码长是 4，只有 4 个地址码，也就是系统的信道数不能超过 4 个。当用信道数更多时，必须产生码长更长的沃尔什码。沃尔什码的生成比较简单，可以通过阿达马(Hadamard)矩阵来生成。

例如，上面长度为 4 的沃尔什码，矩阵可写成如下形式：

$$\begin{pmatrix} W_1 \\ W_2 \\ W_3 \\ W_4 \end{pmatrix} = \begin{pmatrix} 1 & 1 & 1 & 1 \\ 1 & -1 & 1 & -1 \\ 1 & 1 & -1 & -1 \\ 1 & -1 & -1 & 1 \end{pmatrix} = \begin{pmatrix} \boldsymbol{M}_2 & \boldsymbol{M}_2 \\ \boldsymbol{M}_2 & \overline{\boldsymbol{M}}_2 \end{pmatrix}$$

其中，矩阵 $\overline{\boldsymbol{M}}_2$ 是 $\boldsymbol{M}_2$ 取反的结果，矩阵 $\boldsymbol{M}_2$ 是

$$\boldsymbol{M}_2 = \begin{pmatrix} 1 & 1 \\ 1 & -1 \end{pmatrix} = \begin{pmatrix} \boldsymbol{M}_1 & \boldsymbol{M}_1 \\ \boldsymbol{M}_1 & \overline{\boldsymbol{M}}_1 \end{pmatrix}$$

其中，矩阵 $\boldsymbol{M}_1$ 是[1]。

所有的 Walsh 码都可以通过这种方式来产生，从而得到码长为 2n 的 Walsh 码

$$\boldsymbol{M}_{2n}=\begin{pmatrix}\boldsymbol{M}_n & \boldsymbol{M}_n\\ \boldsymbol{M}_n & \overline{\boldsymbol{M}}_n\end{pmatrix}$$

其中，n 为大于 1 的正整数。

2. PN 码

作为扩频码的伪随机码具有类似白噪声的特性。因为真正的随机信号和噪声是不能重复再现和产生的，只能产生一种周期性的脉冲信号来近似随机噪声的性能，故称为伪随机码或 PN 码。用于扩频通信系统的伪随机码常用的共有 2 种，m 序列优选对和 Gold 序列。m 序列优选对产生方便，但是数量较少；Gold 码序列则可以有较多的数量。

m 序列具有与随机噪声类似的尖锐自相关特性，但它不是真正随机的，而是按一定规律周期性的变化。由于 m 序列容易产生、规律性强等许多优良特性。在扩频通信和码分多址系统中最早获得广泛应用。

表 10-1　m 序列的本原特征多项式

n	$f(x)$
2	[1,2]
3	[1,3]
4	[1,4]
5	[2,5][2,3,4,5][1,2,4,5]
6	[1,6][1,2,5,6][2,3,5,6]
7	[3,7][1,2,3,7][1,2,4,5,6,7][2,3,4,7][1,2,3,4,5,7][2,4,6,7][1,7][1,3,6,7][2,5,6,7]
8	[2,3,4,6][3,5,6,8][1,2,5,6,7,8][1,3,5,8][2,5,6,8][1,5,6,8][1,2,3,4,6,8][1,6,7,8]

如表 10-1 所示，n 阶本原特征多项式周期为 $P=2^n-1$，例如[2,5]的多项式为

$$f(x)=1+x^2+x^5$$

其互反多项式也是本原的，如上式的互反多项式为

$$\tilde{f}(x)=x^n f(x^{-1})=1+x^3+x^5$$

其电路图如图 10-9 所示。

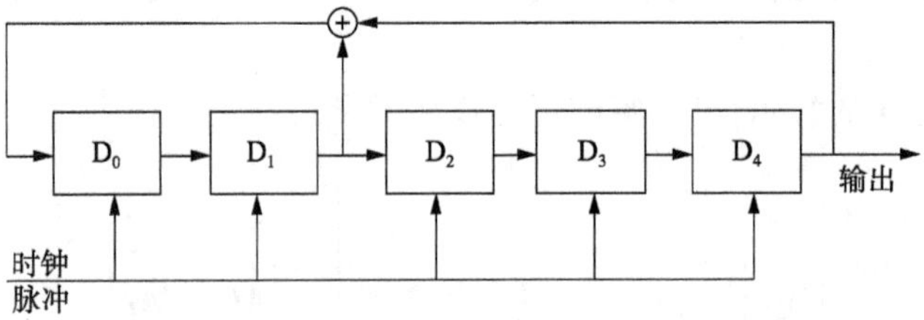

图 10-9　五级移位寄存器构成的 m 序列发生器

3. 扩频与解扩

扩频码是很窄的脉冲序列，即比特速率较高。扩频码的比特速率被称为码片速率，而信息数

据序列的比特速率被称为符号速率。假设扩频码有 16 位(Chip),1kb/s 的基带数据被扩频成 16k Chips/s,则扩频 16 倍。数据速率提高了 16 倍,带宽也就宽了 16 倍。以 2 阶 Walsh 码为例,在 BPSK 调制下,单用户扩频过程如表 10-2 所示。

表 10-2　单用户扩频过程

信息位	0		1	
基带调制	−1		1	
Walsh 码	1	1	1	1
扩频信号	−1	−1	1	1

信息位通过 BPSK 基带调制后,成为±1 的调制信号,再分别与 Walsh 码进行相乘运算,其运算规则是

$(+1)\times(+1)=+1;(-1)\times(-1)=+1;(-1)\times(+1)=-1;(+1)\times(-1)=-1$

在接收端,利用该用户的 Walsh 码,对扩频信号进行解扩,其过程如表 10-3 所示。

表 10-3　单用户解扩过程

扩频信号	−1	−1	1	1
Walsh 码	1	1	1	1
相乘	−1	−1	1	1
积分	−2		2	
基带解调	0		1	

现考虑多用户的情况,以两个用户为例。用户 1 的信息位及扩频码如表 10-2 所示,用户 2 信息位为(1,1),其扩频码为(1,−1);则两用户的扩频、解扩过程如表 10-4 所示。

表 10-4　两用户扩频、解扩过程

	用户 1				用户 2			
扩频信号	−1	−1	1	1	1	−1	1	−1
发送信号	0　−2　2　0　(两个用户序列相加)							
相乘	0	−2	2	0	0	2	2	0
积分	−2		2		2		2	
基带解调	0		1		1		1	

上述过程没有考虑信道噪声,接收信号即为发送信号。下例为一个 8 用户 CDMA 数字基带收发系统。

例 10-3　8 用户 CDMA 数字基带收发系统。

该系统的 Simulink 模型如图 10-10 所示。

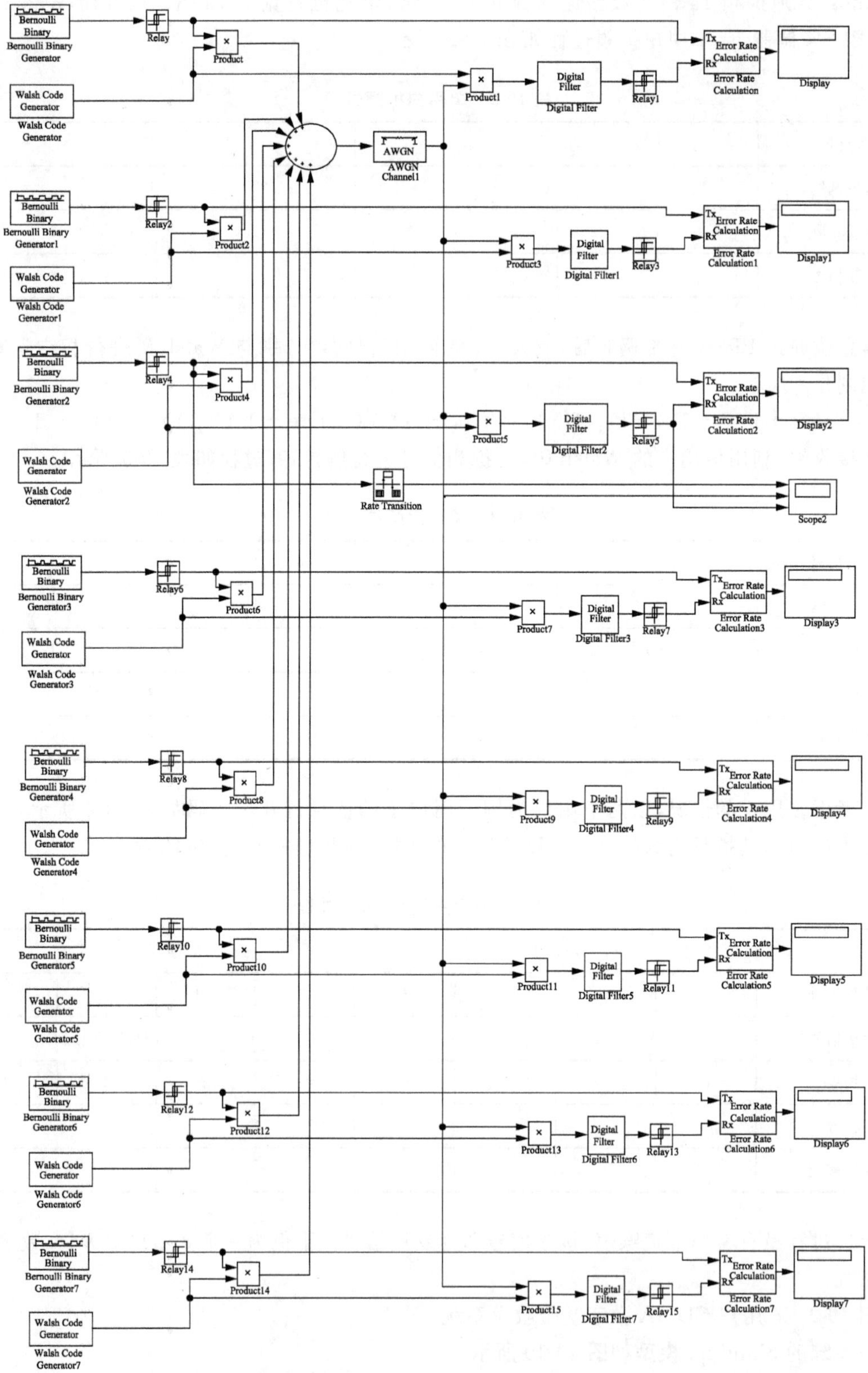

图 10-10　8 用户 CDMA 基带收发系统

图 10-11 给出了其中主要模块的参数设置。

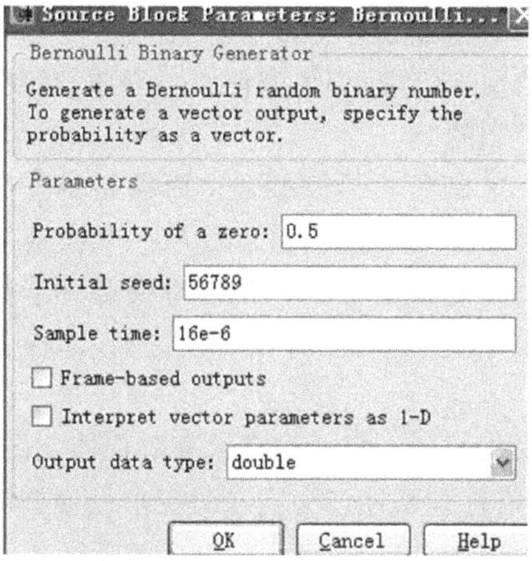

(a)Bernoulli Binary Generator 模块

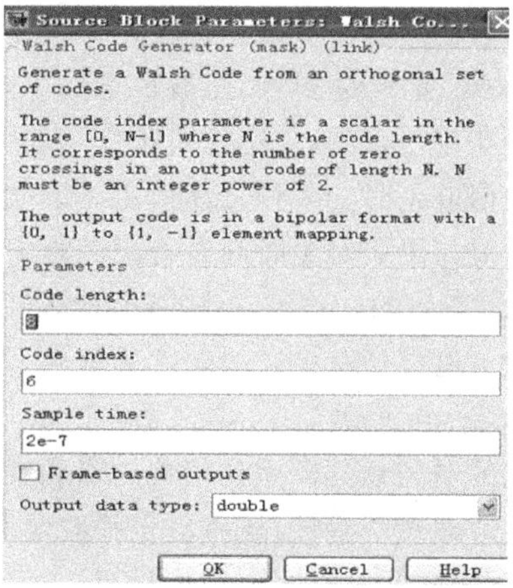

(b)Walsh Code Generator 模块

图 10-11　主要模块参数设置

二、设计方法

1. 设计目的

(1)了解 CDMA 数字基带收发系统的基本组成;

(2) 掌握扩频、解扩的基本原理。

2. 设计工具与平台

(1)C 语言开发平台或 MATLAB 软件仿真平台;

(2)创新开发实验平台。

3. 设计内容与要求

(1)构建 CDMA 数字基带收发系统,信道采用 AWGN;

(2)设计性能测试方案,完成对该传输系统的性能测试;

(3)设计要求:完成各模块功能,SNR=10dB 时,$P_e<0.05$。

4. 思考题

(1)针对该系统,若要提高噪声中的性能,有哪些措施?

(2)若要加入载波调制,该系统还有哪些问题需要考虑?

10.2　数字频带传输系统设计

本节基于短波信道、卫星信道等典型无线信道进行频带传输系统设计,在第 8、9 章的基础上,侧重探讨信息传输的格式设计以及均衡器设计的一般方法。

10.2.1　短波通信系统设计

一、短波通信及短波信道仿真概述

短波通信是利用频率为 1.5～30MHz 的电磁波进行的无线电通信。短波的传播方式主要分为地波和天波传播。地波沿地球表面进行传播，衰减较大，只能近距离传播；天波依靠电离层反射来传播，可以实现远距离传播。对于短波通信线路，研究天波传播具有更重要的意义。

电离层给短波的传播创造了得天独厚的条件，同时也给它带来了许多弱点。由于电离层是分层、不均匀、时变的媒介，短波信道属于随机变参信道，又称时变色散信道。所谓"时变"即传播特性随机变化，这些信道特性对于信号的传播是很不利的。

短波信道是时变多径衰落信道。因此，要用一个准确的数学模型来全面描述短波信道是很困难的。但如果只对短时间内有限的带宽范围感兴趣，那么短波信道可以用一个稳定的统计模型来表示。从 1947 年 Bray 等提出衰落信道模型开始，相继提出的窄带信道模型有十几种。典型的短波信道模型有独立的瑞利衰落模型、相关的瑞利衰落模型、时变多径模型、单音双路径模型和 Watterson 模型。

独立的瑞利衰落模型和相关的瑞利衰落模型，均只考虑了短波信道的衰落特性；时变多径模型则不仅考虑衰落特性，还考虑多径时延和时变性；单音双路径模型则在时变多径模型的基础上增加了多普勒的考虑，不同的是只对一个单音信号而言；而 Watterson 模型则较全面的考虑了短波信道的瑞利衰落、多径时延以及多普勒效应等特性，且瑞利衰落和多普勒效应是通过独立的复高斯过程对多径信号进行幅度和相位调制来实现的。

1. Watterson 模型的结构

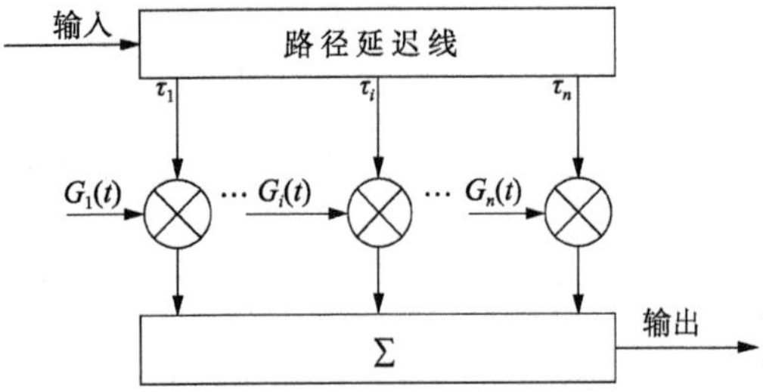

图 10-12　Watterson 信道模型原理框图

Watterson 模型是 Watterson 等在 1969 年提出的，是一种典型的高斯散射模型，原理如图 10-12 所示，在 1969 年被美国的电信科学协会(ITS)证明是一种性能良好的信道模型。后来，在 1986 年 CCIR 的 549-2 报告中，将此模型作为一种典型的短波信道模型加以推荐。

模型的时变频率响应函数

$$H(f,t)=\sum_{i=1}^{n}\exp(-j2\pi f\tau_i)G_i(t) \tag{10-1}$$

其中，i 为路径标号，n 为路径总数，τ_i 为第 i 条路径的延迟时间，$G_i(t)$ 为第 i 条路径由于电离层波动导致的信号随时间变化的路径增益函数，它是一个零均值复平稳高斯随机过程。

短波信号通过电离层后可以从两条路径反射回来，可分为高角波和低角波，如图 10-13(a)所示。在考虑地磁场影响的情况下，每一路径信号又分裂成两个相速不等的椭圆极化波(磁离子分量)：寻常波和非寻常波，如图 10-13 (b)所示。

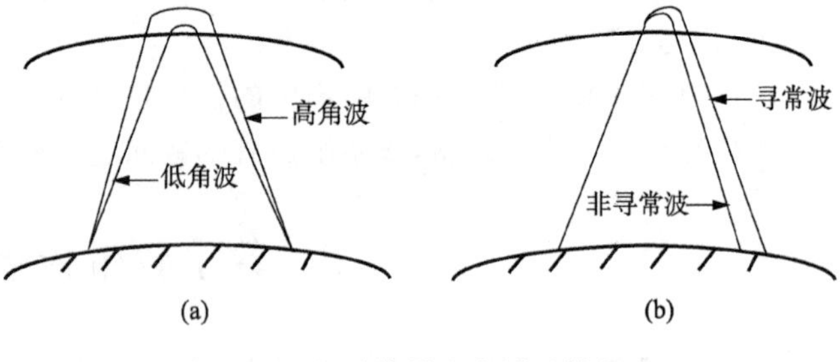

图 10-13　短波信号电离层反射方式

当两个磁离子分量的传输时延大于四分之一的传输带宽的倒数时，它们可以被区分开。因此，对于一个窄带系统(如带宽小于 12kHz，时间小于 10min)，大部分时间信道近似于静态系统，对于高角波的两个磁离子分量通常具有不同的增益函数；而对于低角波的两个磁离子分量则具有相似的传播特性，近似看作具有相同的增益函数，即两个磁离子分量的频谱重合。

1962 年和 1967 年 Davies、Shepherd 和 Lomax 分别用实验证明，用两个磁离子分量来描述低角波是合适的。

路径增益函数是两个具有相互独立的瑞利振幅分布的零均值的复高斯函数，即

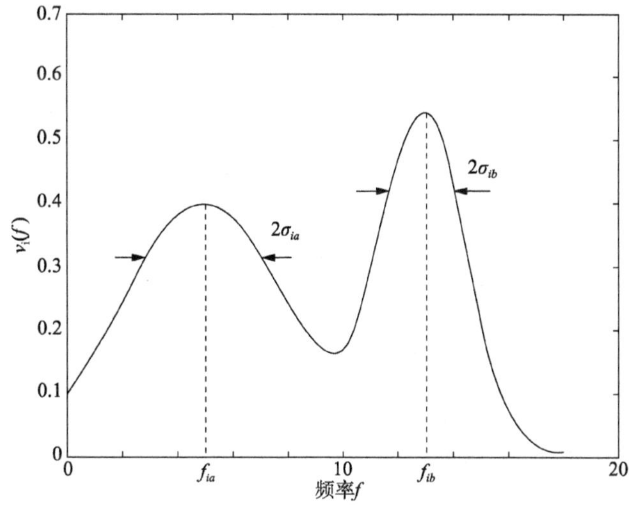

图 10-14　Watterson 模型路径增益谱

$$G_i(t)=G_{ia}(t)\exp(\mathrm{j}2\pi f_{ia}t)+G_{ib}(t)\exp(\mathrm{j}2\pi f_{ib}t) \tag{10-2}$$

其中，a、b 分别表示两个不同的磁离子分量；f_{ia} 和 f_{ib} 为对应不同磁离子分量的多普勒频移；$G_{ia}(t)$和$G_{ib}(t)$为两个独立的、稳定的且具有各态历经性的复高斯随机过程，其包络服从瑞利分布。每一个又是由具有零均值、相同方差、相互独立的实部和虚部组成的两部分。

$$G_{ia}(t)=g_{iac}(t)+\mathrm{j}g_{ias}(t) \tag{10-3}$$

其中，$g_{iac}(t)$和 $g_{ias}(t)$是两个独立的实正交高斯过程，其联合概率密度函数为

$$p(g_{iac},g_{ias})=\frac{1}{\pi C_{ia}(0)}\exp\left(-\frac{g_{iac}^2+g_{ias}^2}{C_{ia}(0)}\right) \tag{10-4}$$

其中，$C_{ia}(0)$为当 $\Delta t=0$ 时的自相关函数的值；g_{iac} 和 g_{ias} 具有相同的频谱结构，即

$$F\{E[g_{iac}(t)g_{iac}(t+\Delta t)]\}=F\{E[g_{ias}(t)g_{ias}(t+\Delta t)]\} \tag{10-5}$$

因此，路径增益的自相关函数为

$$\begin{aligned}C_i(\Delta t)=&C_{ia}(0)\exp[-2\pi^2\sigma_{ia}^2(\Delta t)^2+\mathrm{j}2\pi f_{ia}\Delta t]\\&+C_{ib}(0)\exp[-2\pi^2\sigma_{ib}^2(\Delta t)^2+\mathrm{j}2\pi f_{ib}\Delta t]\end{aligned} \tag{10-6}$$

路径增益频谱

$$\nu_i(f)=\frac{C_{ia}(0)}{\sqrt{2\pi}\sigma_{ia}}\exp\left[-\frac{(f-f_{ia})^2}{2\sigma_{ia}^2}\right]+\frac{C_{ib}(0)}{\sqrt{2\pi}\sigma_{ib}}\exp\left[-\frac{(f-f_{ib})^2}{2\sigma_{ib}^2}\right] \tag{10-7}$$

其中，$C_i(0)=C_{ia}(0)+C_{ib}(0)$，$C_{ia}(0)$和 $C_{ib}(0)$是当 $\Delta t=0$ 时 $G_{ia}(t)$和$G_{ib}(t)$的自相关函数值；f_{ia} 和 f_{ib} 为对应的多普勒频移；$2\sigma_{ia}$ 和 $2\sigma_{ib}$ 为对应的多普勒扩展。

2. Watterson 模型的算法实现和仿真

Watterson 模型的软件仿真框图，如图 10-15 所示。

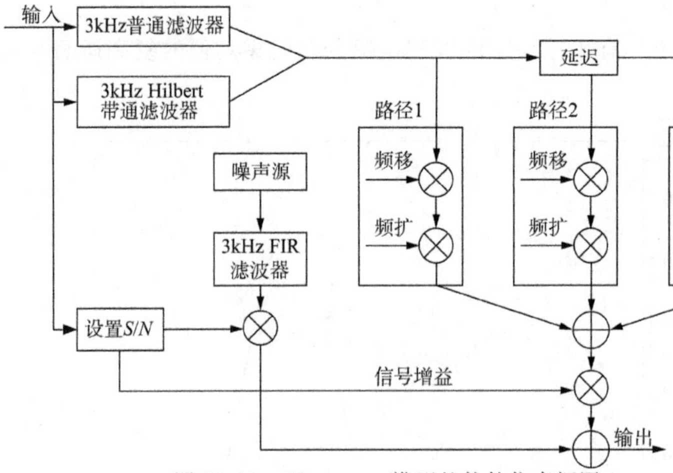

图 10-15　Watterson 模型的软件仿真框图

(1)多径仿真算法。

设输入信号 $S(t)=a\cos(\omega_0 t+\theta)$，经双线性 Hilbert 滤波器后信号变成复信号 $S_0(t)$，其中 I 路和 Q 路分量为

$$I_{in0}=a\cos(\omega_0 t+\theta),\quad Q_{in0}=a\sin(\omega_0 t+\theta) \tag{10-8}$$

则 $S_0(t)=I_{in0}+jQ_{in0}$ 为原始信号的复数形式，即路径 1。

对这两个分量时延相同的时间就可以得到不同的路径，从而实现对多径的仿真，例如，延迟 τ 得到另一条 $S_1(t)$。

$$\begin{aligned}I_{in1}&=a\cos[\omega_0(t-\tau)+\theta]\\Q_{in1}&=a\sin[\omega_0(t-\tau)+\theta]\end{aligned} \tag{10-9}$$

则 $S_1(t)=I_{in1}+jQ_{in1}$ 为原始的延迟信号，即多径信号，或路径 2 或路径 3。

Hilbert 滤波器的实现如下：

设计一个 FIR 低通滤波器，其通常为希望的带通滤波器通带的 1/2，利用式(10-10)将设计的低通滤波器的系数转化为带通 FIR 滤波器 I 路和 Q 路系数

$$\begin{aligned}h_{IBP}(n)&=2h_{LP}(n)\cos\left\{2\pi f_0\left[n-\frac{(N-1)}{2}\right]T\right\}\\h_{QBP}(n)&=2h_{LP}(n)\sin\left\{2\pi f_0\left[n-\frac{(N-1)}{2}\right]T\right\}\end{aligned} \tag{10-10}$$

其中，$h_{LP}(n)$ 为 n 阶低通 FIR 滤波器的系数，f_0 为通带中心频率，N 为系数的个数，T 为采样周期。

(2)衰落仿真算法。

①多普勒频扩仿真算法。

如图 10-16 所示。以原始信号的复数形式 $S_0(t)$ 为例分析其多普勒扩展产生的过程。由噪声源产生两路相互独立的高斯信号 I、Q，由于正态过程通过线性系统，其输出仍为正态过程，因此高斯信号 I、Q 经过高斯 FIR 低通滤波器、插值 FIR 滤波器，其输出 II、QQ 仍为高斯信号。

$$\begin{aligned}&S_0(t)^*(II+jQQ)=(I_{in0}+jQ_{in0})(II+jQQ)\\&I_{in0}II-Q_{in0}QQ=A\cos(\omega_0 t+\theta)II-A\sin(\omega_0 t+\theta)QQ\\&I_{in0}II+Q_{in0}QQ=A\cos(\omega_0 t+\theta)QQ-A\sin(\omega_0 t+\theta)II\end{aligned} \tag{10-11}$$

其中，II、QQ 为两相互独立的高斯随机过程。

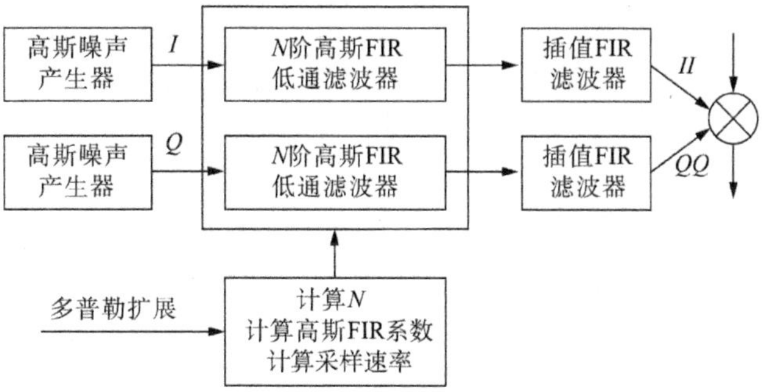

图 10-16　多普勒频扩仿真框图

设 $r=\sqrt{II^2+QQ^2}$，$\psi=\arctan\dfrac{QQ}{II}$，输出 $I_{out}=Ar\cos(\omega_0+\theta+\psi)$，rcos 概率密度函数 $f_r(r)=\dfrac{r}{\sigma^2}e^{-\frac{r^2}{2\sigma^2}}$ 服从瑞利分布。

频率扩展的产生是由频率扩展参数 σ_{si} 来控制噪声源要通过的 3kHz 滤波器，使其频率响应为

$$Ar(f)=e^{-\frac{f^2}{2\sigma_{si}^2}} \tag{10-12}$$

设输入高斯白噪声物理谱 $G_x(\omega)=N_0$，则通过滤波器后系统物理谱为

$$G_y(\omega)=N_0\exp(-f^2/\sigma_{si}^2) \tag{10-13}$$

于是与输入信号作用后产生 $2\sigma_{si}$ 的频率扩展。

②多普勒频移仿真算法。

多普勒频移主要是因为多普勒效应引起的通信双方载波频率的偏移，W_0 为多普勒频移。在仿真算法中，分别产生两路相互正交的频率为 W_0 的信号，与原始信号或经过延迟的多径信号相乘即可。仍以原始信号的复数形式 $S_0(t)$ 为例分析其多普勒频移产生过程。

$$I=\cos(W_0t),\quad Q=\sin(W_0t) \tag{10-14}$$

$$S_0(t)^*(I+jQ)=\exp[j(\omega_0+W_0)t] \tag{10-15}$$

从式(10-15)可见，原始信号频率 ω_0 叠加上了多普勒频移 W_0。

③噪声仿真算法。

为仿真真实的短波信道以及测试不同信噪比条件下的短波通信系统性能，可以在仿真的 3kHz 带宽内加入高斯噪声以产生特定的信噪比条件。

(3)短波标准测试信道模型。

ITU-R 为仿真短波数字通信系统的性能建议了测试信道，在 ITU-R F.520 中定义了三种测试信道，在 ITU-R F.1487 定义了十种测试信道。这些测试信道均为 Watterson 两径抽头延迟线模型，两径间的延迟为时延扩展，具体参数见表 10-5。

表 10-5　ITU-R 建议的测试信道模型

建议	信道模型及适应条件	时延扩展/ms	多普勒扩展/Hz
F.520	好信道	0.5	0.1
	中等信道	1	0.5
	差信道	2	1

续表

建议	信道模型及适应条件	时延扩展/ms	多普勒扩展/Hz
F. 1487	低纬度静态环境	0.5	0.5
	低纬度中等环境	2	1.5
	低纬度恶劣环境	6	10
	中纬度静态环境	0.5	0.1
	中纬度中等环境	1	0.5
	中纬度恶劣环境	2	1
	中纬度恶劣近似垂直入射	7	1
	高纬度静态环境	1	0.5
	高纬度中等环境	3	10
	高纬度恶劣环境	7	30

(4)短波标准测试信道模型C语言代码。

PathSim软件仿真了基于Watterson模型的短波信道，由Moe Wheatley AE4JY开发，基于C语言开发平台，界面如图10-17所示。

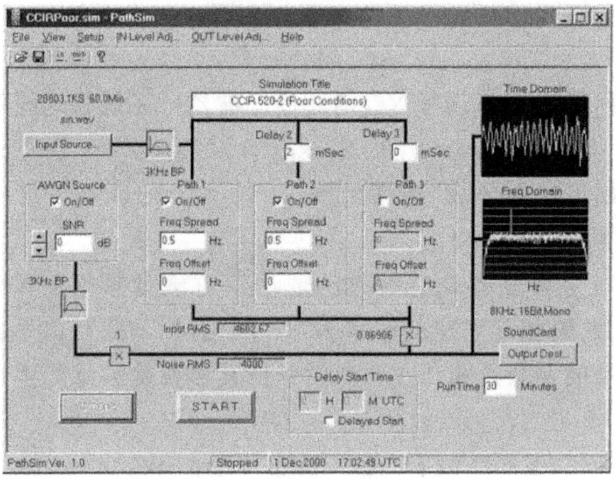

图10-17　PathSim软件界面

PathSim软件针对Watterson短波信道模型进行模拟，输入信号源可以是计算机声卡的音频信号或者已生成好的Wave文件，即语言文件，可以选择通过三路多径信道，每条路径可设置相应的频率扩展和频偏值，界面上可以显示相应的输出信号的时域和频域波形图，输出目的可以选择声卡实时输出或者存储为相应的Wave文件。

二、短波通信系统设计

1. 模拟传输系统设计

目前，军用短波电台中模拟电台占有相当的比重，研究模拟通信技术仍然具有十分重要的意义。例如RF3200是美国Harris公司生产的自适应单边带电台，是目前较典型的装备。下面简要介绍该电台的主要技术指标。

(1)频率范围。发信：1.6～30MHz，频率间隔10Hz，收信：0.1～30MHz，频率间隔10Hz。信道：249个出厂已编程信道。扫描组：1～9组用户编程组。频率稳定度：5×10^{-7}。

(2)工作种类。①USB 上边带话(J3E:载波抑制式 SSB 话)、LSB 下边带话(J3E:载波抑制式 SSB 话)。②AM 全载波兼容调幅话(H3E)。③CW 等幅报(J2A)。④ARQ:自动请求重发数据通信。⑤DATA 数据通信。

(3)发射机。①SSB 话输出功率:125W 峰包/平均;②AM(兼容)载波功率:35W;③SSB 话载波话抑制:46dB PEP;④互调:32dB 等。

(4)接收机。①灵敏度(1.6～30MHz)SSB 话时 0.5μV 10dB SINDA;AM 话时 3μV 10dB SINDA。②音频输出:5W,失真<5%,600Ω 辅助输出。③AGC 特性:信号输入 10μV～1V,输出音频变化小于 2dB。④抗矩比:镜抗比－70dB,中抗比－80dB。⑤互调失真:－80dB。

从该电台的主要体制来看,AM 和 SSB 是目前短波电台常用的两种模拟调制方式,本节针对这两种体制进行实践研究。

(1)AM 调制。

振幅调制又称为常规双边带调制,调制信号 $m(t)$叠加直流 A_0 后与载波相乘,就可形成调幅 AM(amplitude modulation)信号,如图 10-18 所示。

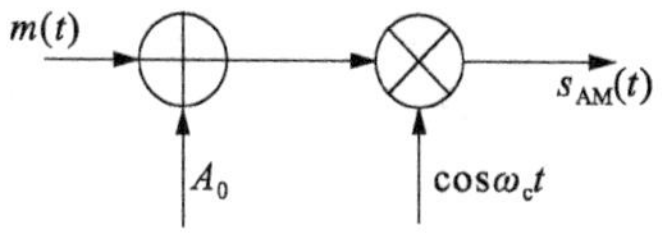

图 10-18　AM 调制器模型

AM 信号的时域表达式为

$$s_{AM}(t)=[A_0+m(t)]\cos\omega_c t \tag{10-16}$$

式中通常认为 $m(t)$的平均值 $\overline{m(t)}=0$。AM 信号的时域波形如图 10-19(a)所示。

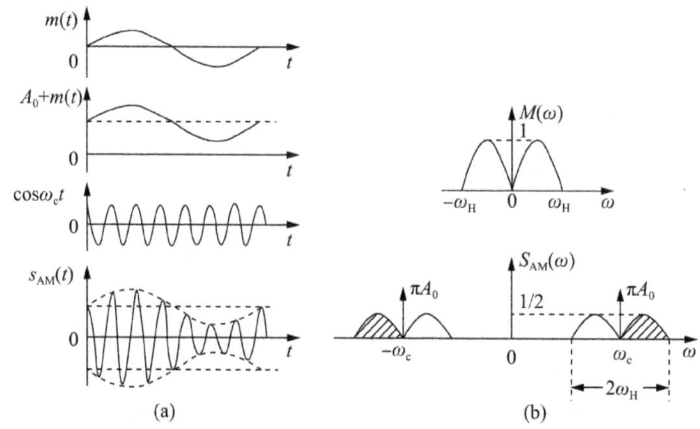

图 10-19　AM 信号的波形和频谱

AM 信号的解调一般有两种方法,一种是相干解调方法,相干解调也称为同步解调法;另一种是非相干解调法,就是通常的包络检波法。由于包络检波法电路很简单,而且又不需要本地提供同步载波,因此,对 AM 信号的解调大都采用包络检波法。

用相干解调法接收 AM 信号的原理如图 10-20 所示。相干解调法一般由乘法器、低通滤波器(low pass filter,LPF)和带通滤波器(band pass filter,BPF)组成。AM 信号经信道传输后,接收端接收的信号首先通过 BPF,BPF 的主要作用是滤除带外噪声。AM 信号 $s_{AM}(t)$通过 BPF 后与本地载波 $\cos\omega_c t$ 相乘再经过低通滤波器 LPF 隔直流后就完成了 $s_{AM}(t)$信号的解调。

图 10-20 中 $s_{AM}(t)$与载波相乘后输出为

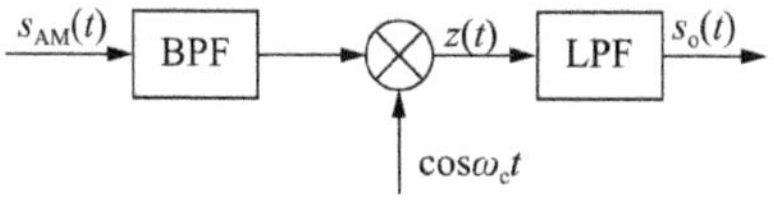

图 10-20　AM 信号的相干解调法

图 10-21　AM 信号的非相干解调法

$$\begin{aligned} z(t)&=s_{AM}(t)\cdot\cos\omega_c t=[A_0+m(t)]\cos\omega_c t\cdot\cos\omega_c t \\ &=\frac{1}{2}(1+\cos 2\omega_c t)[A_0+m(t)] \end{aligned} \tag{10-17}$$

经过低通滤波后的输出信号为

$$s_o(t)=\frac{A_0}{2}+\frac{1}{2}m(t) \tag{10-18}$$

其中，常数 $A_0/2$ 为直流成分，可以方便地用一个隔直流电路无失真地恢复原始调制信号。

相干解调法的优点是接收性能好，但实现较为复杂，要求在接收端产生一个与发送端同频同相的载波。AM 信号非相干解调法的原理如图 10-21 所示，它由 BPF、线性包络检波器(linear envelop detector，LED)和 LPF 组成。图 10-21 中 BPF 的作用与相干解调法中的完全相同。LED 直接提取 AM 信号的包络，即把一个高频信号直接变成低频调制信号，低通滤波器可以对包络检波器的输出起到平滑作用。最简单的包络检波器由二极管和阻容电路构成，具体电路参考高频电子线路有关文献。包络检波法的优点是实现简单，成本低，不需要同步载波，但系统抗噪声性能较差。

下面给出一个示例，用于构建基于 AM 的音频信号模拟传输系统。

例 10-4 基于 AM 的音频信号模拟传输系统。

本系统的实现过程为：首先将音频信号内插到与载波相同的采样率，这可利用 MATLAB 的 interp 函数实现内插；然后进行 AM 调制；最后根据 AM 解调原理进行信号解调，这可利用 MATLAB 的 decimate 函数对解调信号进行抽取滤波。该系统的参数如表 10-6 所示。由载波频率与采样率的关系可知，载波的采样率为 $f_s/f_c=4.14$；根据载波采样率与音频信号采样率可知，对音频进行内插的倍数为 4.14MHz/44.1kHz。

表 10-6 AM 模拟传输系统参数列表

参数名	取值
载波频率 f_c	1MHz
载波采样率 f_s	4.14MHz
音频信号源	Windows 系统的 logon.wav 文件，采样率 44.1kHz

在 MATLAB 的命令窗口运行 fdatool(滤波器设计工具箱)，设计低通滤波器，参数为：采样率 f_s=4.14MHz，通带截止频率 fpass=10kHz，阻带截止频率 fstop=100kHz，生成滤波器系数保存到文件 lowpass.mat。相应 MATLAB 程序代码如下。

①AM 调制程序代码。

```
fc=1e6;                                  % 输入载波频率
fs=4.14e6;                               % 抽样频率要大于 2 倍载波频率
Am=0.15;                                 % Am 为信源输出的幅度最大值
A=0.2;                                   % 输入 A>Am，防止过载

%%%%% 读取调制音频信号，该信号可在 Windows 中搜索得到，也可用其他音频 wav 文件替代 %%%%%
[y, Fs, nbits] = wavread('logon.wav');
mt=y(:,1);                               %取双通道语音的一路信号，采样率为 44.1kHz
%%%%% 进行 100 倍内插，使得信源的采样率达到 4.14MHz，内插后的速率等于载波的采样率 %%%%%
mt=interp(mt,100)';                      % 插值到 4.14MHz
N=length(mt);
```

```
K=N-1;
n=0:N-1;
%%%%% 绘制 AM 调制前信号波形 %%%%%
t=(0:1/fs:K/fs);                              %载波的采样时刻,也是信源的采样时刻
subplot(3,1,1),plot(t,mt),title('调制信号 mt 的时域波');
%%%%% 将信源与余弦载波相乘,实现 Am 调制 %%%%%
y2=(A+mt).*cos(2*pi*fc*t);                    % 已调信号

%%%%% 绘制 AM 调制后信号波形 %%%%%
subplot(3,1,2),plot(t,y2),title('已调制信号 y2 的时域波');
```

②AM 解调程序代码。

```
%%%%% 非相干解调,包络检波 %%%%%
c = find(y2<0);
y2(c) = 0;
load lowpass.mat;               % fs=4.14MHz,fpass=10kHz,fstop=100kHz,低通滤波
y3=conv(y2,lowpass);
%%%%% 画解调信号时域波形 %%%%%
subplot(3,1,3),plot(t,y3(1:N)),title('解调信号 y3 的时域波')
y4=10*decimate(y3,100);
%%%%% 将解调信号写入 wav 文件 %%%%%
wavwrite(y4,Fs,'amdemod.wav');
```

(2)SSB 调制。

除掉 DSB 的一个边带就可以得到 SSB 信号,因此 SSB 占有 DSB 一半的带宽。依据所保留的边带是上边带还是下边带,有两种类型的 SSB,即 USSB 和 LSSB。这些信号的时域表示为

$$u(t)=\frac{A_c}{2}m(t)\cos(2\pi f_c t)\mp\frac{A_c}{2}\hat{m}(t)\sin(2\pi f_c t) \tag{10-19}$$

其中,减号对应于 USSB,加号对应于 LSSB,$\hat{m}(t)$是 $m(t)$的希尔伯特变换,定义为 $\hat{m}(t)=m(t)*[1/(\pi t)]$,在频域中则满足 $\hat{M}(f)=-\mathrm{j}\,\mathrm{sgn}(f)M(f)$。换句话说,一个信号的希尔伯特变换代表在全部信号分量上进行 $\pi/2$ 的相移。这样,在频域中有

$$U_{\mathrm{USSB}}(f)=\begin{cases}[M(f-f_c)+M(f+f_c)], & f_c\leqslant|f|\\ 0, & \text{其他}\end{cases} \tag{10-20}$$

和

$$U_{\mathrm{LSSB}}(f)=\begin{cases}[M(f-f_c)+M(f+f_c)], & f\leqslant|f_c|\\ 0, & \text{其他}\end{cases} \tag{10-21}$$

有消息信号 $m(t)$为

$$m(t)=\begin{cases}1, & 0\leqslant t<t_0/3\\ -2, & t_0/3\leqslant t<2t_0/3\\ 0, & \text{其他}\end{cases} \tag{10-22}$$

用 LSSB 方法调制载波 $c(t)=\cos(2\pi f_c t)$。假定 $t_0=0.15\mathrm{s}$,$f_c=250\mathrm{Hz}$,画出消息信号的希尔伯特变换和已调信号 $u(t)$,同时也画出已调信号的频谱。

消息信号的希尔伯特变换可用 MATLAB 的希尔伯特变换函数 hilbert.m 计算得出。然而,值得注意的是,这个函数所得到的是一个复数序列,其实部是原序列,而虚部才是要求的希尔伯

特变换。因此,序列的希尔伯特变换可以用指令 imag(hilbert(m))得到。现在,利用下面的关系:

$$u(t)=m(t)\cos(2\pi f_c t)\mp\hat{m}(t)\sin(2\pi f_c t) \tag{10-23}$$

就能得到已调信号。图 10-22 显示的是 LSSB 已调信号 $u(t)$的频谱图。

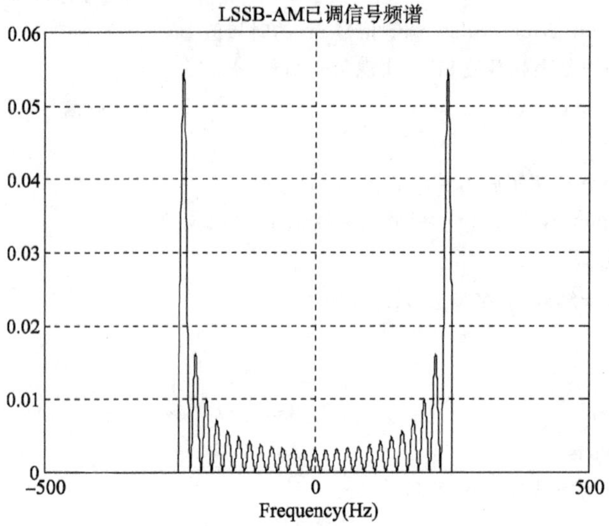

图 10-22　SSB 信号频谱

SSB 信号的解调过程基本上与 DSB 信号的解调过程相同,也就是说混频之后紧接着低通滤波,即

$$u(t)=\frac{A_c}{2}m(t)\cos(2\pi f_c t)\mp\frac{A_c}{2}\hat{m}(t)\sin(2\pi f_c t) \tag{10-24}$$

其中,减号对应于 USSB,加号对应于 LSSB。$u(t)$与本地振荡器混频之后得到输出

$$\begin{aligned}y(t)&=\frac{A_c}{2}m(t)\cos^2(2\pi f_c t)\mp\frac{A_c}{2}\hat{m}(t)\sin(2\pi f_c t)\cos(2\pi f_c t)\\&=\frac{A_c}{4}m(t)+\frac{A_c}{4}m(t)\cos(4\pi f_c t)\mp\frac{A_c}{4}\hat{m}(t)\sin(4\pi f_c t)\end{aligned} \tag{10-25}$$

其中,含有在$\pm 2f_c$ 的带通分量和正比于消息信号的低频分量。低频分量用低通滤波器滤出,以恢复消息信号。

下面通过示例来分析 SSB 的调制解调过程。

例 10-5　SSB 调制过程。

```
%%%%%参数设置%%%%%
t0=.15;                                    % 信号持续时间
ts=0.001;                                  % 采样间隔
fc=250;                                    % 载波频率
snr=10;                                    % 信噪比(dB)
fs=1/ts;                                   % 采样频率
df=0.25;                                   % 所需的频率分辨率
t=[0:ts:t0];                               % 时间矢量
snr_lin=10^(snr/10);                       % 线性信噪比
%%%%% 消息矢量 %%%%%
```

```
m=[ones(1,t0/(3*ts)),-2*ones(1,t0/(3*ts)),zeros(1,t0/(3*ts)+1)];
c=cos(2*pi*fc.*t);                               % 载波矢量
udsb=m.*c;                                       % DSB 已调信号
[UDSB,udssb,df1]=fftseq(udsb,ts,df);             % 傅里叶变换
UDSB=UDSB/fs;                                    % 归一化
f=[0:df1:df1*(length(udssb)-1)]-fs/2;            % 频率矢量
n2=ceil(fc/df1);                                 % 载波在频率矢量中的位置
%%%%% 去除 DSB 中的上边带 %%%%%
UDSB(n2:length(UDSB)-n2)=zeros(size(UDSB(n2:length(UDSB)-n2)));
ULSSB=UDSB;                                      % 产生 LSSB 信号的频谱
[M,m,df1]=fftseq(m,ts,df);                       % 傅里叶变换
M=M/fs;                                          % 归一化
u=real(ifft(ULSSB))*fs;                          % 从频谱产生 LSSB 信号
signal_power=spower(udsb(1:length(t)))/2;        % 计算信号功率
noise_power=signal_power/snr_lin;                % 计算噪声功率
noise_std=sqrt(noise_power);                     % 计算噪声标准差
noise=noise_std*randn(1,length(u));              % 产生噪声矢量
r=u+noise;                                       % 添加噪声到信号中
[R,r,df1]=fftseq(r,ts,df);                       % 傅里叶变换
R=R/fs;                                          % 归一化
pause                                            % 观察调制信号的功率
signal_power
pause                                            % 观察消息信号
clf
subplot(2,1,1)
plot(t,m(1:length(t)))
axis([0,0.15,-2.1,2.1])
xlabel('时间')
title('消息信号')
grid;
%%%%% 观察载波 %%%%%
pause
subplot(2,1,2)
plot(t,c(1:length(t)))
xlabel('时间')
title('载波')
grid;
%%%%% 观察已调信号及其频谱 %%%%%
pause
clf
subplot(2,1,1)
plot([0:ts:ts*(length(u)-1)/8],u(1:length(u)/8))
xlabel('时间')
title('LSSB 已调信号')
```

```
grid;
subplot(2,1,2)
plot(f,abs(fftshift(ULSSB)))
xlabel('频率')
title('LSSB 已调信号频谱')
grid;
%%%%% 观察消息信号和已调信号的频谱 %%%%%
pause
clf
subplot(2,1,1)
plot(f,abs(fftshift(M)))
xlabel('频率')
title('消息信号频谱')
grid;
subplot(2,1,2)
plot(f,abs(fftshift(ULSSB)))
xlabel('频率')
title('LSSB 已调信号频谱')
grid;
%%%%% 观察噪声采样值 %%%%%
pause
subplot(2,1,1)
plot(t,noise(1:length(t)))
title('噪声采样值')
xlabel('时间')
grid;
%%%%% 观察已调信号和噪声 %%%%%
pause
subplot(2,1,2)
plot(t,r(1:length(t)))
title('已调信号加噪声')
grid;
xlabel('时间')
subplot(2,1,1)
%%%%% 观察已调信号的频谱 %%%%%
pause
plot(f,abs(fftshift(ULSSB)))
title('已调信号频谱')
grid;
xlabel('频率')
subplot(2,1,2)
%%%%% 观察已调信号加噪声的频谱 %%%%%
pause
plot(f,abs(fftshift(R)))
```

```
grid;
title('已调信号加噪声频谱')
xlabel('频率')
```

图 10-23 为 LSSB 调制过程中的波形图。

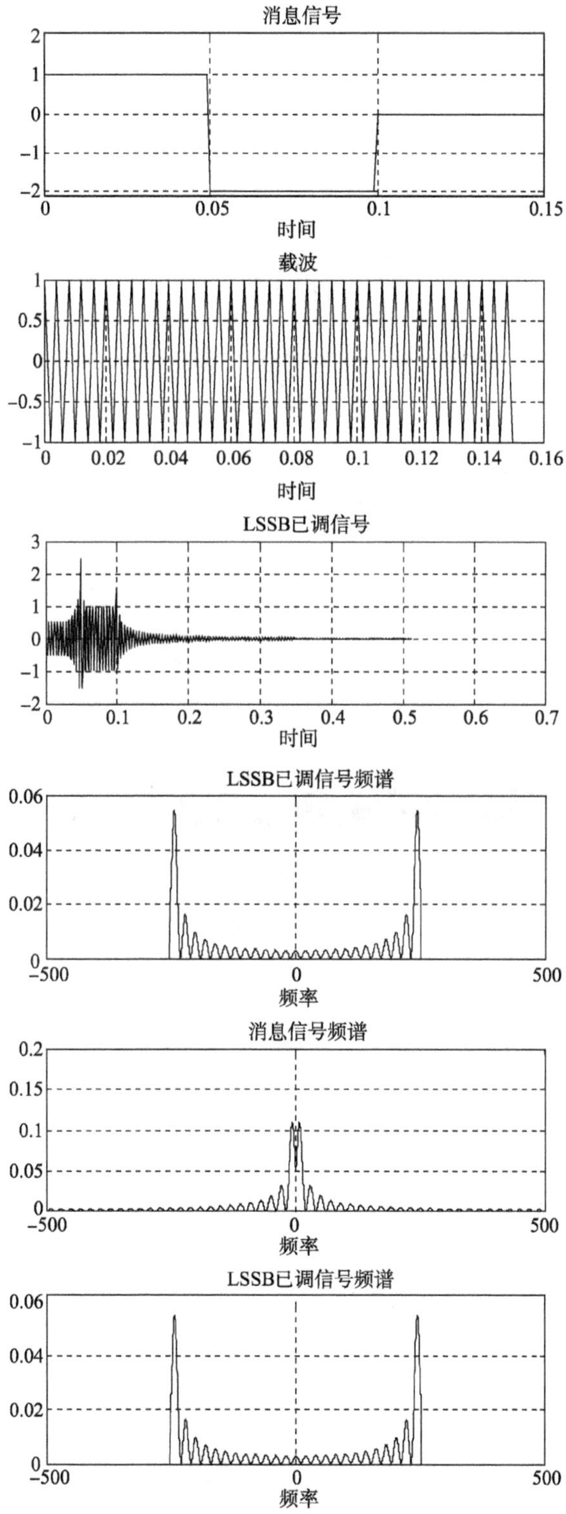

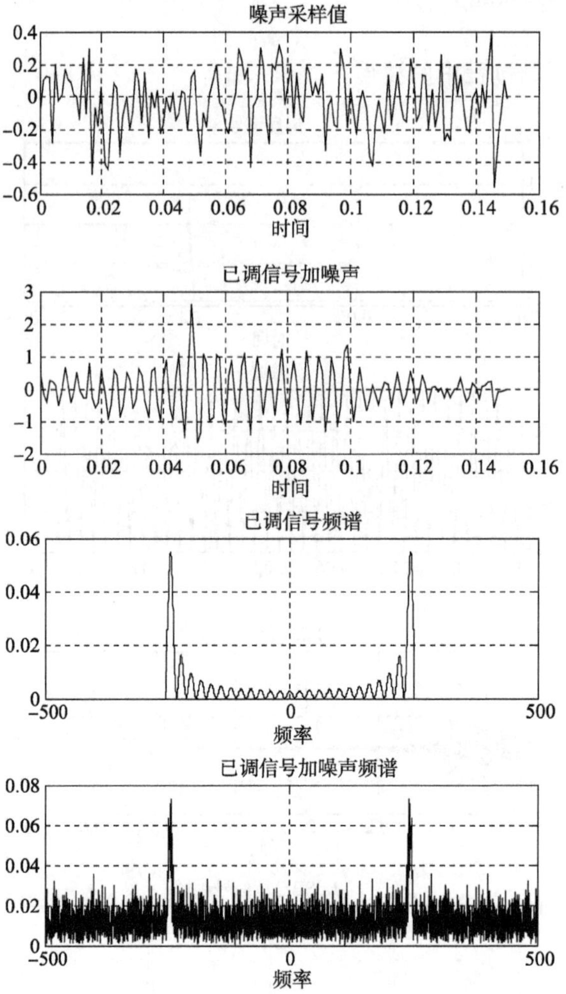

图 10-23　示例中的信号波形及其频谱对比

例 10-6　SSB 解调过程。

在 SSB 解调系统中，若消息信号为

$$m(t)=\begin{cases}1, & 0\leqslant t<t_0/3\\ -2, & t_0/3\leqslant t<2t_0/3\\ 0, & \text{其他}\end{cases}$$

其中，$t_0=0.15\text{s}$，$f_c=250\text{Hz}$。求 $U(f)$ 和 $Y(f)$，并将解调信号与消息信号进行比较。已调信号和它的频谱在前面的例子中已给出，$U(f)$ 的表达式为

$$U(f)=\begin{cases}0.025\mathrm{e}^{-0.05\mathrm{j}\pi(f-250)}\mathrm{sinc}(0.05(f-250))(1-2\mathrm{e}^{-0.1\mathrm{j}\pi(f-250)})\\ +0.025\mathrm{e}^{-0.05\mathrm{j}\pi(f+250)}\mathrm{sinc}(0.05(f+250))(1-2\mathrm{e}^{-0.1\mathrm{j}\pi(f+250)}), & |f|\leqslant f_c\\ 0\end{cases}$$

$$Y(f)=\frac{1}{2}U(f-f_c)+\frac{1}{2}U(f+f_c)\approx$$

$$\begin{cases}0.0125\mathrm{e}^{-0.05\mathrm{j}\pi f}\mathrm{sinc}(0.05f)(1-2\mathrm{e}^{-0.01\mathrm{j}\pi f}), & |f|\leqslant f_c\\ 0.0125\mathrm{e}^{-0.05\mathrm{j}\pi(f-500)}\mathrm{sinc}(0.05(f-500))(1-2e^{-0.01\mathrm{j}\pi(f-500)}), & f_c\leqslant f\leqslant 2f_c\\ 0.0125\mathrm{e}^{-0.05\mathrm{j}\pi(f+500)}\mathrm{sinc}(0.05(f+500))(1-2\mathrm{e}^{-0.01\mathrm{j}\pi(f+500)}), & -2f_c\leqslant f\leqslant -f_c\\ 0, & \text{其他}\end{cases}$$

程序代码如下：

```
%%%%% 参数设置 %%%%%
t0=.15;                                          % 信号持续时间
ts=1/1500;                                       % 采样间隔
fc=250;                                          % 载波频率
fs=1/ts;                                         % 采样频率
df=0.25;                                         % 所需的频率分辨率
t=[0:ts:t0];                                     % 时间矢量
%%%%% 消息信号矢量 %%%%%
m=[ones(1,t0/(3*ts)),-2*ones(1,t0/(3*ts)),zeros(1,t0/(3*ts)+1)];
c=cos(2*pi*fc.*t);                               %载波矢量
udsb=m.*c;                                       % DSB 已调信号
[UDSB,udsb,df1]=fftseq(udsb,ts,df);              % 傅里叶变换
UDSB=UDSB/fs;                                    % 归一化
n2=ceil(fc/df1);                                 % 载波在频率矢量中的位置
%%%%% 去除 DSB 中的上边带 %%%%%
UDSB(n2:length(UDSB)-n2)=zeros(size(UDSB(n2:length(UDSB)-n2)));
ULSSB=UDSB;                                      %产生 LSSB 频谱
[M,m,df1]=fftseq(m,ts,df);                       % 消息信号的频谱
M=M/fs;                                          % 归一化
f=[0:df1:df1*(length(M)-1)]-fs/2;                % 频率矢量
u=real(ifft(ULSSB))*fs;                          % 从频谱产生 LSSB 信号
%%%%% 混频 %%%%%
y=u.*cos(2*pi*fc*[0:ts:ts*(length(u)-1)]);
[Y,y,df1]=fftseq(y,ts,df);                       % 混频器输出信号的频谱
Y=Y/fs;                                          % 归一化
f_cutoff=150;                                    % 选择滤波器的截止频率
n_cutoff=floor(150/df);                          % 设计滤波器
H=zeros(size(f));
H(1:n_cutoff)=4*ones(1,n_cutoff);
%%%%% 滤波器输出信号的频谱 %%%%%
H(length(f)-n_cutoff+1:length(f))=4*ones(1,n_cutoff);
DEM=H.*Y;                                        % 滤波器输出信号的频谱
dem=real(ifft(DEM))*fs;                          % 滤波器输出信号
%%%%% 观察混频效果 %%%%%
pause
clf
```

```
subplot(3,1,1)
plot(f,fftshift(abs(M)))
title('消息信号频谱')
grid;
xlabel('频率')
subplot(3,1,2)
plot(f,fftshift(abs(ULSSB)))
title('已调信号频谱')
grid;
xlabel('频率')
subplot(3,1,3)
plot(f,fftshift(abs(Y)))
title('混频器输出信号频谱')
grid;
xlabel('频率')
%%%%% 观察混频器输出滤波后的效果 %%%%%
pause
clf
subplot(3,1,1)
plot(f,fftshift(abs(Y)))
title('混频器输出信号频谱')
grid;
xlabel('频率')
subplot(3,1,2)
plot(f,fftshift(abs(H)))
title('低通滤波器特性')
grid;
xlabel('频率')
subplot(3,1,3)
plot(f,fftshift(abs(DEM)))
title('解调器输出信号频谱')
grid;
xlabel('频率')
%%%%% 观察消息信号和解调器输出的信号 %%%%%
pause
subplot(2,1,1)
plot(t,m(1:length(t)))
title('消息信号')
grid;
xlabel('时间')
subplot(2,1,2)
plot(t,dem(1:length(t)))
title('解调器输出')
grid;
```

```
xlabel('时间')
```

图 10-24 为 SSB 解调过程中的波形图。

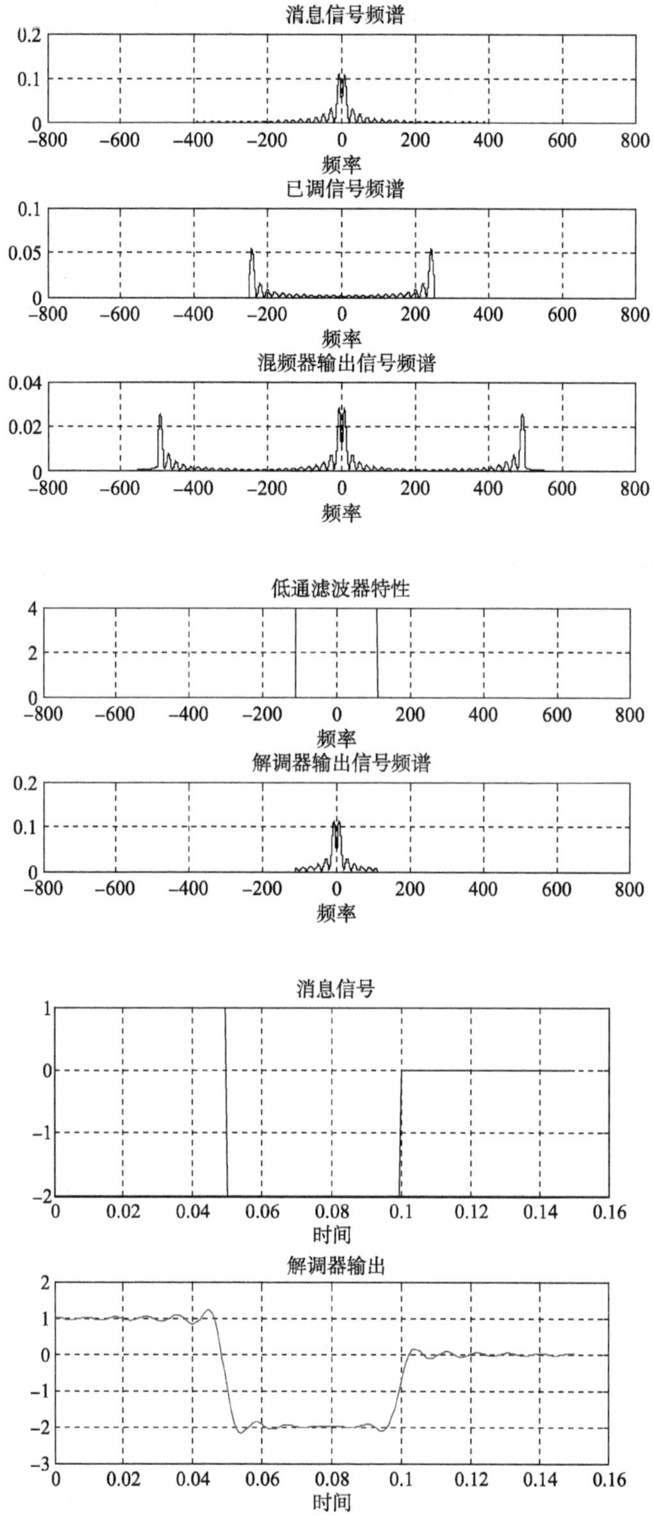

图 10-24　示例中的信号波形及其频谱对比

2. 数字传输系统设计

短波信道中一般采用相移键控的数字传输体制，如常用的 QPSK，QPSK 传输体制的特点在前面第 6 章中已有详细论述。短波信道中的 QPSK 传输系统设计需要处理信道时变性和衰落对传输的影响，为估计信道特性，在帧格式设计时可以考虑加入一定的训练序列。由于信道的时变性，均衡器设计时需要考虑采用信道估计与信道跟踪相结合的方式。下例给出了一种可以借鉴的设计方案。

例 10-7　短波信道下 QPSK 传输系统。

(1)仿真条件说明。

符号速率：2400Baud；

成型滤波：平方根升余弦滤波器，滚降因子 0.25；过采样因子 16；

信号频率范围：0.3～3.3kHz；

调制方式：QPSK；

帧格式如图 10-25 所示；

均衡方式：DFE，4 倍分数间隔，遗忘因子 0.96。

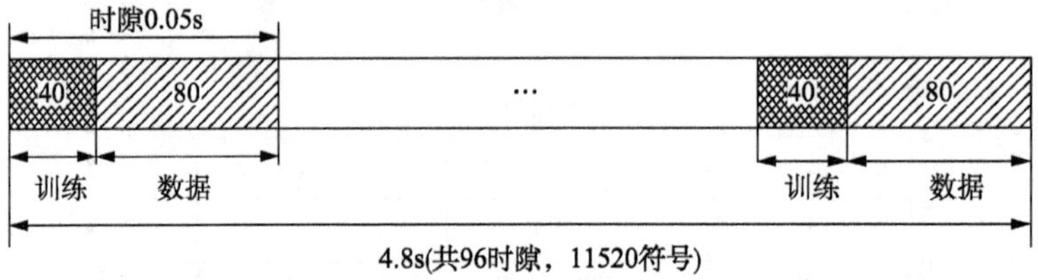

图 10-25　帧格式

(2)MATLAB代码。

```
%%%%% 调制信号参数 %%%%%
SNR = 0:30;
baud_rate=2400;
M=4;k = log2(M);
bit_rate = baud_rate * log2(M);
modObj = modem.pskmod('M', M, 'PhaseOffset', 0, 'SymbolOrder','gray', 'InputType', 'integer');
demodObj = modem.pskdemod(modObj);
%%%%% 生成数据 %%%%%
data_len= 2000;
data_len1=80;
slots_per_frame=data_len/data_len1;
nloop=10;
data=randint(1,data_len,M);
train_len = 40;
train=randint(1,train_len,M).';
%%%%% 训练序列调制 %%%%%
%%%%% 发送匹配滤波器 %%%%%
Fd=1; Delay=3;
Fs=16;
```

```
roll_coeff=1/4;
[yf, tf] = rcosine(Fd, Fs, 'fir/sqrt', roll_coeff, Delay);

%%%%% 判决反馈均衡器 %%%%%
forwardcoeff=33;
feedbackcoeff=7;
forgetting=0.96;
overfactor=4;
sigconst=modObj.Constellation;
eqobj=dfe(forwardcoeff,feedbackcoeff,rls(forgetting),sigconst,overfactor);
eqobj.RefTap = 17;
D = (eqobj.RefTap -1)/eqobj.nSampPerSym;
eqobj.ResetBeforeFiltering=0;

%%%%% 均衡器填充序列 %%%%%
tail=transpose(randint(1,D,M));

%%%%% ITU-R 信道 %%%%%
fd=1;baud_rate=2400;
Fs=16;
ts=1/baud_rate/Fs;
chan=stdchan(ts,fd,'iturHFMM');
chan.ResetBeforeFiltering = 0;

%%%%% 开始仿真 %%%%%
for i=1:length(SNR)
[receive_soft,ser_single(i)]=single_file_process(data,data_len1,D,chan,eqobj,slots_per_frame, modObj,demodObj,Fd,Fs,yf,SNR(i),overfactor,train,tail);
end
figure
semilogy( SNR, ser_single, '-*');
grid on;
```

函数 single_file_process:

```
function receive_soft, ser_single]=single_file_process(data, data_len1, D, chan, eqobj, slots_per_frame, modObj, demodObj, Fd, Fs, yf, adjSNR,overfactor,train,tail)
train_len=length(train);
receive_soft=[];
for ii=1:slots_per_frame
    %%%%% 每次取存储数据 100 个 %%%%%
    msg_orig=transpose(data((ii-1)*data_len1+1:ii*data_len1));
    msg_tx =[train;msg_orig;tail];
    msg_enc = modulate(modObj, msg_tx);
```

```
    %%%%% 设置合成空数组 %%%%%
    [yo, to] = rcosflt(transpose(msg_enc), Fd, Fs, 'filter', yf);
    yo=yo((length(yf)+1)/2:end-(length(yf)-1)/2);

    %%%%% 高斯白噪声 %%%%%
    yo=awgn(filter(chan,yo),adjSNR);
    [yr, tr] = rcosflt(yo, Fd, Fs, 'filter/Fs', yf);
    yr=yr((length(yf)+1)/2:end-(length(yf)-1)/2);
    filtmsg=yr(1:Fs/overfactor:end);

    %%%%% 信道均衡 %%%%%
    [symbolest,receivedMsg]=equalize(eqobj,filtmsg,modulate(modObj,train));

    %%%%% 去掉软硬信息——均衡器延迟填充 %%%%%
    receivedMsg=receivedMsg(train_len+D+1:end);
    symbolest=symbolest(train_len+D+1:end);

    %%%%% 将每组数据存入空数组 %%%%%
    receive_soft=[receive_soft;symbolest];
end
[t1,ser_single]=symerr(transpose(data),demodulate(demodObj,receive_soft));
```

图 10-26 为仿真的性能曲线图。

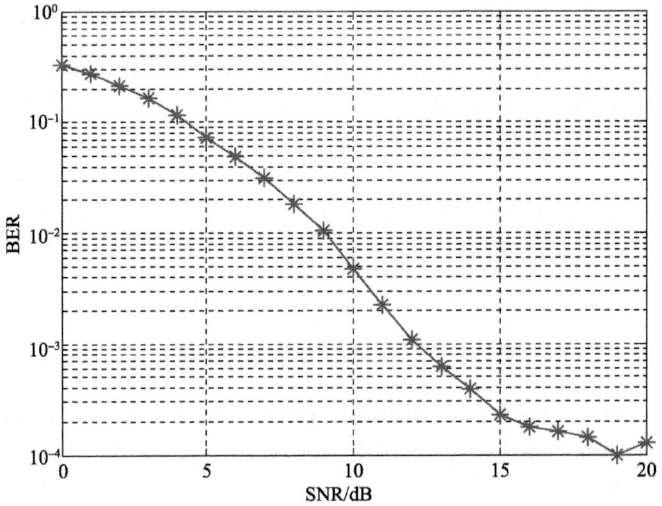

图 10-26　QPSK 通过短波信道后的性能曲线图

三、设计方法

1. 设计目的

(1)掌握短波落信道的基本特点;

(2)熟悉短波信道建模方法。

2. 设计工具与平台

C 语言开发平台或 MATLAB 软件仿真平台。

3. 设计内容和要求

(1)分析短波信道建模方法的正确性；

(2)设计 QPSK 传输系统的帧格式；

(3)针对不同的短波信道模型，设计不同的均衡器；

(4)在不同的信噪比下，采用蒙特卡罗仿真对该传输系统进行性能测试；

(5)改变信道参数，绘出误码性能图。

4. 思考题

(1)短波信道对于数字通信系统的影响主要体现在哪些方面？

(2)采用何种方法可提高该系统的传输性能？

(3)帧格式设计中时隙长度与短波信道多普勒频扩之间应该满足什么关系？

10.2.2　基于卫星信道的 QAM 传输系统设计

一、系统概述

卫星通信链路特性较为复杂，本节主要考虑卫星信道的非线性失真对于 QAM 通信系统的影响及其消除方法。卫星信道的非线性特性表现在很多方面，例如，转发器、I/Q 不平衡、相位噪声、群时延等，本节重点放在转发器、相位噪声和群时延上。

1. 转发器的非线性特性

实际卫星通信系统中，转发器所用的高功率放大器(HPA)具有非线性的传递函数，其特性可用幅度变换(AM/AM)和相位变换(AM/PM)来表示，其典型特性如图 10-27 所示。

对于 HPA 的 AM/AM，AM/PM 特性可用如下的数学模型表示：

$$A(P)=\frac{a_1 P}{1+b_1 P^2} \tag{10-26}$$

$$\varphi(P)=\frac{a_2 P^2}{1+b_2 P^2} \tag{10-27}$$

式中，模型系数 a_1，a_2 和 b_1，b_2 是使用数值曲线拟合法，由数据得到的。

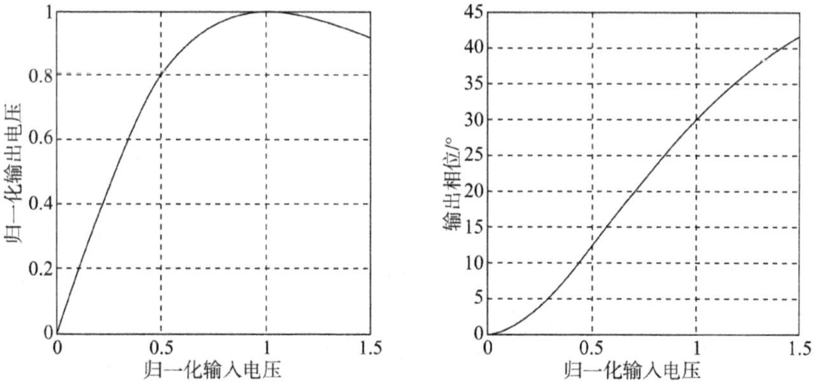

图 10-27　HPA 的 AM/AM 与 AM/PM 特性

2. 系统群时延

在卫星通信系统中，除高斯噪声对传输误码的影响外，地面发射设备、卫星信道和地面接收设备的传递函数不理想性产生的幅度失真及相位失真引起的码间干扰(ISI)，将使传输误码性能进一步恶化。

假定信道的频响特性函数为

$$H(e^{j\omega})=|H(e^{j\omega})|e^{j\phi(\omega)} \tag{10-28}$$

式中，$|H(e^{j\omega})|$为幅频特性函数，$\phi(\omega)$为相频特性函数。

群时延——频率特性为

$$\tau(\omega)=\frac{d\phi(\omega)}{d\omega} \tag{10-29}$$

如果$\tau(\omega)$是一个常数，即$\phi(\omega)$与ω呈线性关系，此时，信号的不同频率部分具有相同的群时延，因而信号经过传输后不会发生畸变。反之，当信号不同频率的部分到达接收端的时间不同时，产生群时延畸变。在卫星链路中，典型的群时延失真主要是线形群时延失真和抛物线形群时延失真。其仿真过程如图 10-28 所示。

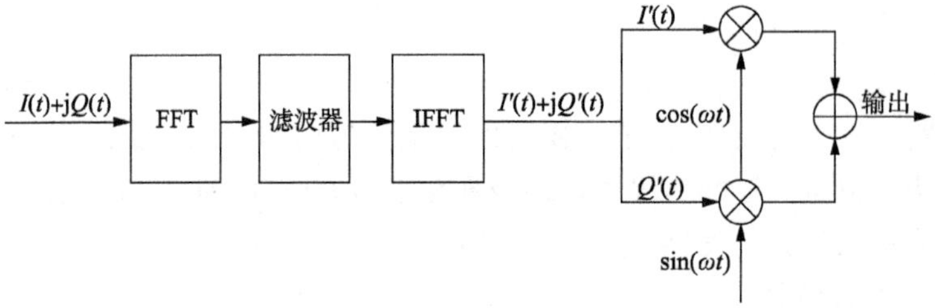

图 10-28　群时延仿真模型

输入 QAM 基带调制信号 $I(t)+jQ(t)$经过 FFT 变换后，在频率乘以一群延时滤波器，然后经过 IFFT 变换为 $I'(t)+jQ'(t)$，再分别用 $I'(t)$、$Q'(t)$对同相与正交分量进行调制，实现 QAM 调制。

抛物线群延时

$$y=ax^2+b$$

正弦群延时

$$y=A_s\sin\left(\frac{B_s f_s x}{B}+\pi B_s\right)+C_s$$

其中，B_s 表示带宽 B 内正弦的周期数。

3. 相位噪声

在载波传输中，本振信号的稳定性将直接影响到信号的解调，而其不稳定性的一个主要表现就是相位的不稳定。由于晶振本身的不稳定形成对正弦波的相位调制，这使得射频源发出的是非零带宽的载波信号，也就是所谓的相位噪声。相位噪声是围绕振荡信号的噪声谱的频域表现，它使中心频率的功率向邻近频率扩散，从而形成一个非零带宽的边带。

值得注意的是，在描述振荡器相位不稳定性时，一般有两个类似的指标——相位噪声(phase noise)和抖动(jitter)，不同的设备给出的指标形式不同，但可通过计算公式进行转换。相位噪声多以在指定频偏处 1Hz 带宽功率与载波总功率之比表示(dBc/Hz)，而抖动可以用弧度表示，两者之间可按下式转换：

$$\text{RMSJitter(radians)}=2\sqrt{10^{N/10}} \tag{10-30}$$

其中，N 为噪声功率，即

$$N=\int_a^b L(f)\mathrm{d}f \tag{10-31}$$

式中，$L(f)$噪声功率谱密度，a，b 为频率范围。

采用高斯白噪声通过 IIR 的方法来实现符合相关设备的相位噪声曲线。其关键在于由设备相位噪声指标确定滤波器的系数。实现原理如图 10-29 所示。

图 10-29 相位噪声框图

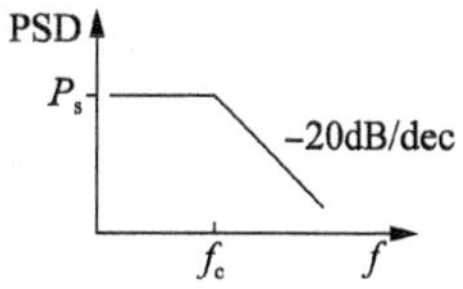

图 10-30 相位噪声功率谱密度

图 10-30 表示了相位噪声的功率谱密度模型，其中，P_s 表示 0Hz 处的单边相位噪声功率。下面两个参数用于定义相位噪声的特性。

f_c 为相位噪声的 3dB 截止带宽；

P_{rms}为以度表示的均方根相位噪声。

P_s 与 P_{rms}的关系由下式表示：

$$P_{s(dB)}=10\log\left[\left(\frac{P_{rms}\cdot\pi}{180}\right)\cdot\frac{1}{\pi f_c}\right] \tag{10-32}$$

所需要的相位噪声可以由一个零均值的高斯白噪声经过一个滤波器产生，其方差为

$$\text{Var}=P_s\cdot f_s \tag{10-33}$$

式中，f_s 为采样频率。

滤波器设计为一阶的巴特沃思 IIR 低通滤波器，截止频率为 f_c。

在工程技术上，相位噪声可以用频谱仪直接测量，因此常用相位功率谱来描述相位噪声。相位噪声是一个零均值的高斯过程，大多数情况下，相位噪声功率谱密度与以频带中心为基点的频率值 f 有关。实践表明，可能是 f^{-4}，f^{-3}，f^{-2}，f^{-1}或者 f^0 的函数。一般采用 IIR 方法来实现，对于 $1/f$ 谱密度结构的滤波器，要精确得到比较困难，只能近似获得，可以采用系数拟合法来获得。如果得到了 $1/f$ 功率谱密度结构的滤波器之后，就可以利用它来进一步得到 f^{-4}，f^{-3}，f^{-2} 谱密度结构的滤波器，只要将多个 $1/f$ 谱密度的滤波器串接就可以。对于不同段特性谱密度结构不同的滤波器，可以采用低通、带通、高通等滤波器首先对高斯白噪声进行过滤，滤除相应频带之外的噪声，余下的噪声经过相应谱结构的滤波器。所有段的噪声之和就是所要求的谱结构噪声。例如，一个本振相位噪声的功率谱密度可以表示为

$$P(f)=\begin{cases}1/f^3, & 10\text{Hz}<f<1\text{kHz}\\1/f, & 1\text{kHz}<f<100\text{kHz}\end{cases} \tag{10-34}$$

可以通过如图 10-31 所示的方式产生。

前面给出了时钟抖动与相位噪声功率谱密度之间的关系，如果知道了在某一个频率范围内时钟抖动的均方根值，按照近似计算的方法只能得出该频率区间两个端点功率谱密度之和，无法得出每个频点的具体值。

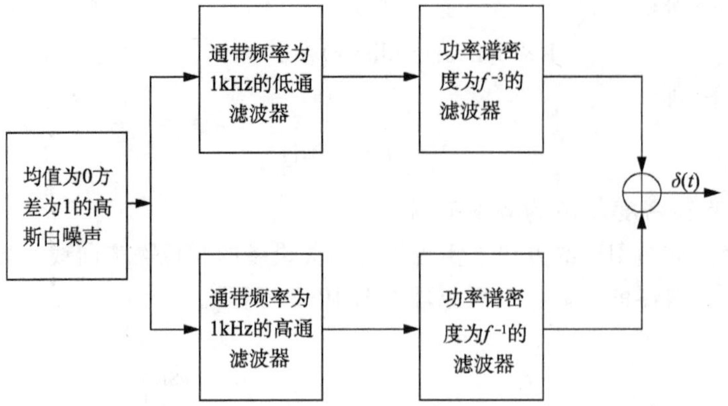

图 10-31 多折线谱密度特性的相位噪声产生原理图

4. QAM 传输系统设计

QAM 传输体制的特点在前面第 6 章中已有详细论述。卫星信道中的 QAM 传输系统设计需要处理信道非线性对传输的影响,为估计信道特性,在帧格式设计时可以考虑加入一定的训练序列。设计时可以参照前节中短波信道 QPSK 传输系统设计的相关思路。

例 10-8 基于卫星信道的 QAM 传输系统。

图 10-32 为 Simulink 搭建的卫星信道中 QAM 传输的模型,其中的传输损耗包括自由空间路径损耗、接收机热噪声、转发器非线性、相位/频率偏差、I/Q 不平衡和相位噪声。接收端没有采取相应的补偿措施,可以利用这些表征损耗的模块搭建相应的链路对 QAM 解调性能进行仿真,损耗模块既可以单独使用,也可以组合使用。MATLAB 2010a 版本提供了想应的系统模型“commrfsatlink. mdl”,通过 Simulink 打开该文件即可。图 10-32 中的“Open Scopes”可以进行双击以打开相应的波形进行观察。

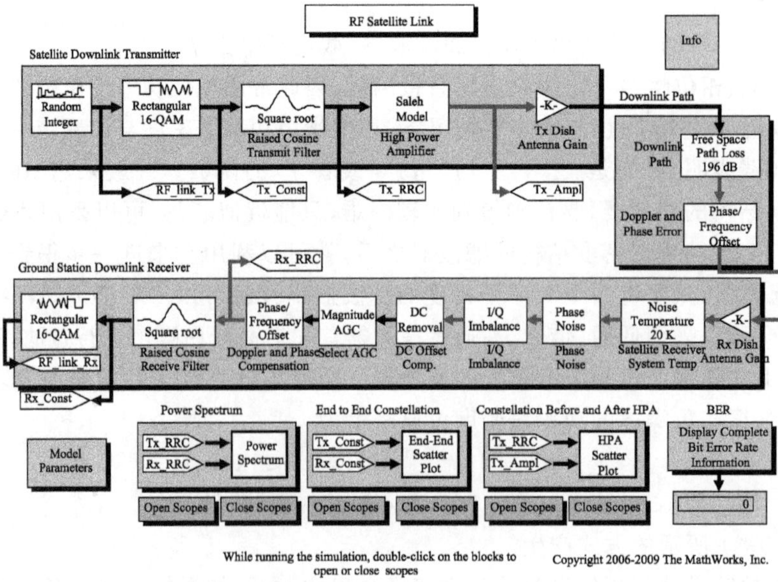

图 10-32 Simulink 搭建的 QAM 传输系统

二、设计方法

1. 设计目的

(1)掌握卫星信道的非线性特性；

(2)分析卫星信道非线性对于 QAM 传输系统性能的影响；

(3)掌握处理非线性失真影响的方法。

2. 设计工具与平台

C 语言开发平台或 MATLAB 软件仿真平台。

3. 设计内容和要求

(1)转发器非线性、群时延、相位噪声模型的 MATLAB 仿真；

(2)仿真上述三种非线性特性各自对于 QAM 传输系统性能的影响；

(3)设计相应的均衡器补偿非线性特性带来的失真。

4. 思考题

(1)均衡器的设计要注意哪些因素的影响?

(2)短波信道和卫星信道中的传输系统设计有何异同?

10.3　差错控制系统设计

在有噪信道上传输数字信号时，所收到的数据不可避免地会出现差错，所以在数字通信、数据传输、图像传输、计算机网络等数字信息交换和传输中所遇到的主要问题是可靠性问题。解决传输可靠性问题的一个有效措施就是采用差错控制，使用高性能纠错编码，提高系统的抗干扰能力，降低误码率。本节将针对 DVB-C、CCSDS、IEEE 802.16 等实用系统进行差错控制设计。

10.3.1　基于 DVB-C 标准的前向纠错系统设计与实现

一、系统概述

DVB-C 标准针对的是有线电视系统，它规定从基带数字电视信号到 CATV 信道之间的适配方法，即信道编码及调制方法，它输入的数字电视信号可以是卫星接收到的节目、分配链路传来的节目或本地节目，DVB-C 前端系统需对这些信号进行处理。系统结构原理如图 10-33 所示。

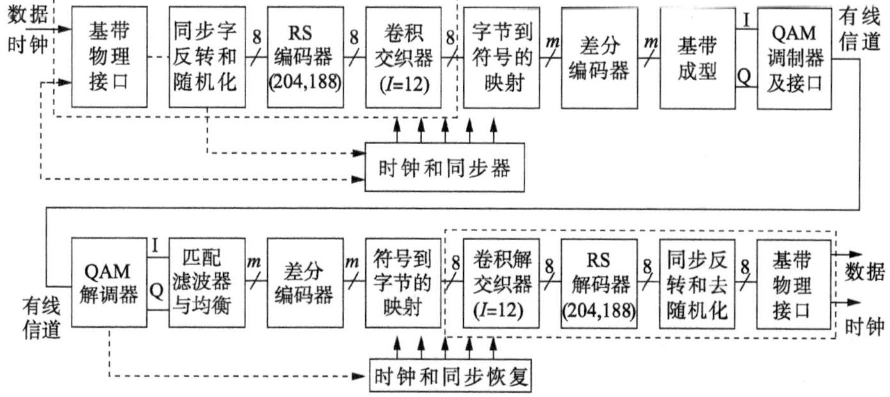

图 10-33　DVB-C 传输系统框图

DVB-C 系统中信号源采用 MPEG-2 标准，来自本地节目源的 MPEG-2 基带数字信号和接收的数字卫星电视信号、传输链路信号，经复接器复用成标准的 MPEG-2 传输复用包，由基带物理接口进入由扰码器、RS 编码、交织、字节/符号变换、差分编码、QAM 调制和上变频组成的 DVB-C 系统。

各单元的基本功能如下。

(1)基带接口与同步——使数据结构与信号源格式相适配，而且本单元中的信号帧结构应与含同步字节的 MPEG-2 传输层一致。

(2)SYNC1 变换和随机化——根据 MPEG-2 帧结构将 SYNC1 字节反转，同时为实现视频谱成形，对数据流进行随机化处理。

(3)RS 编码器——使用 RS(255,239)的截断码，对每一个已经随机化的传送包产生一个错误保护包，同时，对同步字节本身也使用这种编码。

(4)卷积交织器——完成一个深度位 $I=12$ 的误码保护包的卷积交织，同步字节的周期保持不变。

(5)字节到 M 比特符号(M-TUPLE)变换——将交织器产生的字节变为 QAM 符号。

(6)差分编码——对每个符号的两个最高有效位(MSBs)进行差分编码，从而获得旋转不变的星座图。

(7)基带成形——将经过差分编码的 m 比特符号映射为 I，Q 信号，在 QAM 调制前，对 I，Q 信号进行平方根升余弦滚降滤波。

(8)QAM 调制和物理接口——对信号进行 QAM 调制，随后将 QAM 已调信号送到射频(RF)信道。

对于有线数字电视接收，按照上述调制处理，系统接收设备要完成信号逆处理，从而获得基带信号。

例 11-9　RS 码的扩域生成及码生成多项式获取。

DVB-C 系统中采用 GF(2^8)域中的 RS(255,239)的截断码(204,188)。本例给出 RS 码扩域生成及码生成多项式获取的 C 语言代码，该通用方法可用于其他 RS 码的构造中。

(1)求 $x^8+x^4+x^3+x^2+1$ 生成的扩域 GF(2^8)。

说明　GX_DEGREE——生成扩域本原多项式的最高幂次，此处取 8；

GF_ELE_NUM——所在扩域的元素个数，此处取 256。

```
int * GF2_8;
GF2_8=(int *)calloc((GF_ELE_NUM-1)*(GX_DEGREE+1),sizeof(int));
GF2_8[0]=1;
int prime_poly[GX_DEGREE]={1,0,1,1,1};                    //本原多项式的最低 3 位
int * exptodeci;
exptodeci=(int *)calloc((GF_ELE_NUM-1),sizeof(int));
int * decitoexp;
decitoexp=(int *)calloc(GF_ELE_NUM,sizeof(int));
   decitoexp[0]=100000000;                     //100000000 代表 0,而不是 0 次方
for(int exp_degree=1;exp_degree<=GF_ELE_NUM-2;exp_degree++)
   {
       for(int z=GX_DEGREE;z>=1;z--)
   {
```

```
GF2_8[exp_degree*(GX_DEGREE+1)+z]=GF2_8[(exp_degree-1)*(GX_DEGREE+1)+(z-1)];
    }
            if(GF2_8[exp_degree*(GX_DEGREE+1)+GX_DEGREE]==1)
            {
                for(int x=0;x<GX_DEGREE;x++)
            {
    GF2_8[exp_degree*(GX_DEGREE+1)+x]=xor(GF2_8[exp_degree*(GX_DEGREE+1)+x],
prime_poly[x]);
                }
        }
    }
    for(exp_degree=0;exp_degree<GF_ELE_NUM-1;exp_degree++)
        {
            int exp_tmp=0;
            for(int x=0;x<GX_DEGREE;x++)
            {
                exp_tmp=exp_tmp+(GF2_8[exp_degree*(GX_DEGREE+1)+x]<<x);

            }
            exptodeci[exp_degree]=exp_tmp;
        }
        for(int now_deci=1;now_deci<GF_ELE_NUM;now_deci++)
        {
            for(int y=0;y<GF_ELE_NUM-1;y++)
            {
                if(exptodeci[y]==now_deci)
                {
                    decitoexp[now_deci]=y;
                    break;
                }
            }
        }
        free(GF2_8);
```

(2)码生成多项式获取。

```
        int generator[(2*T+1)*GX_DEGREE]={1};                    //生成多项式的二进制表示
    for(int m=1;m<=2*T;m++)
        {

            int generator_tmp[(2*T+1)*GX_DEGREE]={0};
            int generator_tmp2[(2*T+1)*GX_DEGREE]={0};
            for(int n=0;n<2*T*GX_DEGREE;n++)
            {
                generator_tmp[n+GX_DEGREE]=generator[n];
```

```
        }
    for(n=0;n<2*T;n++)
        {
            int tmp=0;
            for(int q=0;q<GX_DEGREE;q++)
        {
    tmp=tmp+(generator[n*GX_DEGREE+q]<<q);
            }
            if(tmp!=0)
            {
                int tmp2=exptodeci[(decitoexp[tmp]+m)%(GF_ELE_NUM-1)];
                for(int q=0;q<GX_DEGREE;q++)
                {
                    generator_tmp2[n*GX_DEGREE+q]=(tmp2&(1<<q))>>q;
                }
            }
        }
        for(n=0;n<(2*T+1)*GX_DEGREE;n++)
        {
            generator[n]=xor(generator_tmp[n],generator_tmp2[n]);
        }
    }
    int generator_exp[2*T+1]={0};                    //生成多项式的生成元幂次表示
    for(m=0;m<(2*T+1);m++)
    {
        int tmp=0;
        for(int q=0;q<GX_DEGREE;q++)
        {
            tmp=tmp+(generator[m*GX_DEGREE+q]<<q);
        }
        generator_exp[m]=decitoexp[tmp];
```

二、设计方法

1. 设计目的

(1)掌握 DVB-C 标准中差错控制关键技术；

(2)熟悉 DVB-C 传输系统。

2. 设计工具与平台

(1)C 语言开发平台或 MATLAB 软件仿真平台；

(2)创新开发实验平台。

3. 设计内容与要求

(1)设计 DVB-C 基带系统，主模块为 RS 编、译码器、卷积码交织器及解交织器，QAM 调制与解调；

(2)加入 AWGN 信道，进行误码率性能测试；

(3)设计要求:误码率为 10^{-5} 时,编码增益与理论值(或其他文献提供的参考值)相差在 1dB 内。

4. 思考题

(1) 卷积交织器深度的选择依据,及其对系统性能的影响?

(2) 如果要提高该系统传输性能,可以在哪些方面改进?

10.3.2　基于 CCSDS 的前向纠错系统设计与实现

一、系统概述

1982 年,美国宇航局(NASA)、欧洲空间局(ESA)和许多其他国家的空间局成立了 CCSDS,即空间数据系统咨询委员会。该组织的宗旨是通过技术协商方式,建立一整套空间数据系统的标准,以便实现广泛的国际合作和相互支持。深空通信是指地球上的实体与执行深空任务的航天器之间的通信,由于深空通信距离很远,因此必须极大地提高系统的接收灵敏度和信道增益,所以深空通信的技术水平总处于测控领域的最前沿。为了提高编码增益和具有良好的纠错性能,CCSDS 推荐了针对深空通信的遥测信道编码标准,主要采用卷积码、RS 码、Turbo 码等。

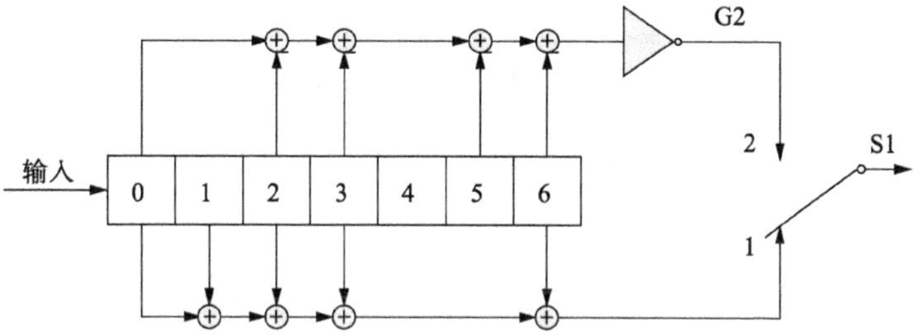

图 10-34　卷积码编码框图

1. 卷积码

CCSDS 中规定,卷积码编码采用的是码率为 1/2,约束长度为 7 的码,且译码方法采用最大似然译码方法,即 Viterbi 译码。其编码框图如图 10-34 所示。

其中,G1=1111001,G2=1011011,S1 为选择开关。

2. RS 码

在 CCSDS 中对 RS 码的具体参数进行了规定,具体如下。

(1)J=8 为每 RS 符号表示的信息比特数;

(2)E=16,为 RS(255,223)一个码字内最大错误纠正能力;

(3)RS 码的大体特征;

(4)GF(2^8)域上生成多项式

$$F(x)=x^8+x^7+x^2+x+1$$

(5)码生成多项式

$$g(x)=\prod_{j=113}^{143}(x-\alpha^{11j})=\sum_{i=0}^{32}G_i x^i$$

在 GF(2^8)域内定义,其中 $F(\alpha)=0$,α^{11} 是 GF(2^8)中的一基本元素且 $F(x)$ 和 $g(x)$ 刻画了 RS(255,223)码的特点。

CCSDS 规定允许的交织深度值为 I=1,2,3,4,5,I=1 等同于没有交织。交织深度通常为某一任务固定于一物理信道上。

3. Turbo 码

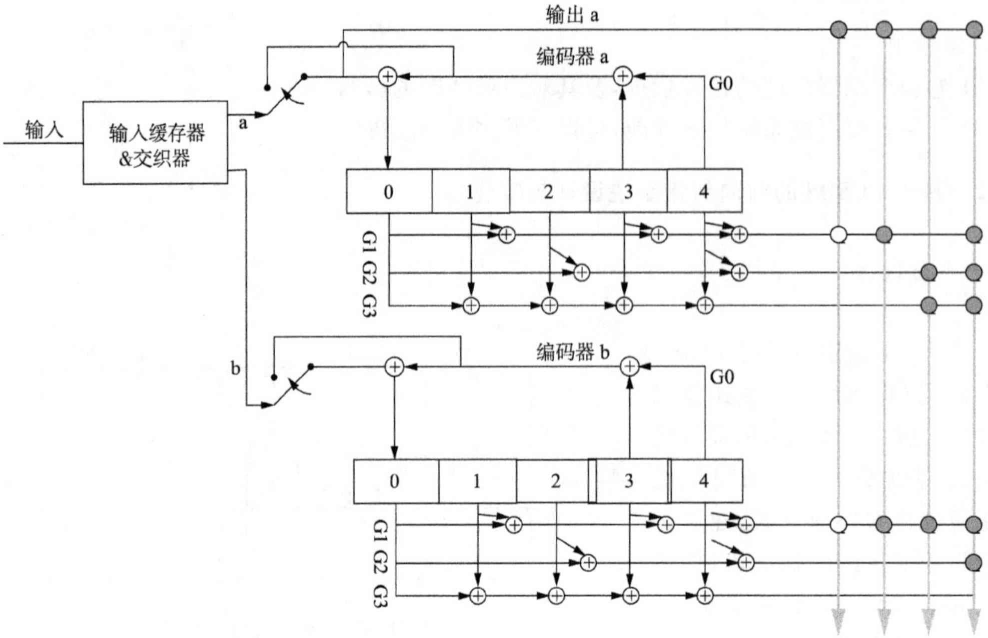

图 10-35　Turbo 码编码器

CCSDS 中的 Turbo 码编码器如图 10-35 所示，其由前向连接矢量(G1＝11011，G2＝10101，G3＝11111)和后向反馈矢量(G0＝10011)组成。根据不同的码率选择不同的 G1，G2，G3 组合。

CCSDS 标准规定的信息码组的长度 k 在表 10-7 中列出。与它们兼容的对应的 RS 交织深度也在该表中列出，对应规定的码率的分组码长度以比特衡量是 $n=(k+4)/r$，在表 10-8 中列出。

表 10-7　规格化的信息码块的长度

信息码块的长 k 比特	对应的 RS 交织深度 I	备注
1784(＝223×1 字节)	1	针对很低数据率或低延时
3568(＝223×2 字节)	2	
7136(＝223×4 字节)	4	
8920(＝223×5 字节)	5	
16384	未应用	针对最高编码增益

表 10-8　所支持的码率的码组长度(以比特表示)

信息码块的长度 k	分组码的长度 n			
	码率 1/2	码率 1/3	码率 1/4	码率 1/6
1784	3576	5364	7152	10728
3568	7144	10716	14288	21432
7136	14280	21420	28560	42840
8920	17848	26772	35696	53544
16384	32776	49164	65552	98328

对于卷积码、Turbo，译码时都可以采用维特比译码方法，例 10-10 给出了基于维特比软译码的 SOVA 算法的 C 语言代码，可用在本系统的构建中，作为译码部分的重要内容。

例 10-10　基于维特比软译码的 SOVA 算法。

本例中用到的参数说明如下：

rec —— 接收数据

N —— 数据长度

g——生成矩阵

L_a —— 先验信息

ind_dec —— 译码输出

L_all —— 外信息输出

(1)变量定义。

```
int i,j,k,bit,m,max_state,state;
double tmp[2], llr;
double Mk0, Mk1,tmpmax;
int state0,state1,tmp_state;
```

(2)生成矩阵解析。

```
for(i = 0; i < 8; i++)
{
      if(g[i]==8)
      {
            m = i-1;
            break;
      }
}
 trellis(g);
max_state= int(pow(2,m));
double Infty = 1e+11;
```

(3)SOVA 译码过程。

```
int delta = 20;
double path_metric[L][L_Frame];
double Mdiff[L][L_Frame];
int prev_bit[L][L_Frame];
int mlstate[L_Frame];
int est[L_Frame];

for(i = 0; i<N+1;i++)
{
      for(j=0; j < max_state; j++)
            path_metric[j][i] = -Infty;
}

  path_metric[0][0] = 0;
```

```
for(i = 0; i < N; i++)
{
    for(j = 0; j < 2; j++)
        tmp[j] = rec[2 * i+j];

    for(state=0; state < max_state; state++)
    {
        state0 = last_state[2 * state];
        state1 = last_state[2 * state+1];
        Mk0 = -tmp[0] + tmp[1] * last_out[2 * state];
        Mk1 = tmp[0] + tmp[1] * last_out[2 * state+1];

        Mk0 = Mk0 - L_a[i]/2 + path_metric[state0][i];
        Mk1 = Mk1 + L_a[i]/2 + path_metric[state1][i];

        if(Mk0 > Mk1)
        {
            path_metric[state][i+1] = Mk0;
            Mdiff[state][i+1] = Mk0 - Mk1;
            prev_bit[state][i+1] = 0;
        }
        else
        {
            path_metric[state][i+1] = Mk1;
            Mdiff[state][i+1] = Mk1 - Mk0;
            prev_bit[state][i+1] = 1;
        }
    }
}

if(ind_dec==1)
    mlstate[N] = 0;
else
{
    tmpmax = -Infty;
    for(i = 0; i < max_state; i++)
    {
        if(path_metric[i][N] > tmpmax)
        {
            tmpmax = path_metric[i][N];
            k = i;
        }
    }
        mlstate[N] = k;
```

```
        }

        for(i = N-1; i>=0;i--)
        {
            est[i] = prev_bit[mlstate[i+1]][i+1];
            mlstate[i] = last_state[2 * mlstate[i+1] + est[i]];
        }

        for(i = 0; i < N; i++)
        {
            llr = Infty;
            for(j = 0; j <= delta; j++)
            {
                if((i+j) < N)
                {
                    bit = 1 - est[i+j];
                    tmp_state = last_state[2 * mlstate[i+j+1]+bit];
                    for(k = j-1;k>=0;k--)
                        {
                            bit = prev_bit[tmp_state][i+k+1];
                            tmp_state = last_state[2 * tmp_state+bit];
                        }
                        if(bit==(1-est[i]))
                            if(llr > Mdiff[mlstate[i+j+1]][i+j+1])
                                llr = Mdiff[mlstate[i+j+1]][i+j+1];
                    }
                }
                L_all[i] = (2 * est[i] - 1) * llr;
            }
            return N;
    }
```

二、设计方法

1. 设计目的

(1)掌握 CCSDS 中纠错编码关键技术；

(2)了解 CCSDS 的基本标准。

2. 设计工具与平台

(1)C 语言开发平台或 MATLAB 软件仿真平台；

(2)创新开发实验平台。

3. 设计内容及要求

(1)设计基于 CCSDS 的前向纠错系统，包括信源、信道编码、调制、信道、解调、信道译码、信宿等五大基本模块；

(2)调制采用基于星座映射的基带处理方式，信道为 AWGN；

(3)信道编码可选；

(4)对该系统进行误码性能测试；

(5)设计要求误码率为 10^{-5} 时，编码增益与理论值(或其他文献提供的参考值)相差在 1dB 内。

4. 思考题

(1)剖析 CCSDS 标准中关于信道编码的要求，给出提高传输可靠性的措施。

(2)跟踪 CCSDS 的最新发展动态，描述其信道编码标准中的关键技术。

10.3.3　基于 IEEE 802.16 标准的差错控制系统设计与实现

一、系统概述

IEEE 802.16 工作组于 2001 年 10 月完成了 IEEE Standard 802.16-2001 协议的制定，并于 2002 年 4 月 8 日正式发布。协议为第 2 代无线城域网(WMAN)定义了 WirelessMAN™空中接口，支持 10～66GHz 的超高频段。IEEE 802.16 标准描述了一个点到多点的固定宽带无线接入系统的空中接口，包括媒体访问控制层(MAC)和物理层(PHY)两大部分。以该系统组建的无线城域网(WMAN)可提供多种业务。物理层由传输汇聚子层(TCL)和物理媒质依赖子层(PMD)组成，通常说物理层主要指后者。PMD 层具体执行信道编码、调制解调等一系列过程。下行链路 PMD 子层概念框图如图 10-36 所示。

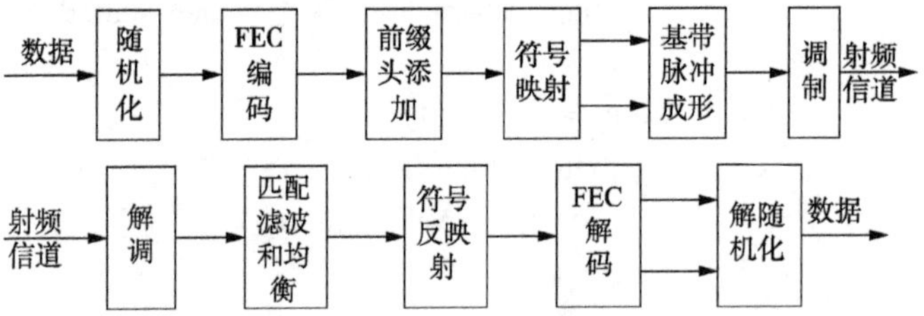

图 10-36　PMD 子层概念框图

其中，随机化是将进入的数据流和一个伪随机二进制序列模 2 加，用于抑制长连零出现，以利于时钟提取。伪随机序列发生器的长度为 15，在每个突发(burst)的起始位置初始化，种子为 100101010000000，生成多项式 $g(x)=x^{15}+x^{14}+1$。

表 10-9　FEC 编码类型

编码类型	外码	内码
1	GF(2^8)的 RS 码	无
2	GF(2^8)的 RS 码	卷积码
3(可选)	GF(2^8)的 RS 码	奇偶校验码
4(可选)	BTC 码	无

标准中建议了四种编码类型，如表 10-9 所示。其中类型 1 和 2 两种方案的外码均采用 GF(2^8)上的 RS 码，其中的信息字节长度 K 可在 6～255 选择，纠错字节长度 T 可在 0～16 选择。第一种方案没有内码，第二种方案中的内码为码率 2/3 的凿孔卷积码。

RS 的码生成多项式

$$g(x)=(x+\mu^0)(x+\mu^1)(x+\mu^2)\cdots(x+\mu^{2T-1})$$

其中，$\mu=(02)_{\text{hex}}$。

RS 的域生成多项式

$$p(x)=x^8+x^4+x^3+x^2+1$$

卷积码的生成多项式为(7,5)，凿孔矩阵为

$$\begin{pmatrix}1 & 1\\ 1 & 0\end{pmatrix}$$

BTC 码即 TPC，可参考 4.4 节的说明。

调制解调支持 QPSK、16QAM、64QAM 三种方案，其中 64QAM 可选。

二、设计方法

1. 设计目的

(1)掌握 IEEE 802.16 中的纠错编码关键技术；

(2)了解 IEEE 802.16 的基本标准。

2. 设计工具与平台

(1)C 语言开发平台或 MATLAB 软件仿真平台；

(2)创新开发实验平台。

3. 设计内容及要求

(1)设计基于 IEEE 802.16 标准的前向纠错系统，包括随机化、FEC、符号映射、信道、符号反映射、FEC 解码、解随机化等基本模块；

(2)信道为 AWGN；

(3)FEC 可选；

(4)对该系统进行误码性能测试；

(5)设计要求：误码率为 10^{-5}时，编码增益与理论值(或其他文献提供的参考值)相差在 1dB 内。

4. 思考题

(1)剖析 IEEE 802.16 标准中关于信道编码的要求，给出提高传输可靠性的措施。

(2)探讨级联码的优势与不足。

10.4　综合通信系统设计

10.4.1　蓝牙传输系统

一、系统概述

蓝牙是一种低成本、短距离的无线连接开放性技术标准，工作于全球统一的 2.4GHz ISM 频段。其主要技术指标和系统参数如表 10-10 所示。

表 10-10　主要技术指标和系统参数

指标类型	系统参数
工作频段	ISM 频段，2.042～2.480MHz
双工方式	全双工，TDD 时分双工
业务类型	支持电路交换和分组交换业务
数据速率	1Mb/s
异步信道速率	非对称连接为 721kb/s～57.6kb/s，对称连接为 432.6kb/s
同步信道速率	64kb/s，2.0＋EDR 规范支持更高的速率
功率	美国 FCC 要求功率级＜0dBm(1mW)，其他可扩展为 100mW
跳频频率数	79 个频点/1MHz
跳频速率	1600 次/s
工作模式	PARK/HOLD/SNIFF
数据连接方式	面向连接业务 SCO，无连接业务 ACL
纠错方式	1/3FEC，2/3FEC，ARQ 等
信道密码	采用 0 位、40 位和 60 位密钥
发射距离	一般可达 10cm～10m，增加功率情况下可达 100m

蓝牙系统中有两种物理链路：异步无连接链路 ACL 和同步面向连接链路 SCO。ACL 链路主要用于对时间要求不敏感的数据传输，如文件传输；SCO 链路主要用于对时间要求很高的数据通信，如语音。它们有着各自的特点、性能与收发规则。

1. 物理链路

(1)ACL 链路。ACL 链路在主从设备间以分组交换(packet-switched)方式传输数据，即可以支持异步应用，也可以支持同步应用。一对主从设备只能建立一条 ACL 链路。ACL 通信的可靠性由分组重传来保证。

(2)SCO 链路。SCO 链路在主设备预留的 SCO 时隙内传输，因而可以看作电路交换(circuit-switched)。SCO 分组不进行重传操作，一般用于像语音这样的实时性很强的数据传输。只有建立了 ACL 链路后，才可以建立 SCO 链路。一个微微网中的主设备最多可以同时支持 3 条 SCO 链路(这 3 条 SCO 链路可以与同一从设备建立，也可以与不同从设备建立)。

2. 分组格式

(1)基带分组的基本格式。

蓝牙系统采用了分组(包)的传输方式：将信息分组打包，时间划分为时隙，每个时隙发送一个分组包。在蓝牙基带协议中定义了分组的编码序列必须遵循图 10-37 的一般格式。每一分组由三部分组成：接入码(access code)、分组头(header)和有效载荷(payload)，图中给出了每个部分所占的位数。

LSB　64/72	54	0～2745　MSB
接入码	包头	有效载荷

图 10-37　蓝牙基本分组的基本格式

如果接入码之后有分组头信息，则长度为 72 位。它主要用于同步、DC 补偿平衡和识别，对于至关重要的接入地址单元采用(64,30)BCH 编码和 64 位 PN 码异或而成。该编码的最小汉明码为 14，纠错能力极强。

分组头包含链路控制信息，信息长度为 18 位，经过 1/3 速率的 FEC 编码形成 54 位的头序列。这是一种较简单的纠错码方式，对每位信息采用了三位重复码。在分组头中定义了分组的类型，其中能够进行信息传输的是 ACL 分组和 SCO 分组。SCO 分组采用电路交换方式，进行同步传输，该分组不包括循环冗余检测(CRC)码，而且不允许重传，目前主要用于 64kb/s 的话音传输。真正适用于数据传输的是 ACL 分组，该分组采用分组交换方式，进行异步传输。目前已定义了七种 ACL 分组，为 DH1、DM1、DH3、DM3、DH5、DM5、AUX。

净荷部分因分组类型不同其编码的方式也不同。对于 DH 分组只进行 16 位的 CRC 校验，生成多项式为 $g(x)=x^{16}+x^{12}+x^5+1$。对于 DM 分组不仅有 CRC，还有 2/3 码率的 FEC 编码，2/3 FEC 方案采用了一种(15,10)简明汉明码表示方式，其生成多项式为

$$g(x)=x^5+x^4+x^2+1$$

(2)基带分组的数据传输增强格式。

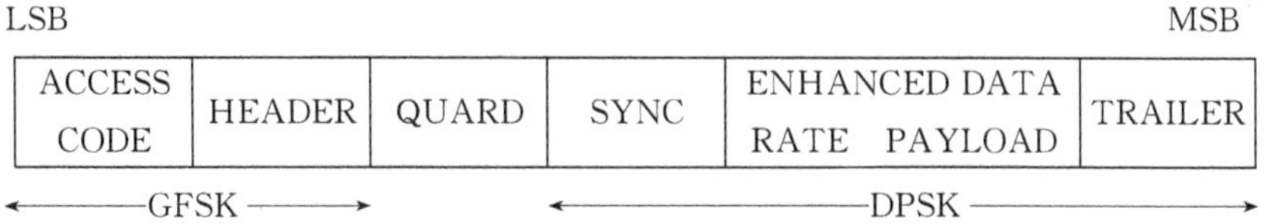

图 10-38　蓝牙基带分组的数据增强格式

蓝牙特别兴趣小组(SIG)最近发布的蓝牙核心规范 Version 2.0＋EDR(增强数据速率)提高了数据传输速率并降低了功耗。由于带宽的增加，新规范提高了设备同时进行多项任务处理与同时连接多个蓝牙设备的能力，并可传输较大的数据文件，其位错误率(BER)也进一步降低。其格式如图 10-38 所示。

新规范增加了 6 种新的 ACL 分组格式，2-DH1、2-DH3、2-DH5、3-DH1、3-DH3、3-DH5，其中 2-DH 和 3-DH 类型分组与 DH 类型分组格式基本相似，但载荷部分分别使用 $\pi/4$-DQPSK 与 8DPSK 调制方式。新增的 6 种 ACL 分组格式均提供了 CRC 机制，但是，并没有提供载荷的前向纠错(FEC)机制。

3. 调制方式

蓝牙的基本调制方式为 GFSK(Gaussian frequency shift keying)。其调制系数为 0.28～0.35；二进制的“1”用正频偏表示，“0”用负频偏表示；最大频偏为 140～175kHz。其位速率为 1Mb/s。

在蓝牙的最新协议 2.0EDR 中，增加了 PSK 调制方式。可实现 2Mb/s 和 3Mb/s 的位速率。其中，2Mb/s 速率采用 $\pi/4$-DQSK 调制。3Mb/s 速率采用 8DPSK 调制。

4. 跳频技术

蓝牙系统工作在 2.4GHz 的 ISM(即工业、科学、医学)频段，该频段可以被任何满足规范的设备访问，在这样的频点上工作，干扰必然相对恶劣，因此蓝牙系统使用了跳频技术来抑制干扰和防止衰落。蓝牙设备在建立连接以前在固定的一个频段内选择跳频频率，迅速交换握手信息(时间和地址)，快速取得时间和频率同步。建立连接后，设备双方根据信道跳变序列改变频率，使跳频频率呈现随机特性。

蓝牙系统定义了 5 种工作状态下的跳频序列：寻呼、寻呼响应、查询、查询响应和连接跳频序列，不同状态下的跳频序列产生策略不同。蓝牙定义了 32 个频点为一个频段，划分为 79 个子频段，工作频段为 2400～2483.5MHz，射频信道为(2402+k)MHz(k=0,1,…,78)，每个信道带宽为 1MHz。工作的频段及跳频序列取决于所输入的蓝牙主设备时钟 CLK 和主设备地址的最低 28 位。

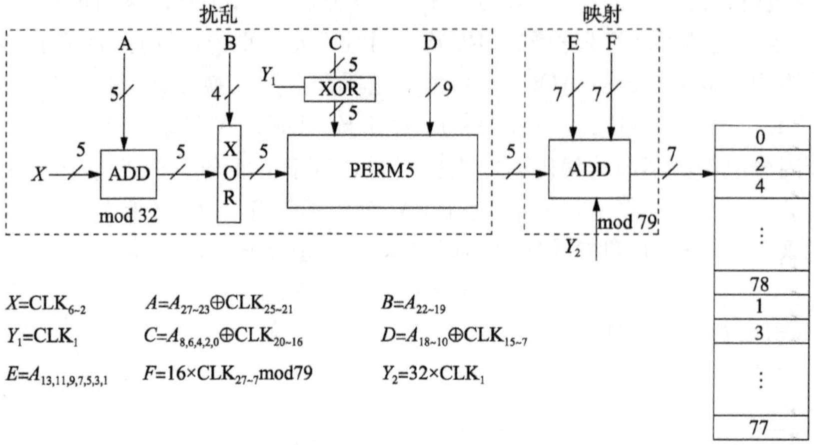

图 10-39　蓝牙 79 跳系统频率选择内核框图

图 10-39 是蓝牙系统的跳频序列产生框图。输入 X 由时钟信息决定，它决定了起跳频点在某一频段的 32 个频率序列中的偏移量，同时也决定了跳频频点改变的速度；A～F 决定跳频序列的顺序，在蓝牙系统中，正是利用了不同状态改变 A～F 的取值，从而获得相应状态的跳频序列。在查询/寻呼扫描状态下，A～F 输入序列只与地址有关，因此其跳频序列唯一确定，在其他状态下，A～F 由蓝牙地址和时钟共同控制，其跳频序列随着时钟的改变而作相应的跳变。Y_1、Y_2 控制着收发跳频序列的选择，Y_1 保证收发频点不重复，Y_2 使收发频点在不同的频段内。PERM5 是一个由 C、D、Y_1 控制的蝶形运算器，起到扰乱作用。

(1)寻呼/寻呼扫描状态。蓝牙设备通过寻呼来呼叫其他的设备加入其所在的微微网。寻呼设备每 312.5μs 选择一个新的频率来发送寻呼，在寻呼扫描时，被寻呼设备每 1.28s 选择一个新的监听频率，寻呼和被寻呼设备使用被寻呼设备地址的低 28 位，产生的寻呼跳变序列是一个定义明确的周期序列，它的 32 个频点均匀分布在 79 个频率信道上。

(2)查询/查询扫描状态。蓝牙设备通过查询来寻找其周围邻近的设备，查询设备每312.5μs 选择一个新的频率来发送查询，被查询设备每 1.28s 选择一个新的监听频率。查询和被查询设备使用通用查询接入码作为查询地址，产生的 32 个查询跳变序列均匀分布在 79 个频率信道上。

(3)连接状态。在当前的状态下，蓝牙通信设备双方每隔 625μs 改变一个频率，使用主设备地址的最低 28 位有效位，产生的信道跳变序列周期非常长，而且 79 跳变序列在任何的一小段时间内都是接近均匀分布的，满足跳频系统的要求。

在蓝牙 1.2 协议中增加了自适应跳频的算法。当蓝牙通信时发现某个信道信号质量差，即成为“坏”信道，可以在跳频时用其他信道质量好的跳频信道来代替，从而避开了某些频点上的干扰。

蓝牙技术目前应用非常广泛，主要有以下几种。

(1)蓝牙技术在计算机及外设中的应用包括计算机与键盘和鼠标等计算机外设的无线连接，

多台计算机共享一台打印机等设备资源，数码相机、PDA和移动电话等与计算机进行数据通信，多台计算机组成无线局域网等。

(2)蓝牙无线语音通信的应用，如无线耳麦和车内的免提电话系统等。

(3)无线网络的实现包括拨号上网和网络接入点两种"互联网桥"的实现方法。拨号上网可以使得笔记本电脑等移动设备通过移动电话接入Internet；蓝牙无线网络接入点不仅可以让数字设备访问Internet和接入本地局域网，还可以作为PSTN的接入点使用。

(4)基于OBEx替代红外技术的蓝牙技术应用，包括PDA和笔记本电脑等设备间交换电子名片，不同设备上的日程表和资料等实现同步，不同的设备之间传递文件等功能。

(5)家用电器的蓝牙无线组网和遥控，让家用电器上网，可以在回家之前就打开空调和热水器，使各种智能家电和信息网络相连。

(6)实现"三合一"电话功能，将移动电话、无绳电话和对讲机三种功能集中在一部电话中。

目前，蓝牙技术在汽车远程通信应用中取得突破，2003年8月30日两大汽车制造商克莱斯勒和宝马公司同时发布了基于蓝牙的车载远程通信平台，这标志着蓝牙无线技术在汽车界赢得更广泛接受，车载系统正向智能化、信息化和网络化方向发展，汽车市场已经成为电子工业一个重要的增长点。通过具有蓝牙功能的手机，蓝牙车载系统可以实现汽车自动故障诊断、电子导航等多种富有创意的应用，同时，蓝牙技术还有其他的应用，包括USB适配器、车锁，甚至还有继承了蓝牙技术的手表和钢笔等。

二、设计方法

1. 设计目的

(1)掌握蓝牙标准中的关键技术；

(2)熟悉蓝牙传输系统。

2. 设计工具与平台

(1)C语言开发平台或MATLAB软件仿真平台；

(2)蓝牙通信实验平台。

3. 设计内容与要求

(1)设计蓝牙传输系统；

(2)设计要求可实现文件(或语音、图像)等传输。

4. 思考题

(1) 描述蓝牙技术目前的发展情况，预测其未来发展趋势。

(2) 要进一步提高蓝牙系统的性能，可从哪些方面着手？

10.4.2 卫星数字电视传输系统

一、系统概述

1. DVB-S

卫星传输覆盖面广，频带宽，可传输的节目容量大，而且数字传输质量好，可灵活组合多种业务传输，因此，数字卫星电视得到迅速发展。其中美国、欧洲和日本最为突出，他们各自制定的数字电视技术规范也成为全球数字电视的三大标准(美国ATSC、欧洲DVB-S和日本ISDB)。1994年欧洲数字电视广播(digital video broadcasting，DVB)组织发布的DVB-S标准在卫星直播领域已经成为世界标准，几乎为所有的卫星广播数字电视系统所采用，我国 1996 年也决定采用符合 DVB-S 标准的数字电视卫星广播系统。

DVB-S 标准提供了一套完整的适用于卫星传输的数字电视系统规范，其典型系统框图如图 10-40 所示，包括前端系统(headend)、传输与上行系统(uplink)、卫星(satelite)、用户管理系统(SMS)、条件接收系统(conditional access system，CAS)以及用户接收系统等六大部分。

前端系统包括压缩编码器和复用器等，它按 MPEG-2 标准对视音频电视信号进行数据压缩，并利用动态统计复用技术实现 27MHz 卫星转发器频带内传送 10 套电视节目。传输与上行系统包括从前端到上行站的通信设备及上行设备，传输方式主要有中频传输和数字基带传输两种。数字卫星直播(direct to home，DTH)系统中采用大功率的直播卫星或通信卫星。用户管理系统是 DTH 系统的心脏，主要由用户信息和节目信息的数据库管理系统以及客户服务中心组成，完成对用户资料的登记与管理，节目的管理及用户收费以及市场预测和营销。广播服务的 CAS 已成为实现付费电视的关键性设备，通过对播出的数字电视节目内容进行数字加扰，建立有效的收费体系，使已收费的用户能正常接收订购的电视节目和增值业务，而未付费的用户则无法获取该种业务，从而保障节目提供商和电视运营商的合法利益。条件接收系统的重要组成部分是加密/解密系统和加扰/解扰系统，其主要功能有对节目数据加密以及对节目和用户进行授权。用户接收系统由一个小型的蝶形卫星接收天线、综合接收解码器(IRD)及智能卡组成。IRD 完成以下四项功能：解码节目数据流，并输出到电视机中；利用智能卡的密钥进行解密；接收并处理各种用户命令；下载并运行各种应用软件。

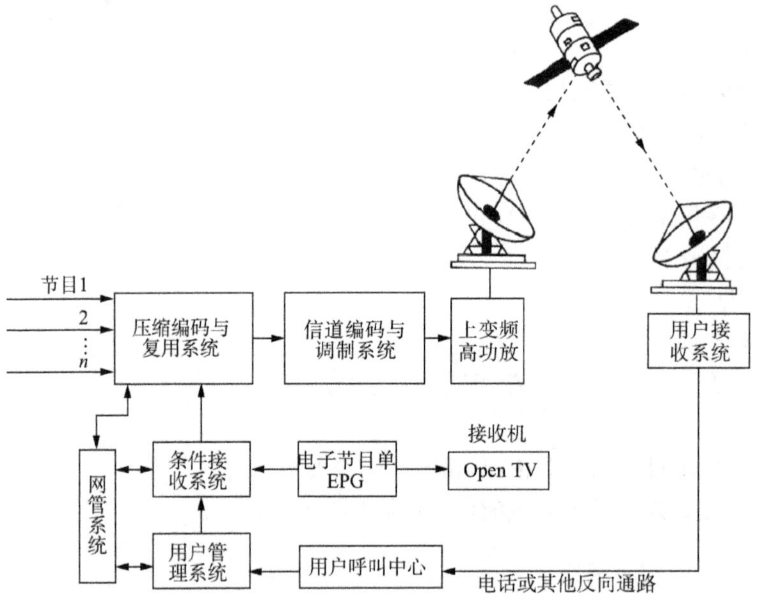

图 10-40　DVB-S 标准数字直播卫星电视系统结构框图

DVB-S 的传输系统用在 11/12GHz 的固定卫星服务(FSS)和广播卫星服务(BSS)的波段上，是传输多路标准清晰度数字电视(SDTV)或高清晰度数字电视(HDTV)的信道编码和调制系统。该传输系统原理框图如图 10-41 所示。

发送端分为两部分，一部分为信号形成部分，即 MPEG-2 编码和节目复用(不包括系统复用)；另一部分为信号传输部分，即信道编码与数字调制，最后通过卫星进行传输。

信号形成部分选定 ISO/IEC MPEG-2 标准作为音频及视频的编码压缩方式，对信源编码进行了统一；随后的节目复用对 MPEG-2 码流进行打包构成节目数码流，同时加入一些业务用的信息，形成传输流(TS)，并进行多个传输流的复用。

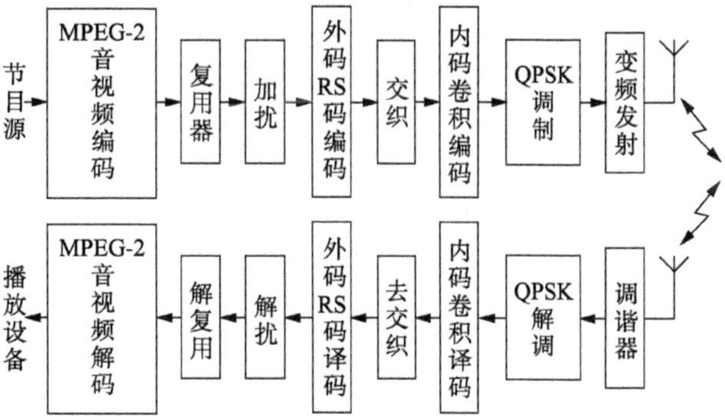

图 10-41　DVB-S 传输系统原理框图

DVB-S 信道部分与其他 DVB 传输系统稍有不同，由于它是通过卫星广播进行 DTH 业务，受功率限制的影响特别突出，因此传输系统设计的主要目标是抗噪声和抗干扰。为达到很高的功率效率而又对频谱效率没有过多的损害，系统使用 QPSK 调制方式以及采用卷积码与 RS 码级联的前向纠错(FEC)方式，并通过对卷积码的灵活设置，可以在给定的卫星转发器带宽内使系统性能达到最优化。

在卫星系统中，信道传输处理过程包括：首先进行同步字节的倒相，该过程以 8 个字节为单元进行，然后进行数据的能量扩散、随机化，避免出现长串“0”或“1”的情况，再为每个数据包加上纠错编码，外码采用 RS(204 ，188 ，8)码，它是由 RS(255，239，8)缩短得到的，编码效率为 188/204≈0.92，可以纠正一个 RS 码字内不超过 8 个字节的误码，该码对纠正突发性误码也很有效。对经过加扰的数据进行 RS 编码后，数据包长度扩展为 204 个字节，编码不改变包同步内容。上述关于数据格式的变化如图 10-42 所示。内码为卷积码，为了适应不同的应用场合并具有相应的误码纠错能力，在 DVB-S 系统中对(2，1，6)卷积码进行了不同模式的删节处理，可使用码率为 1/2、2/3、3/4、5/6、7/8 等五种卷积码，选择的标准是在频谱利用率和抗误码性能间的权衡。卷积码的两个生成多项式为 $G_1(x)=171$ oct (oct 表示八进制，下同)，$G_2(x)=133$oct。内外码之间还进行了深度为 12 的卷积交织方案。然后进行 QPSK 调制，形成基带信号，再经上变频、功率放大送上卫星。

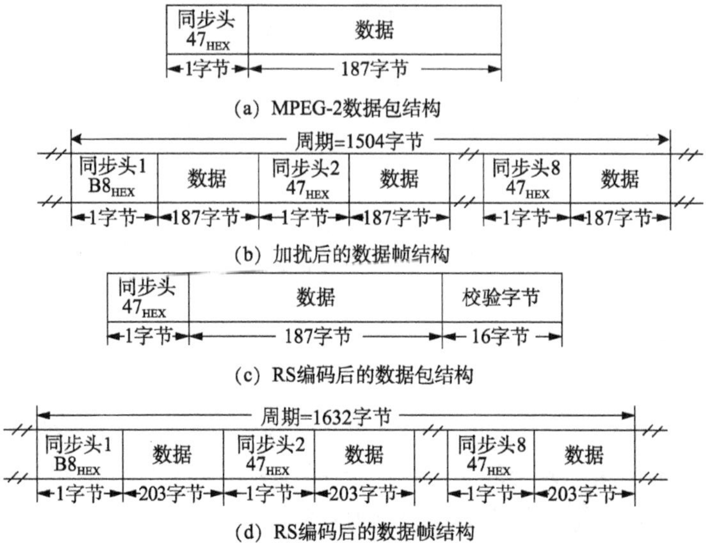

图 10-42　DVB-S　标准规定传输数据格式说明

上行可以采用 SCPC 方式，即每套节目调制在一个载波上后再送上星，此方式适合上行站不在同一地点而要共用一个转发器的情况。也可以采用 MCPC 方式，即将几套节目的数据流合为一个数据流调制到一个载波上后送上卫星，这种方式适用于几套节目共用一个上行站并在同一地点上星的情况。一般在 36MHz 宽带的转发器中采用 MCPC 方式可同时传送 6 套节目，采用 SCPC 方式可同时传送 5 套节目。

接收端如图 10-43 示，天线接收下来的卫星信号(C 频段或 Ku 段)经低噪声放大和下变频变成 L 频(0.9～1.4GHz)信号，进入综合接收解码器，经调谐器和 QPSK 解调器解调为数字信号(数字流)，此数据流经 Viterbi 译码、去交织及 RS 译码，对传输中引入的误码进行纠错，然后对此数字流进行去复用，解出的数据流送到 MPEG-2 视频、音频解码器，经过解压缩、数模变换等处理后输出模拟信号，输出的模拟视频信号可以是分量信号也可以是复合信号。

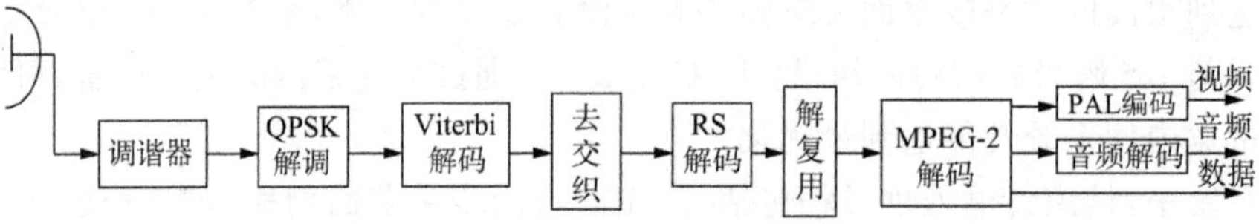

图 10-43　DVB-S 系统接收端结构图

2. DVB-S2

随着社会的发展，传送业务、HDTV、视频点播(VOD)、付费电视(PPV)以及交互业务(IS)等新应用业务的相继开展，对系统传输总量需求急剧膨胀，迫切需要直播卫星系统提供更多频道和带宽，再加上扩大广播电视覆盖范围的需要，共同推动了卫星电视直播技术由 DTH 向 DBS (direct broadcast satellite)发展，而仅用 QPSK 方式限制了 DBS 大功率卫星传送能力，这就促使人们对现有的 DVB-S 做出新的思考，DVB-S2 应运而生。

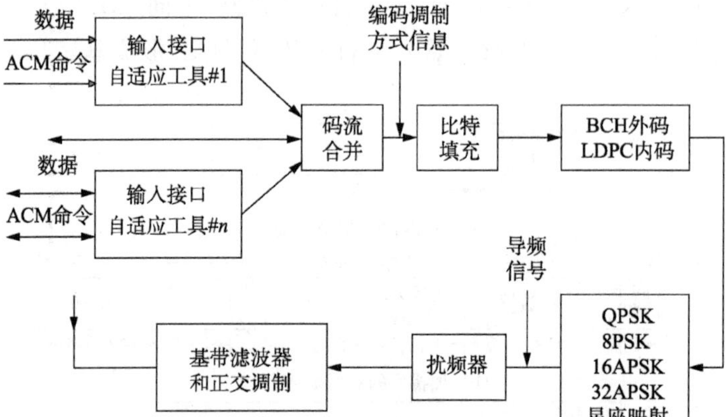

图 10-44　DVB-S2 系统的框架结构图

DVB-S2 吸收了目前最佳的信号处理技术，对 DVB-S 的固有缺点进行了针对性的改进，提出了新的解决方案。除采用了先进的纠错编码技术和多种调制方式外，可变编码调制(variable coding modulation，VCM)、自适应编码调制(adaptive coding modulation，ACM)的使用是 DVB-S2 的另一个显著改进。在交互式的点对点应用中，VCM 功能允许使用不同的调制和纠错方法，并可以逐帧改变。这样，不同的业务类型(如 SDTV、HDTV、音频、多媒体等)可以选不同的错误保护级别分级传输，因而传输效率大大提高。VCM 结合使用反馈信道，还可以实现 ACM，可以针对每一个用户的路径条件使传输参数得到优化。DVB-S2系统的框架结构如图10-44所示。

整个系统由模式适配、流适配、前向纠错、映射、物理层成帧及调制几部分组成。单套或多套媒体流数据进入系统,ACM相关信息同时输入,进入码流合并将多套节目合并,并添加码率、调制方式的信息,再进入编码系统,它是BCH外码和LDPC内码的级联,此时再通过调制信息将输出的串行码流进行星座映射,最后插入相应的导频信号,进行频率调制后送至发射端,完成整个DVB-S2的发端系统。

DVB-S2最引人注目的革新在纠错编码和调制。与DVB-S采用单一的QPSK调制方式相比,DVB-S2以多种高阶调制方式(即QPSK、8PSK、16APSK、32APSK)取代QPSK,对于广播业务来说,QPSK和8PSK均为标准配置,而16APSK、32APSK是可选配置;对于交互式业务、数字新闻采集及其他专业服务,四者则均为标准配置。

DVB-S2前向纠错方案使用低密度奇偶校验码(low density parity check code,LDPC)与BCH码级联。其输入流为基带帧(BBFRAME),输出流为前向纠错帧(FECFRAME)。每个BBFRAME(K_{bch}个比特位)先经BCH编码,将BCH外码的奇偶校验比特位(BCHFEC)添加在BBFRAME之后,再以整个外码码字为信息序列进行LDPC码编码,即将内码LDPC编码器的奇偶检验比特位(LDPCFEC)添加在BCHFEC码域之后,如图10-45所示。

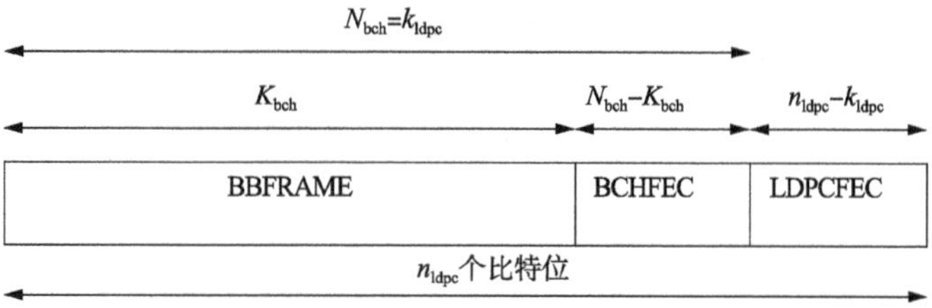

图10-45 DVB-S2中比特交叉之前的数据格式

DVB-S2在设计中充分考虑了业务多样性需求,具有很好的适用性。如DVB-S2中LDPC码设计了规则模式(码字长度为64800bit)和简短模式(码字长度为16200bit)两种码长,并支持1/4,1/3,2/5,1/2,3/5,2/3,3/4,4/5,5/6,8/9,9/10等多种内码码型;频谱成形中的升余弦滚降系数α可在0.35,0.25,0.2等三种中选择,而不是DVB-S固定的0.35,自然α越小,频谱利用率越高。而且DVB-S2有更多的调制方式选择以满足不同业务的需求。

总之,DVB-S2是服务于宽带卫星应用的新一代DVB系统,服务范围包括广播业务(BS)、数字新闻采集(DSNG)、数据分配/中继以及Internet接入等交互式业务。与DVB-S相比,DVB-S2提供了更大的输出带宽和灵活性,在相同的传输条件下,DVB-S2提高传输容量约30%,同样的频谱效率下可得到更强的接收效果。

例11-11 用Simulink模型搭建并分析DVB-S2系统。

在MATLAB保存路径中\MATLAB\R2010a\toolbox\commblks\commblksdemos寻找名为commdvbs2.mdl的文件,可看到DVB-S2系统的标准模型,如图10-46所示。

该模型中包含DVB-S2的发射、接收以及测试等三大部分。其中系统测试部分可完成接收信号星座图演示,系统误包率以及LDPC系统误比特率测试。通过更改图中“Packet source”模块可完成不同数据格式的输入;通过设定图中“BBFRAME Buffering/Unbuffering”、“BCH Encoder/Decoder”、“LDPC Encoder/Decoder”、“General Block Interleaver/Deinterleaver”、“M-PSK Modulator/Demodulator Basebank”等模块参数,可构成满足不同业务需求的DVB-S2传输

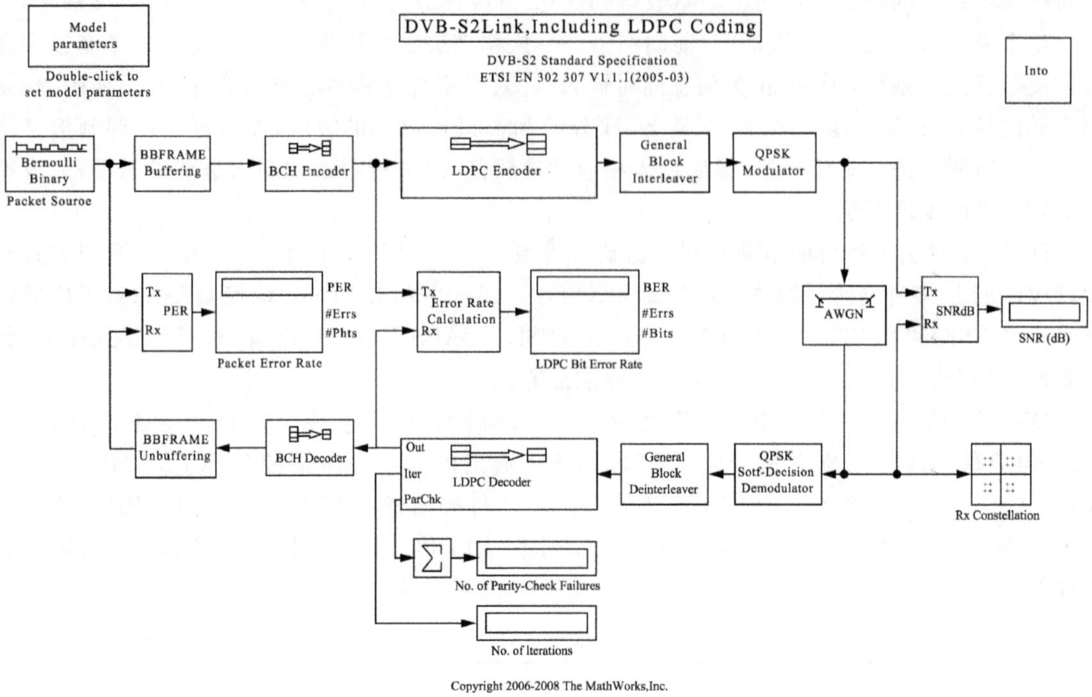

图 10-46　DVB-S2 系统模型图

基带系统。通过更改图中“AWGN”信道模块的噪声方差等参数，可对相应的系统传输性能进行测试分析。

例 11-12　DVB-S2 的前向纠错系统。

DVB-S2 的前向纠错编码子系统主要完成 BCH(外码)编码、LDPC(内码)编码和比特交错，其输入流为基带帧(BBFRAME)，输出流为前向纠错帧(FECFRAME)。

表 10-11 给出了规则 FECFRAME(n_{ldpc}=64800bit)的 FEC 编码参量，表 10-12 给出了简短 FECFRAME(n_{ldpc}=16200bit)的 FEC 编码参量。

表 10-11　编码参量(规则 FECFRAME n_{ldpc}=64800)

LDPC 码	BCH 信息位 K_{bch}	BCH 编码位 N_{bch} LDPC 信息位 k_{ldpc}	BCH 纠错位数	LDPC 编码位 n_{ldpc}
1/4	16008	16200	12	64800
1/3	21408	21600	12	64800
2/5	25728	25920	12	64800
1/2	32208	32400	12	64800
3/5	38688	38880	12	64800
2/3	43040	43200	10	64800
3/4	48408	48600	12	64800
4/5	51648	51840	12	64800
5/6	53840	54000	10	64800
8/9	57472	57600	8	64800
9/10	58192	58320	8	64800

表 10-12　编码参量(简短 FECFRAME $n_{ldpc}=16200$)

LDPC 码标识符	BCH 信息位 K_{bch}	BCH 编码位 N_{bch} LDPC 信息位 k_{ldpc}	BCH 纠错位数	有效 LDPC 码率 $k_{ldpc}/16200$	LDPC 编码位 n_{ldpc}
1/4	3072	3240	12	1/5	16200
1/3	5232	5400	12	1/3	16200
2/5	6312	6480	12	2/5	16200
1/2	7032	7200	12	4/9	16200
3/5	9552	9720	12	3/5	16200
2/3	10632	10800	12	2/3	16200
3/4	11712	11880	12	11/15	16200
4/5	12432	12600	12	7/9	16200
5/6	13152	13320	12	37/45	16200
8/9	14232	14400	12	8/9	16200
9/10	NA	NA	NA	NA	NA

(1)外码(BCH)。

一个 t 纠错位 BCH(N_{bch}, K_{bch})码应用在每一个 BBFRAME(K_{bch})上生成一个纠错包。t 纠错位 BCH 编码器的生成多项式见表 10-13($n_{ldpc}=64800$)和表 10-14($n_{ldpc}=16200$)。

表 10-13　BCH 多项式(规则 FECFRAME $n_{ldpc}=64800$)

$g_1(x)$	$1+x^2+x^3+x^5+x^{16}$
$g_2(x)$	$1+x+x^4+x^5+x^6+x^8+x^{16}$
$g_3(x)$	$1+x^2+x^3+x^4+x^5+x^7+x^8+x^9+x^{10}+x^{11}+x^{16}$
$g_4(x)$	$1+x^2+x^4+x^6+x^9+x^{11}+x^{12}+x^{14}+x^{16}$
$g_5(x)$	$1+x+x^2+x^3+x^5+x^8+x^9+x^{10}+x^{11}+x^{12}+x^{16}$
$g_6(x)$	$1+x^2+x^4+x^5+x^7+x^8+x^9+x^{10}+x^{12}+x^{13}+x^{14}+x^{15}+x^{16}$
$g_7(x)$	$1+x^2+x^5+x^6+x^8+x^9+x^{10}+x^{11}+x^{13}+x^{15}+x^{16}$
$g_8(x)$	$1+x+x^2+x^5+x^6+x^8+x^9+x^{12}+x^{13}+x^{14}+x^{16}$
$g_9(x)$	$1+x^5+x^7+x^9+x^{10}+x^{11}+x^{16}$
$g_{10}(x)$	$1+x+x^2+x^5+x^7+x^8+x^{10}+x^{12}+x^{13}+x^{14}+x^{16}$
$g_{11}(x)$	$1+x^2+x^3+x^6+x^9+x^{11}+x^{12}+x^{13}+x^{16}$
$g_{12}(x)$	$1+x+x^5+x^6+x^7+x^9+x^{11}+x^{12}+x^{16}$

表 10-14　BCH 多项式(简短 FECFRAME $n_{ldpc}=16200$)

$g_1(x)$	$1+x+x^3+x^5+x^{14}$
$g_2(x)$	$1+x^6+x^8+x^{11}+x^{14}$
$g_3(x)$	$1+x+x^2+x^6+x^9+x^{10}+x^{14}$
$g_4(x)$	$1+x^4+x^7+x^8+x^{10}+x^{12}+x^{14}$
$g_5(x)$	$1+x^2+x^4+x^6+x^8+x^9+x^{11}+x^{13}+x^{14}$
$g_6(x)$	$1+x^3+x^7+x^8+x^9+x^{13}+x^{14}$

续表

$g_7(x)$	$1+x^2+x^5+x^6+x^7+x^{10}+x^{11}+x^{13}+x^{14}$
$g_8(x)$	$1+x^5+x^8+x^9+x^{10}+x^{11}+x^{14}$
$g_9(x)$	$1+x+x^2+x^3+x^9+x^{10}+x^{14}$
$g_{10}(x)$	$1+x^3+x^6+x^9+x^{11}+x^{12}+x^{14}$
$g_{11}(x)$	$1+x^4+x^{11}+x^{12}+x^{14}$
$g_{12}(x)$	$1+x+x^2+x^3+x^5+x^6+x^7+x^8+x^{10}+x^{13}+x^{14}$

将信息位 $m=(m_{k_{bch}-1},m_{k_{bch}-2},\cdots,m_1,m_0)$进行 BCH 编码，得到

$$c=(m_{k_{bch}-1},m_{k_{bch}-2},\cdots,m_1,m_0,d_{n_{bch}-k_{bch}-1},d_{n_{bch}-k_{bch}-2},\cdots,d_1,d_0)$$

编码步骤如下：

①将信息位多项式 $m(x)=m_{k_{bch}-1}x^{k_{bch}-1}+m_{k_{bch}-2}x^{k_{bch}-2}+\cdots+m_1x+m_0$ 与 $x^{n_{bch}-k_{bch}}$ 相乘；

②$x^{n_{bch}-k_{bch}}m(x)$除以 $g(x)$，$g(x)$为生成多项式。$d(x)=d_{n_{bch}-k_{bch}-1}x^{n_{bch}-k_{bch}-1}+\cdots+d_1x+d_0$ 为余式；

③设码多项式 $c(x)=x^{n_{bch}-k_{bch}}m(x)+d(x)$，得到一个 BCH 码字。

(2)内码(LDPC)。

LDPC 码信息位的长度是 k_{ldpc}，表示为 $i=(i_0,i_1,\cdots,i_{k_{ldpc}-1})$，对其编码，得到码长为 n_{ldpc} 的码，表示为 $c=(i_0,i_1,\cdots,i_{k_{ldpc}-1},p_0,p_1,\cdots,p_{n_{ldpc}-k_{ldpc}-1})$。

LDPC 码参量(n_{ldpc},k_{ldpc})在表 10-11 和表 10-12 中给出。

对于规则 FECFRAME 的内码，以码率 2/3(参数见附表 A)为例，说明编码过程，步骤如下：

第一，将校验位初始化 $p_0=p=\cdots=p_{n_{ldpc}-k_{ldpc}-1}=0$，这里 $n_{ldpc}=64800$，$k_{ldpc}=43200$。

第二，对于附表 A，一共有 120 行(组)，每行(组)对应 360 个信息位，总共有 $120\times360=43200$ 个信息位。第一行数据为

$$x_1=\{0\ 10491\ 16043\ 506\ 12826\ 8065\ 8226\ 2767\ 240\ 18673\ 9279\ 10579\ 20928\}$$

首先利用第一行数据进行计算(二进制运算)

$$p_0=p_0\oplus i_0,p_{10491}=p_{10491}\oplus i_0,p_{16043}=p_{16043}\oplus i_0,p_{506}=p_{506}\oplus i_0$$
$$p_{12826}=p_{12826}\oplus i_0,p_{8065}=p_{8065}\oplus i_0,p_{8226}=p_{8226}\oplus i_0,p_{2767}=p_{2767}\oplus i_0$$
$$p_{240}=p_{240}\oplus i_0,p_{18673}=p_{18673}\oplus i_0,p_{9279}=p_{9279}\oplus i_0,p_{10579}=p_{10579}\oplus i_0$$
$$p_{20928}=p_{20928}\oplus i_0$$

第三，对于第一行(组)所对应的接下来 359 个信息位，i_m，$m=1,2,\cdots,359$，将 i_m 加到校验位$\{x_1+(m\bmod 360)\times q\}\bmod(n_{ldpc}-k_{ldpc})$上，$x_1$ 即附表 A 的第一行数据，q 是一个与码率有关的值，见表 10-15，码率为 2/3 时，$q=60$。因此对于信息位 i_1，进行下述运算：

$$p_{60}=p_{60}\oplus i_1,p_{10551}=p_{10551}\oplus i_1,p_{16103}=p_{16103}\oplus i_1,p_{566}=p_{566}\oplus i_1$$
$$p_{12886}=p_{12886}\oplus i_1,p_{8125}=p_{8125}\oplus i_1,p_{8286}=p_{8286}\oplus i_1,p_{2827}=p_{2827}\oplus i_1$$
$$p_{300}=p_{300}\oplus i_1,p_{17373}=p_{17373}\oplus i_1,p_{9339}=p_{9339}\oplus i_1,p_{10639}=p_{10639}\oplus i_1$$
$$p_{20988}=p_{20988}\oplus i_1$$

这样可以将第一组 360 个信息元 i_m，$m=0,1,2,\cdots,359$ 所对应的校验位计算出来。

表 10-15　规则结构的 q 值

码率	q
1/4	135
1/3	120
2/5	108
1/2	90
3/5	72
2/3	60
3/4	45
4/5	36
5/6	30
8/9	20
9/10	18

表 10-16　简短结构的 q 值

码率	q
1/4	36
1/3	30
2/5	27
1/2	25
3/5	18
2/3	15
3/4	12
4/5	10
5/6	8
8/9	5

第四，对于第二组的 360 个信息位 i_m，$m=360,361,\cdots,719$，它们所对应的校验位根据附表 A 的第二行 x_2 计算得到

$$\{x_2+(m\bmod 360)\times q\}\bmod(n_{\mathrm{ldpc}}-k_{\mathrm{ldpc}})$$

第五，以此类推，信息元以 360 为一组，分成 120 组，分别对应附录 C 中的 120 行数据 x_l，$l=1,2,\cdots,120$，根据公式$\{x_l+(m \bmod 360)\times q\}\bmod(n_{\mathrm{ldpc}}-k_{\mathrm{ldpc}})$计算每个信息位 i_m 所对应的校验位。

第六，上述步骤计算完之后，可得最终的校验位结果

$$p_i=p_i\oplus p_{i-1},\quad i=1,2,\cdots,n_{\mathrm{ldpc}}-k_{\mathrm{ldpc}}-1$$

二、设计方法

1. 设计目的

(1)掌握以卫星链路为背景的数字电视广播系统的构成原理；

(2)掌握 DVB-S 中解调电路的基本设计方法；

(3)了解 DVB-S 中同步机制的设计与分析方法；

(4)了解 DVB-S 中信道编码系统的设计方法。

2. 设计工具与平台

(1)采用 C、MATLAB 等软件完成；

(2)创新开发实验平台。

3. 设计内容和要求

(1)分析 Simulink 仿真库中 DVB-S2 系统构成并进行性能仿真；

(2)在 Simulink 仿真平台上搭建 DVB S 系统并进行不同信道条件下的性能仿真；

(3)DVB-S 中信道编码系统的设计与实现。

采用 Verilog HDL(或 VHDL)语言实现。基于创新开发实验平台，进行调试；或以 C 语言编程实现，在 CCS 平台调试，基于 DSP 实验平台(TMS320C6416 开发平台)完成系统测试。

(4)DVB-S 中包同步算法设计与实现。

以 RS 编码后的包格式为标准实现 DVB-S 系统的包同步，分析包同步捕获、包同步保持参数，设计同步搜索电路，采用 Verilog HDL(或 VHDL)语言实现。基于创新开发实验平台，进行调试。

(5)验收要求。

将图像作为信源，通过系统传输后，恢复的图像质量的 MOS 大于 3.7 分；或以随机数据作

为信源，AWGN 信道下，SNR＝5dB 时，BER＜10^{-5}。

硬件设计要求满足 DVB-S 的实时性要求，即要求针对处理器的硬件特点和编译器的优化性能，优化算法和程序流程，降低运算量，减少运算时间，使编译码方案在所选择的码率下满足表 10-17所示的时间要求。在误比特率为 10^{-3}～10^{-4}时，同步虚警概率低于 10^{-7}。

表 10-17　DVB-S 系统的实时性要求

码率	1/2	2/3	3/4	5/6	7/8
传输速率/(Mb/s)	23.754	31.672	35.631	39.590	41.570

4. 思考题

(1)试分析在 DVB-S 传输系统中针对卫星信道中信号衰减大、信噪比较低的特点采取了哪些关键的传输技术？

(2)试从技术层次分析 DVB-S 系统在 Internet 迅猛发展的现代社会中表现出哪些不足，并与新的传输标准 DVB-S2 进行技术比较。

(3)设计包同步参数时应注意考虑哪些因素？

10.4.3　IEEE 802.16d 传输系统

一、系统概述

随着通信产业的发展，尤其是无线通信和宽带通信的技术的迅速发展，激发了宽带接入网络向无线化方向的演进。近年来 IEEE 802.16 作为无线城域网的空口标准，引起了广泛关注，并逐渐为业界熟知。IEEE 802.16 标准称为 IEEE Wireless MAN 空中接口标准，对工作于不同频带的无线接入系统空中接口进行了规范。由于它所规定的无线系统覆盖范围在公里量级，因此系统主要应用于城域网。根据使用频段不同，802.16 系统分为应用于视距和非视距两种，其中使用 2～11GHz 频段的系统应用于非视距(NLOS)范围，而 10～66GHz 频段则应用于视距(LOS)范围。根据是否支持移动特性，IEEE 802.16 标准又分为固定宽带无线接入空中接口标准和移动宽带无线接入空中接口标准。IEEE 802.16 标准适用于点对多点宽带无线接入系统，是一种“最后一英里”的无线宽带接入解决方案，它将加快世界范围的无线宽带城域网的发展进程。

IEEE 802.16 标准系列到目前为止包括 802.16、802.16a、802.16c、802.16d、802.16e、802.16f 和 802.16g 共七个。802.16d(即 802.16-2004，于 2004 年 10 月 1 日正式发布)是 802.16 的一个修订版本，也是相对比较成熟并且最具实用性的一个标准版本。802.16d 对 2～66GHz 频段的空中接口物理层和 MAC 层做了详细规定，定义了支持多种业务类型的固定宽带无线接入系统的 MAC 层和相对应的多个物理层。该标准对前几个标准进行了整合和修订，增加了部分功能以支持用户的移动性，但仍属于固定宽带无线接入规范。目标用户是固定地点的已知用户。IEEE 802.16d 标准定义了三种物理层实现方式：单载波、OFDM(256-Point)、OFDMA(2048-Point)。由于 OFDM、OFDMA 具有较高的频谱利用率，在抵抗多径效应、频率选择性衰落或窄带干扰上具有明显的优势，因此 OFDM 和 OFDMA 将成为 IEEE 802.16 中两种典型的物理层应用方式，在本节后面的物理层介绍中我们也将把重点放在 OFDM 上。

IEEE802.16d 协议标准是按照两层结构体系组织的。它定义了一个物理层和一个 MAC

层，其协议结构如图 10-47 所示。最底层是物理层，该层的协议主要是关于频率带宽、调制模式、纠错技术以及发射机同接收机之间的同步、数据传输率和时分复用结构等方面的。在物理层之上是媒体接入控制层，主要负责控制用户接入到共享的无线媒质和将数据组成帧格式来传输。

1. IEEE802.16d 标准主要特点

IEEE 802.16d 是固定宽带无线接入标准，通过接入核心网向用户提供业务。技术可应用的频段非常宽，包括 10～66GHz 频段、小于 11GHz 许可和免许可频段。不同频段下的物理特性各不相同，主要如下。

(1)10～66GHz 许可频段由于波长较短，只能实现视距传播。典型信道带宽为 25MHz 或 28MHz，采用多进制调制方式时，数据速率可超过 120Mb/s。

(2)11GHz 以下许可频段和免许可频段由于波长较长，因此能够支持非视距传播，但系统会存在较强的多径效应，需要采用一些增强的物理层技术，如功率控制、智能天线、空时编码技术等。非许可频段还可能存在较大的干扰，需要采用动态频率选择(dynamic frequency selection，DFS)等技术来解决干扰问题。

IEEE 802.16d 标准中，在 MAC 层定义了较为完整的 QoS 机制，可以根据业务需要提供实时、非实时及不同速率要求的数据传输服务。IEEE 802.16d 标准在提供数据业务方面具有明显优势，主要表现在以下几点。

(1)支持频分双工(FDD)和时分双工(TDD)方式。当工作在 TDD 方式时，能够根据上下行数据量灵活分配带宽，对于上下行不对称业务具有较高的资源利用率。

(2)采用的 OFDM/OFDMA 方式，具有较高的频谱利用率，可以提供更高的数据带宽。

(3)采用的按需分配带宽等资源方式，更加适合于数据业务所采用的包交换方式。

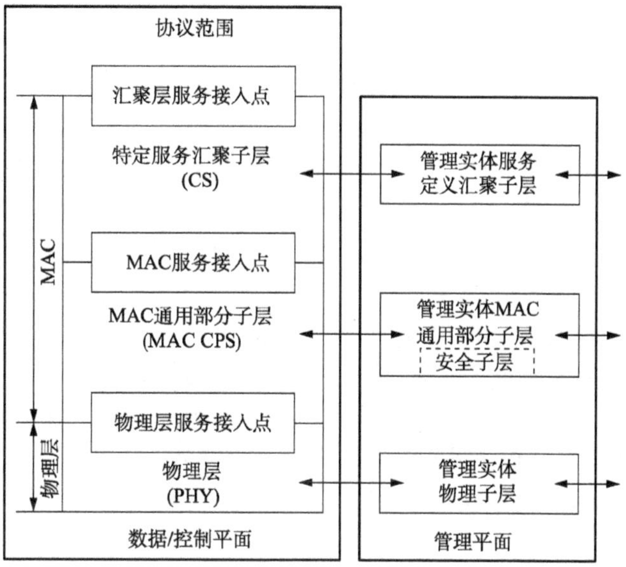

图 10-47　IEEE　802.16d 协议标准结构

2. 空中接口物理层

系统可支持 TDD 和 FDD 两种无线双工方式，根据使用频段不同，IEEE 802.16d 分别规范了多种物理层与之相对应，如表 10-18 所示。

表 10-18　IEEE 802.16d 空中接口物理层分类

物理层类型	使用频段	基本特点
Wireless MAN-SC	10～66GHz 许可频段	采用单载波调制方式，视距传输，可选信道带宽为 20MHz、25MHz 或 28MHz，上行采用 TDMA 方式，双工方式可采用 FDD 或 TDD
Wireless MAN-SCa	<11GHz 许可频段	采用单载波调制方式，非视距传输，允许信道带宽不小于 1.25MHz，上行采用 TDMA 方式，可选支持自适应天线系统(AAS)、ARQ 和空时编码(STC)等，双工方式可采用 FDD 或 TDD

续表

物理层类型	使用频段	基本特点
Wireless MAN-OFDM	<11GHz 许可频段	采用 256 个子载波的 OFDM(正交频分复用)调制方式,非视距传输,可选支持 AAS、ARQ、网格模式(Mesh)和 STC 等,双工方式可采用 FDD 或 TDD
Wireless MAN-OFDMA	<11GHz 许可频段	采用 2048 个子载波的 OFDM 调制方式,非视距传输,允许信道带宽不小于 1.0MHz,可选支持 AAS、ARQ 和 STC 等,双工方式可采用 FDD 或 TDD
Wireless HUMAN	<11GHz 许可频段	可采用 SCa 或 OFDM 或 OFDMA 调制方式,双工方式为 TDD,必须支持动态频率选择(DFS),可选支持 AAS、ARQ、Mesh 和 STC 等

IEEE 802.16d 物理层采用 OFDM 作为主要的调制方法。OFDM 技术的最大优点是可以对抗频率选择性衰落或窄带干扰,下面简要介绍下 OFDM 技术的原理。

由于宽带数字业务大量出现,使传统的数据传输系统中的码率非常高。考虑实际的陆地电波传播路径时,最大的问题是多径衰落,特别是在高层建筑密集的城市,多径衰落的影响较大。另外,在无线移动信道条件下还存在高速移动所引起的衰落及多普勒频移现象。一般地说,电波的反射、散射和衍射,接收机的移动,以及周围环境的变化,是引起衰落的主要原因。如果信号频带很窄,则可认为在带宽内的衰落是单纯的衰落,处理比较方便。当信号频带较宽时,在任一时刻信号的衰落是频率的函数,即存在频率选择性衰落。衰落的影响可产生码间干扰和增加误码。因此,如果采用传统的串行单载波调制方式,要克服码间干扰,就需采用自适应均衡措施,实现起来比较复杂。解决方法之一便是将高速串行数据分解为多个并行的低速数据后采用多载波调制方式传输。在多载波调制中,带宽为 W 的信道划分成 N 个子信道,每个子信道的带宽为 $\Delta f=W/N$。在这 N 个子信道中,同时传输不同的信息符号。因此,传输的数据是按频分多路复用(FDM)方式工作的。

对于每个子信道,赋予一个载波信号,即

$$x_k(t)=\mathrm{e}^{\mathrm{j}2\pi f_k t},\quad k=0,1,\cdots,N-1$$

其中,f_k 是位于第 k 个子信道的中间频率。在每个子信道上,将符号率 $1/T$ 选成等于相邻子载波的频率间隔 Δf,因此在符号持续时间 T 内这些子载波是正交的,即任意两个子载波之间存在如下关系:

$$\frac{1}{T}\int_0^T \mathrm{e}^{\mathrm{j}2\pi f_k t}\cdot \mathrm{e}^{\mathrm{j}2\pi f_j t}\,\mathrm{d}t=\begin{cases}1, & i=j\\ 0, & i\neq j\end{cases}$$

利用这个约束条件就得到了正交频分多路复用(OFDM)。

一个 OFDM 系统可以设计成没有码间干扰的系统,而在单一载波系统中码间干扰是不可避免的。如果 T_s 是一个单个载波系统中的符号区间,那么具有 N 个子信道的 OFDM 系统的符号区间就是 $T=NT_s$。通过将 N 选取得足够大,可以使 OFDM 系统中的符号区间 T 远大于信道的弥散时间,从而通过适当地选取 N 值将 OFDM 系统的码间干扰减小到任意小。在这种情况下,每个子信号的带宽足够小,因此看起来好像有一个固定不变的频率响应。

1971 年,Weinstein 和 Ebert 提出了一个完整的 FFT-OFDM 系统方案,使得 OFDM 完全可以由数字电路来实现,使得 OFDM 的设备实现十分方便,从此打开了 OFDM 工程应用的大门。

假设数据 d_i 为矩形函数,令 $f_i=i/T$, $i=1,2,\cdots,N$,则 OFDM 信号形式如下:

$$s(t)=\begin{cases}\sum_{i=1}^{N} d_i\mathrm{e}^{\mathrm{j}2\pi it/T}, & 0\leqslant t\leqslant T\\ 0, & t<0,t>T\end{cases}$$

现对 $s(t)$ 以 $t=t_k=kT/N, k=1,2,\cdots,N$ 采样，得

$$s_k=s(kT/N)=\sum_{i=1}^{N} d_i e^{j2\pi ik/N}, \quad 1\leqslant i\leqslant N$$

上式说明，s_k 是对 d_i 实行 N 点 IDFT 运算结果；与此相对应的 d_i 是 s_k 的 DFT 变换结果。上述分析表明，如果 OFDM 信号中有 N 个子载波，则对子载波的调制与解调可分别用 N 点的 IDFT 和 DFT 来实现。

由于 N 点的 IDFT 运算需要进行 N^2 次复数运算，而 IFFT 可以显著减少运算量，因而在实际系统中多采用 FFT 实现。FFT 实现 OFDM 的原理框图如图 10-48 所示。图中插入了保护间隔，其作用是防止多径延时产生的子载波之间的串扰。保护间隔应选择大于或者等于信道的超量延时。

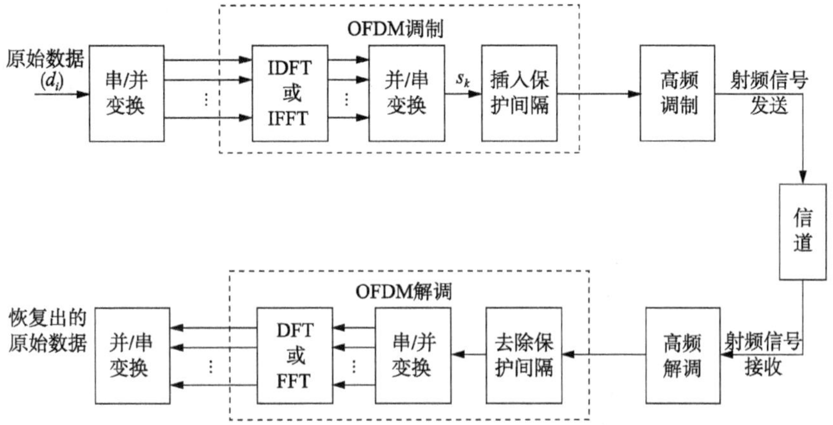

图 10-48　FFT 实现 OFDM 原理框图

OFDM 很好地解决了多径环境中的频率选择性衰落，然而它本身不能抑制衰落，各子信道在频域内位置不同，相应受到程度不同的衰落影响，即各载波的幅度服从瑞利分布。同时，在信道中还存在加性噪声（如高斯白噪声、脉冲干扰等）。这要求用信道编码进一步保护传输数据，即采用编码正交频分复用 COFDM（coded OFDM）。在所有信道编码技术中，网格编码调制（TCM）结合频率和时间交织是一种有效对付信道平坦性衰落的方法。

OFDM 的发展已有 40 余年的历史，但这种多载波传输技术在双向无线数据方面的应用却是 10 年来的新趋势。近年来，由于数字信号处理（DSP）技术的飞速发展，OFDM 作为一种可以有效对抗 ISI 的高速传输技术，引起了广泛关注。OFDM 技术已经成功地广泛应用于非对称数字用户环路（ASDL）、无线本地环路（WLL）、数字音频广播（DAB）、高清晰度电视（HDTV）、无线局域网（WLAN）、陆地广播、高速数字用户环路（HDSL）、超高速数字用户环路（VHDSL）、宽带射频接入网（BRAN）等各种通信系统。而在移动通信中的运用更是大势所趋。

OFDM 由于频谱利用率高、成本低等原因越来越受到人们关注。随着人们对通信数据化、宽带化、个人化和移动化的需求，OFDM 技术在综合无线接入领域将越来越得到广泛的应用。随着 DSP 芯片技术的发展，傅里叶变换/反变换、64/128/256QAM 的高速 Modem 技术、网格编码技术、软判决技术、信道自适应技术、插入保护时段、减少均衡计算量等成熟技术的逐步引入，人们开始集中精力开发 OFDM 技术在移动通信领域的应用，预计 3G 以后移动通信的主流技术也将是 OFDM 技术。

例 10-13 给出了 OFDM 系统的实现代码。

例 10-13　通过 IDFT、DFT 实现 OFDM 系统。

```
%%%%% 参数设置 %%%%%
K = 1000;                                    %调制符号数目
N = 2*K;                                     %正交两项调制符号数目
Num_snr = 10;                                %信噪比个数
dl = 2;                                      %信噪比变化步长
%%%%% 主程序 %%%%%
 m = 0;
for snrdB = 1:dl:dl*Num_snr
    snr = 10^(snrdB/10);
    sgma = sqrt(10/(8*snr));                 %噪声方差
    m = m +1;
    error(m) = 0;                            %错误变量初始化

    %%%%% 产生数据 %%%%%
    a = rand(1,4*(K-1));
    a = sign(a-0.5);
    b = reshape(a,K-1,4);

    %%%%% 16QAM 信号产生 %%%%%
    s1 = 2*b(:,1) + b(:,2) + j*(2*b(:,3)+b(:,4));
    s2 = s1';
    s = [0 s2 0 conj(s2(K-1:-1:1))];
    x = zeros(1,N);

    %%%%% IDFT %%%%%
    for n = 0:N-1
        for k = 0:N-1
            x(n+1)=x(n+1) + 1/sqrt(N)*s(k+1)*exp(j*2*pi*n*k/N);
            echo off
        end
    end
    %%%%% AWGN 信道 %%%%%
    for n = 1:N
        gngauss = sqrt(0.5)*(randn +j*randn);
        r(n) = x(n) + sgma*gngauss;
    end
    %%%%% DFT %%%%%
     Y = zeros(1,K);
     for k = 1:K-1
         for n = 0:N-1
             Y(1,k+1) = Y(1,k+1) + 1/sqrt(N)*r(n+1)*exp(-j*2*pi*k*n/N);
             echo off
```

```
            end
        end

        %%%%% 接收端检测 %%%%%
        for k = 1:K-1
            if real(Y(1,k+1)) > 0
                if real(Y(1,k+1)) > 2
                    z(1,k+1) = 3;
                else
                    z(1,k+1) = 1;
                end
            else
                if real(Y(1,k+1)) < -2
                    z(1,k+1) = -3;
                else
                    z(1,k+1) = -1;
                end
            end
            if imag(Y(1,k+1)) > 0
                if imag(Y(1,k+1)) > 2
                    z(1,k+1) = z(1,k+1) + 3*j;
                else
                    z(1,k+1) = z(1,k+1) + j;
                end
            else
                if imag(Y(1,k+1)) < -2
                    z(1,k+1) = z(1,k+1) -3*j;
                else
                    z(1,k+1) =z(1,k+1) -j;
                end
            end
        end
    %%%%% 错误符号个数统计 %%%%%
          error(m) = error(m) + max(size(find(z(1,2:K) - s(1,2:K))))
      end
   pe = error/(K-1);                                          %错误符号概率统计
```

3. 空中接口 MAC 层

MAC 层是基于“连接”的，即所有 SS 的数据业务以及与此相联系的 QoS 要求都是在“连接”的范畴中实现的。每一个“连接”均由一个连接标识符(16 bit)来唯一地标识(CID)。

MAC 层包括以下三个子层。

(1)特定服务汇聚子层，简称 CS 子层。

该子层主要负责完成外部网络数据与 CPS 子层数据之间的映射。它将所有从汇聚层服务接入点(CS SAP)接收到的外部网络数据转化并且映射成 MAC SDU，并通过 MAC 服务接入点

(MAC SAP)发送给 CPS 子层。标准中定义了两种 CS 子层规范，以便与不同的上层协议进行接口，包括 ATM CS 子层及 Packet CS 子层。

(2)MAC 公共子层，简称 CPS 子层。

CPS 子层主要提供 MAC 层的核心功能，包括系统接入、带宽分配、连接建立和维护等。CPS 子层通过 MAC SAP 从不同的 CS 子层接收数据，形成 MAC SDU。MAC SDU 可以被拆分，也可以与其他一个或数个 MAC SDU 合并为一个新的 MAC PDU，并按 MAC 连接分类，以保证 QoS。MAC PDU 的数据格式，分为 MAC header、payload 和 CRC 三部分。如图 10-49 所示。每个 PDU 以一个固定长度的 MAC header 开始。

MAC header	Payload(optional)	CRC(optional)

图 10-49　MAC　PDU 的数据格式

(3)安全子层。

MAC 层包含一个单独可选的安全子层来提供认证、密钥交换及加密。IEEE 802.16d 通过加密 SS 和 BS 之间的连接给用户提供秘密接入固定宽带无线网络的能力。此外 BS 通过加密相关的业务流禁止未经授权的访问，还给运营商提供强大的防盗用功能。IEEE 802.16d 标准的安全子层定义了两部分内容，即：

①加密封装协议。该协议负责加密接入固定 BWA 网络的分组数据，定义了加密和鉴权算法，以及这些算法在 MAC PDU Payload 中的应用规则。

②密钥管理协议(PKM)。PKM 负责从 BS 到 SS 之间密钥的安全分发，SS 和 BS 之间密钥数据的同步，以及 BS 强迫接入网络业务。

此外，IEEE 802.16d 标准还具有完善的 QoS 机制，可根据 4 种不同的业务类型进行调度和带宽分配。标准中还定义了按需分配多址接入(DAMA)，可以在数据传输过程中根据需要动态地调整带宽分配。通过这些机制的定义，使得整个系统的资源分配非常灵活在保证 QoS 的同时大大提高了资源利用率。

4. IEEE 802.16d 的主要应用

IEEE 802.16d 典型应用包括 Internet 接入、局域网互联、数据专线、窄带业务和基站互连等。

(1)Internet 接入：针对有综合布线的小区和大楼，在楼顶安装 IEEE 802.16d 宽带固定无线接入系统的远端用户侧室外无线单元，并在建筑物内或小区内安装用户侧室内单元和以太网交换机，利用现有综合布线接入用户，通过无线空中接口提供宽带上网业务。

(2)局域网互联：对于大型企业，如果在地域内有多个企业分部，利用 IEEE 802.16d 宽带固定无线接入系统，可以方便实现总部和各个分部之间的局域网联接。

(3)数据专线：以 IEEE 802.16d 宽带综合无线接入系统提供 TDM 输出(E1 或者 Fractional E1)，在终端站上提供 E1 接口或 X.21 接口；为进一步提供 64kp/s 和 $N\times$64kb/s 的业务，可在用户端安装小型复用器，提供传统的数据传送业务。

(4)窄带业务和基站互连：IEEE 802.16d 提供 E1 接口，可以满足 GSM 移动基站的接入，并在将来支持 3G 网络基站互连。通过 IEEE 802.16d 远端设备与窄带光网络单元(optical network unit,ONU)，可以提供话音业务。

IEEE 802.16 系统仿真如例 10-14 所示。

例 10-14　IEEE 802.16 系统仿真。

本例程参考自 Carlos Batlles Ferrer 提供的 IEEE 802.16 系统仿真代码；例程在 MATLAB R2006a 版本下测试通过；仿真代码全部用 m 文件完成；利用本仿真代码可以选择进行五种仿真：调制方式仿真(TestMods)、改变循环前缀大小的仿真(TestCP)、是否采用编码的仿真(TestEncode)、不同信道环境下的仿真(TestChannels)、不同带宽下的性能仿真(TestBW)。运行时只需输入主程序命令“wimax”即可，程序结构如图 10-50 所示。

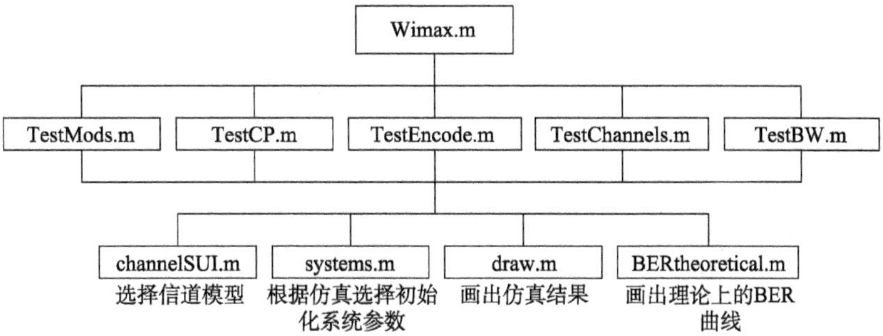

图 10-50　程序结构框图

下面给出主程序 wimax. m 的代码，其他子函数代码可以在 www. mathworks. com /matlabcentral/fileexchange/21494 下载。

```
%%%%% 初始化仿真需要的变量 %%%%%
SUI = [];
G = [];
n_mod_type = [];

%%%%% 选择要进行的仿真 %%%%%
run = 'y';
while run=='y'
clc;
disp(' --> The different tests:');
disp(' 1) Simulation in which all the modulations are used (BPSK,QPSK,16QAM and 64QAM).');
disp(' 2) When we change the size of the "cyclic prefix" (1/4 1/8 1/16 1/32).');
disp(' 3) Simulation WITH and WITHOUT encoding of the bits and study the difference.');
disp(' 4) Simulation through different SUI channels (1 al 6).');
disp(' 5) Simulation with different values of the nominal BW of the system.');
disp(' 6) To exit the program.');
option = input(' Please enter your choice:  ');

%%%%% 根据选择进行相应的仿真程序 %%%%%
switch option
case 1                                                      %调制方式仿真，系统初始化
        G = input(' Please enter the value of G (Cyclic Prefix) [1/4 1/8 1/16 1/32]:  ');
        SUI = input (' Please enter which channel you wish to simulate (1 al 6) [AWGN = 0]:  ');
        disp('  Please enter the nominal BandWidth of the system (BW)');
```

```
        BW = input('  Possible Values:28,24,20,15,14,12,11,10,7,6,5.50,5,3.50,3,2.50,1.75,
    1.5,1.25 [MHz]:');
        figur = input(' From which number you wish to start calling the resultant figures:');
        samples = input(' Finally enter the number of OFDM symbols to simulate (total bits = 20 *
    symbols):');
        disp(' Realizing the simulation..... Please wait a while');
        tic
        TestMods(G,SUI,samples,BW,figur); %运行 TestModes 函数
case 2                                        %改变循环前缀大小的仿真,系统初始化
        n_mod_type = input(' Please enter the modulation to use (1->BPSK, 2->QPSK, 3->
    16QAM ? 4-->64QAM): ');
        if n_mod_type == 3
        n_mod_type = 4;
        elseif n_mod_type == 4
        n_mod_type =6;
        end
        SUI = input (' Please enter which channel you wish to simulate (1 al 6) [AWGN = 0]: ');
        disp(' Please enter the nominal BandWidth of the system (BW)');
        BW = input(' Possible Values:28,24,20,15,14,12,11,10,7,6,5.50,5,3.50,3,2.50,1.75,
    1.5,1.25 [MHz]:');
        figur = input(' From which number you wish to start calling the resultant figures:');
        samples = input(' Finally enter the number of OFDM symbols to simulate (total bits = 20 *
    symbols):');
        disp(' Realizing the simulation..... Please wait a while');
        tic
        TestCP(n_mod_type,SUI,samples,BW,figur);
case 3                                        %是否采用编码的仿真,系统初始化
        G = input(' Please enter the value of G (Cyclic Prefix) [1/4 1/8 1/16 1/32]:  ');
        n_mod_type = input(' Please enter the modulation to use (1->BPSK, 2->QPSK, 3->
    16QAM ? 4-->64QAM): ');
        if n_mod_type == 3
        n_mod_type = 4;
        elseif n_mod_type == 4
        n_mod_type =6;
        end
        SUI = input (' Please enter which channel you wish to simulate (1 al 6) [AWGN = 0]:  ');
        disp(' Please enter the nominal BandWidth of the system (BW)');
        BW = input(' Possible Values:28,24,20,15,14,12,11,10,7,6,5.50,5,3.50,3,2.50,1.75,
    1.5,1.25 [MHz]:');
        figur = input(' From which number you wish to start calling the resultant figures:');
        samples = input(' Finally enter the number of OFDM symbols to simulate (total bits = 20 *
    symbols):');
        disp(' Realizing the simulation..... Please wait a while');
        tic
```

```
        TestEncode(n_mod_type,G,SUI,samples,BW,figur);
    case 4                                          %不同信道环境下的仿真,系统初始化
        G = input(' Please enter the value of G (Cyclic Prefix) [1/4 1/8 1/16 1/32]:');

        n_mod_type = input(' Please enter the modulation to use (1->BPSK, 2->QPSK, 3->
    16QAM ? 4-->64QAM):  ');
        if n_mod_type == 3
        n_mod_type = 4;
        elseif n_mod_type == 4
        n_mod_type =6;
        end
        disp(' Please enter the nominal BandWidth of the system (BW)');
        BW = input(' Possible Values:28,24,20,15,14,12,11,10,7,6,5.50,5,3.50,3,2.50,1.75,
    1.5,1.25 [MHz]:');
        figur = input(' From which number you wish to start calling the resultant figures:');
        samples = input(' Finally enter the number of OFDM symbols to simulate (total bits = 20 *
    symbols):');
        disp(' Realizing the simulation..... Please wait a while');
        tic
        TestChannels(n_mod_type,G,samples,BW,figur);
    case 5                                          %不同带宽下的性能仿真,系统初始化
        G = input(' Please enter the value of G (Cyclic Prefix) [1/4 1/8 1/16 1/32]: ');
        n_mod_type = input(' Please enter the modulation to use (1->BPSK, 2->QPSK, 3->
    16QAM ? 4-->64QAM):  ');
        if n_mod_type == 3
        n_mod_type = 4;
        elseif n_mod_type == 4
        n_mod_type =6;
        end
        SUI = input(' Please enter which channel you wish to simulate (1 al 6) [AWGN = 0]:  ');
        figur = input(' From which number you wish to start calling the resultant figures:');
        samples = input(' Finally enter the number of OFDM symbols to simulate (total bits = 20 *
    symbols):');
        disp(' Realizing the simulation..... Please wait a while');
        tic
        TestBW (G,SUI,n_mod_type,samples,figur);

    case 6                                          %退出仿真
        run = 'n';
        end
    if option~=6
    OFDM_time_simulation = toc;                     % 用于计算仿真所用的时间
    %%%%% 显示仿真运行时间 %%%%%
    if OFDM_time_simulation >3600
```

```
            disp(strcat('time taken for the simulation =',
        num2str(OFDM_time_simulation/3600), ' hours.'));
    elseif OFDM_time_simulation > 60
            disp(strcat(' time taken for the simulation =',
  num2str(OFDM_time_simulation/60), ' minutes.'));
 else
            disp(strcat(' time taken for the simulation =',
     num2str(OFDM_time_simulation), ' seconds.'));
      end
end
end
```

图 10-51 给出了例 10-14 的仿真结果。仿真条件：循环前缀为 1/32，带宽为 28MHz，采用 AWGN 信道下，调制方式为 QPSK。从图 10-51 中可以看出，随着信噪比的增加，仿真曲线与理论值逐渐接近。

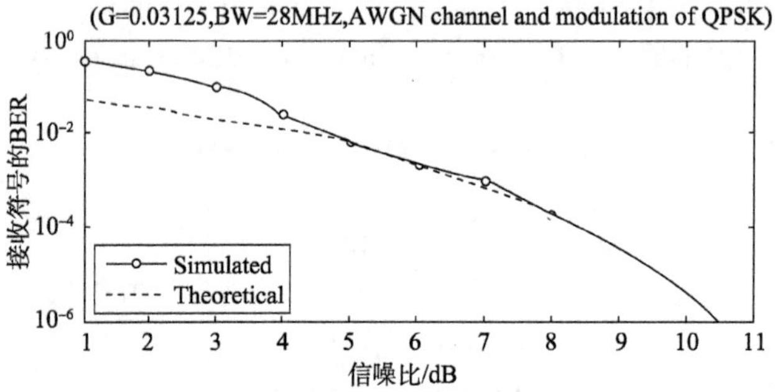

图 10-51　例 10-14 的仿真图

二、设计方法

1. 设计目的

(1)了解 IEEE 802.16d 标准；

(2)了解基于 IEEE 802.16d 标准的宽带无线接入网的体系架构；

(3)掌握 OFDM 基本原理。

2. 设计工具与平台

(1)采用 C、MATLAB 等软件完成；

(2)创新开发实验平台。

3. 设计内容与要求

(1)搭建基于 IEEE802.16d 的传输系统；

(2)采用不同信道模型(如 SUI 1-6 、AWGN 信道)时对系统性能进行仿真；

(5)设计要求：采用 OFDM/OFDMA 寻址方式，16QAM 调制方式，信道模型为 SUI 5，在信噪比为 20dB 的情况下，误码率小于 10^{-3}。

4. 思考题

(1)IEEE 802.16d 主要采用了哪些手段来支持用户的移动性？

(2)为什么说 IEEE 802.16d 仍属于固定宽带无线接入规范？

(3)IEEE 802.16d MAC 层的主要特点有哪些？

(4)OFDM 调制实现过程中还存在哪些问题？

参考文献

陈萍等. 2003. 现代通信实验系统的计算机仿真[M]. 北京:国防工业出版社

陈晓春. 2003. 开环结构突发 PSK 信号载波同步算法研究[D]. 四川大学硕士学位论文

达新宇等. 2005. 通信原理教程[M]. 北京:北京邮电大学出版社

樊昌信. 2005. 通信原理教程[M]. 北京:电子工业出版社

樊昌信,曹丽娜. 2007. 通信原理[M]. 6 版. 北京:国防工业出版社

黄纪军,戴晴等. 2009. 电子测量技术[M]. 北京:电子工业出版社

黄载禄,殷蔚华,黄本雄. 2007. 通信原理[M]. 北京:科学出版社

蒋青等. 2006. 通信原理[M]. 北京:人民邮电出版社

雷菁. 2009. 低复杂度 LDPC 码构造及译码研究[D]. 国防科学技术大学博士学位论文

孟莉. 2007. 小波包多载波调制系统的最优基研究[D]. 天津大学硕士学位论文

苗长云等. 2005. 现代通信原理及应用[M]. 北京:电子工业出版社

曲炜等. 2005. 信息论与编码理论[M]. 北京:科学出版社

芮义斌. 2002. 实时短波信道模拟器[D]. 南京理工大学硕士学位论文

沈连丰等. 2003. 通信新技术及其实验[M]. 北京:科学出版社

沈连丰等. 2007. 信息与通信工程原理与实验[M]. 北京:科学出版社

沈琪琪,朱德生. 1989. 短波通信[M]. 西安:西安电子科技大学出版社

沈世镒等. 2007. 信息论基础与应用[M]. 北京:高等教育出版社

谭会生,瞿遂春. 2004. EDA 技术综合应用实例与分析[M]. 西安:西安电子科技大学出版社

唐朝京,雷菁. 2010. 信息论与编码基础[M]. 北京:电子工业出版社

唐朝京等. 2010. 现代通信原理[M]. 北京:电子工业出版社

王秉钧. 2006. 现代通信原理[M]. 北京:人民邮电出版社

王琳,徐位凯. 2007. 高效信道编译码技术及其应用[M]. 北京:人民邮电出版社

王新梅等. 2001. 纠错码——原理与方法[M]. 西安:西安电子科技大学出版社

王育民等. 2007. 信息论与编码理论[M]. 北京:高等教育出版社

韦岗等. 2007. 通信系统建模与仿真[M]. 北京:电子工业出版社

吴增荣. 2004. 基于 DSP 的高频实时信道模拟[D]. 大连海事大学硕士学位论文

易波主. 1998. 现代通信导论[M]. 长沙:国防科学技术大学出版社

张春田等. 2006. 数字图像压缩编码[M]. 北京:清华大学出版社

钟玉琢,蔡莲红等. 2002. 多媒体计算机技术基础及应用[M]. 北京:高等教育出版社

Berrou C, Glavieux A, Thitimajshima P. 1993. Near Shannon limit error-correcting coding and decoding: Turbo-codes(1)[J]. In Proc, IEEE Int. Conf. on Communications:1064～1070

Gonzalez R C, Woods R E, Eddins S L. 2006. 数字图像处理(MATLAB)[M]. 阮秋琦等译. 北京:电子工业出版社

Jeruchim M C 等. 2004. 通信系统仿真[M]. 周希元等译. 北京:国防工业出版社

Lin S, Costello D J. 2007. 差错控制编码[M]. 晏坚等译. 北京:机械工业出版社

Proakis J G. 2005. 数字通信[M]. 4 版. 张力军等译. 北京:电子工业出版社

Proakis J G 等. 2005. 现代通信系统(MATLAB 版)[M]. 2 版. 刘树棠译. 北京:电子工业出版社

Pyndiah R, Glaviecx A, et al. 1994. Near optimum decoding of product codes. Global Telecommunications Conference:339～343

Rappaport T S. 2006. 无线通信原理与应用[M]. 北京:电子工业出版社

Saleh A. 1981. Frequency-independent and frequency-dependent non-linear models of TWT amplifiers[J]. IEEE Trans Comm, 29:1715-1720

Sweeney P. 2004. 差错控制编码[M]. 俞越, 张丹译. 北京:清华大学出版社

Tranter W H 等. 2005. 通信系统仿真原理与无线应用[M]. 肖明波等译. 北京:机械工业出版社

Vucetio B, Yuan J H. 2005. 空时编码技术[M]. 王晓海等译. 北京:机械工业出版社

Watterson C C, Juroshek J R, Bensema W D. 1970. Experimental confirmation of an HF channel model. IEEE Trans Comm Tech, 18(6):792-803

CCIR, CCIR Report 549-2: HF ionospheric model simulator, Reports and Recommendations of the CCIR, 1986

CCSDS 131. 0-B-1. Blue Book. Issue 1. TM Synchronization and Channel Coding[S]. September 2003.

CCSDS 231. 0-B-2. Blue Book. Issue 2. TC Synchronization and Channel Coding[S]. September 2010.

Ditital Video Broadcasting(DVB), Framing strucure、channel coding and modulation for cable systems, 1998

IEEE 802. 16-REVd/D5-2004 IEEE Standard for Local and Metropolitan Area

Networks-Part 16: Air Interface for Fixed Broadband Wireless Access Systems[S]. 2004

附录A　实 验 例 程

例程1　数字图像传输系统。

说明　构建一个数字图像传输系统，包括信源、信源编码、信道编码、信道、信道译码、信源译码、信宿等模块，以下为一个数字图像传输系统的参考界面示例和部分模块的MATLAB代码。

1. 图像传输系统界面（见附图1）

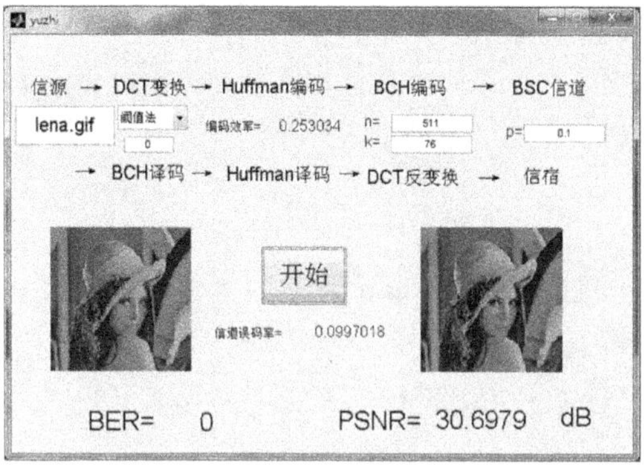

附图1

2. DCT变换

```
I = imread('lena.gif');
I = im2double(I);
T = dctmtx(8);
dct = @(x)T * x * T';
B = blkproc(I,[8 8],dct);
```

3. Huffman编码

(1)概率统计。

说明：sym_seq——编码器输入的符号序列

sym——信源符号数组

p——概率数组

```
m = 1;
sym (1) = sym_seq (1);
p (1) = 0;

for i=1:length(sym_seq);
    flag=0;
    for j=1:m;
        if sym (j)== sym_seq (i);
            flag=1;
            p(j) = p(j)+1/length(sym_seq);
```

```
            end
        end
        if flag == 0;
            m = m+1;
            sym(m) = sym_seq(i);
            p(m)=1/length(sym_seq);
        end
    end
```

(2)编码。

说明：dic——Huffman 码字典

　　hcode——Huffman 码流

```
dict= huffmandict(sym, p);
hcode = huffmanenco(sym_seq,dict);
```

4. Huffman 译码

说明：hcode_rev——接收的 Huffman 码流

　　sym_rev——恢复的信源符号

```
sym_rev = huffmandeco(hcode_rev,dict);
```

5. DCT 逆变换

```
invdct = @(x)T' * x * T;
K= blkproc(z,[8 8],invdct);
I3=I-K;
PSNR=20 * log10(max(max(I))/sqrt(mse(I3)));                    %计算 PSNR
```

例程 2　(7,4)汉明码编译码器。

说明　本例程为 verilogHDL 代码，时钟 clk1 为 32kHz、clk2 为 64kHz。

1. 汉明码编码

(1)存储数据。

说明：时钟 clk1 用于将输入数据存储，当存储的数据足够时，就可以启动编码

　　din——输入数据

　　enc_flag——编码标志

```
always@(posedge clk1)
 begin
    if(cnt1==6)
          enc_flag <= 1;
    cnt1 <= cnt1 + 1;
    din_reg[cnt1] <= din;
 end
```

(2)(7,4)汉明编码。

说明：时钟 clk2 用于编码及输出

　　D0～D2——寄存器

　　dout1——编码输出

```
always@(posedge clk2)
    begin
        if(enc_flag)
        begin
            if(cnt==7)
            begin
                cnt <= 0;
            end
        if (cnt<4)
          begin
          cnt <= cnt + 1;
          cnt2 <= cnt2 + 1;
          D0 <= din_reg[cnt2]^D2;
          D1 <= din_reg[cnt2]^D2^D0;
          D2 <= D1;
          dout1 <= din_reg[cnt2];
          end
          else
              if(cnt<7)
              begin
              cnt <= cnt + 1;
              dout1 <= D2;
              D2 <= D1;
              D1 <= D0;
              D0 <= 0;
              end
          end
    end
```

2. 汉明码译码

(1)译码处理。

说明:时钟 clk2 用于译码处理

D10～D12、D20～D22——寄存器

dout2——经过信道的码比特

dec_reg——四级移位寄存器

dout_flag——译码输出标志

dout_reg——输出寄存器

```
always@(posedge clk2)
    begin
        if(cntdreg <4)
          begin
          cntdreg <= cntdreg + 1;
          dec_reg[3] <= dout2;
          dec_reg[2] <= dec_reg[3];
```

```
            dec_reg[1] <= dec_reg[2];
            dec_reg[0] <= dec_reg[1];
            end
            else
              cntdreg <= cntdreg + 1;
            if(cntdl < 7)
            begin
              cntdl <= cntdl + 1;
             D10 <= dout2^D12;
             D11 <= D12^D10;
             D12 <= D11;
             end
             if(cntdl==7)
             begin
               D22 <= D12;
               D21 <= D11;
               D20 <= D10;
               D12 <= 0;
               D11 <= 0;
               D10 <= 0;
               cntdl <= 0;
             end
             if(cntdl < 4)
             begin
               D20 <= D22;
               D22 <= D21;
               D21 <= D22^D20;
               cnt3 <= cnt3 + 1;
               dout_reg[cnt3] <= (D20 & (~D21) & D22)^dec_reg[0];
             end
               if(cntdl==7)
                 dout_flag <= 1;
      end
```

(2)译码输出。

说明 时钟 clk1 用于译码输出，保证数据输入与数据输出速率一致。

dout——输出数据

```
      always@(posedge clk1)
        begin
            if(dout_flag)
            begin
              cnt4 <= cnt4 + 1;
              dout <= dout_reg[cnt4];
              end
      end
```

例程 3 Chase 译码。

说明 本例程为 C 语言代码。

Vector —— 码字软信息

maxWordLen —— 最大码字长度

N、k —— 线性分组码的码长和信息位

H —— 校验矩阵

D —— 最优判决码

C —— 码集合

min_dis —— 最小距离

dis —— 距离数组

valid —— 码字有效判决

(1)定义变量。

```
int i, j, n;
int pos1 = 0, pos2 = 1;
double min1 = INF, min2 = INF;
double reli;
```

(2)寻找两个最小可信度元素。

```
for(i = 0; i < N; i++)
{
    reli = fabs(vector[i]);
    if(reli < min1)
    {
        min2 = min1;
        pos2 = pos1;
        min1 = reli;
        pos1 = i;
    }
    else if(reli < min2)
    {
        min2 = reli;
        pos2 = i;
    }
}
```

(3)构造 4 个试探序列。

```
for(i = 0; i < 4; i++)
{
    for(j = 0; j < N; j++)
    {
        if(j == pos1)
            C[i * maxWordLen + j] = (i % 2);
```

```
        else if(j == pos2)
            C[i * maxWordLen + j] = (i / 2);
        else
            C[i * maxWordLen + j] = (vector[j] > 0)? 1: 0;
    }
}
```

(4)进行代数译码。

```
int r = N - k;
int *S = new int[r];
for(i = 0; i < 4; i++)
{
    for(j = 0; j < r; j++)
    {
        int sum = 0;
        for(int n = 0; n < N; n++)
            sum += C[i * maxWordLen+n] * H[j * N + n];
        S[j] = sum % 2;
    }
    bool error = false;
    for(j = 0; j < r; j++)
        if(S[j] != 0)
        {
            error = true;
            break;
        }
    if(! error)
    {
        valid[i] = true;
    }
    else if(error && S[0]! =0)
    {
        for(j = 0; j < N; j++)
        {
            for(n = 1; n < r; n++)
            {
                if(S[n] != H[n * N + j])
                    break;
            }
            if(n == r)
                C[i * maxWordLen + j] = (C[i * maxWordLen + j] == 1)? 0: 1;
        }
        valid[i] = true;
    }
    else
```

```
        {
            valid[i] = false;
        }
    }
```

(5)寻找最佳码字。

```
min_dis = INF;
int num;
for(i = 0; i < 4; i++)
{
    double sum = 0;
    if(valid[i])
{
for(n = 0; n < N; n++)
            sum += (vector[n] - (2 * C[i * maxWordLen + n]-1)) * (vector[n] - (2 * C[i
* maxWordLen + n]-1));
            dis[i] = sum;
            if(sum < min_dis)
            {
                min_dis = sum;
                num = i;
            }
        }
    }
    for(i = 0; i < N; i++)
        D[i] = C[num * maxWordLen + i];
delete S;
```

例程 4 QPSK 调制器。

说明 本例程为 Verilog HDL 代码。

NRZ_32k —— 输入数据

clk_4m —— 采样频率

(1)串并变换。

```
always @ (posedge clk_16k)
    A16k = NRZ_32k;
always @ (negedge clk_16k)
    B16k = NRZ_32k;
```

(2)载波发生器。

```
assign sin1[0] = 92;
assign sin1[1] = 107;
assign sin1[2] = 119;
assign sin1[3] = 125;
assign sin1[4] = 126;
assign sin1[5] = 122;
assign sin1[6] = 114;
```

```
assign sin1[7] = 100;
assign sin1[8] = 82;
assign sin1[9] = 61;
assign sin1[10] = 38;
assign sin1[11] = 12;
assign sin1[12] = -13;
assign sin1[13] = -39;
assign sin1[14] = -62;
assign sin1[15] = -83;
assign sin1[16] = -101;
assign sin1[17] = -115;
assign sin1[18] = -123;
assign sin1[19] = -127;
assign sin1[20] = -126;
assign sin1[21] = -120;
assign sin1[22] = -108;
assign sin1[23] = -93;
assign sin1[24] = -73;
assign sin1[25] = -51;
assign sin1[26] = -26;
assign sin1[27] = -1;
assign sin1[28] = 0;
assign sin1[29] = 25;
assign sin1[30] = 50;
assign sin1[31] = 72;

assign sin2[0] = 82;
assign sin2[1] = 61;
assign sin2[2] = 38;
assign sin2[3] = 12;
assign sin2[4] = -13;
assign sin2[5] = -39;
assign sin2[6] = -62;
assign sin2[7] = -83;
assign sin2[8] = -101;
assign sin2[9] = -115;
assign sin2[10] = -123;
assign sin2[11] = -127;
assign sin2[12] = -126;
assign sin2[13] = -120;
assign sin2[14] = -108;
assign sin2[15] = -93;
assign sin2[16] = -73;
assign sin2[17] = -51;
```

```
assign sin2[18] = -26;
assign sin2[19] = -1;
assign sin2[20] = 0;
assign sin2[21] = 25;
assign sin2[22] = 50;
assign sin2[23] = 72;
assign sin2[24] = 92;
assign sin2[25] = 107;
assign sin2[26] = 119;
assign sin2[27] = 125;
assign sin2[28] = 126;
assign sin2[29] = 122;
assign sin2[30] = 114;
assign sin2[31] = 100;

assign sin3[0] = -101;
assign sin3[1] = -115;
assign sin3[2] = -123;
assign sin3[3] = -127;
assign sin3[4] = -126;
assign sin3[5] = -120;
assign sin3[6] = -108;
assign sin3[7] = -93;
assign sin3[8] = -73;
assign sin3[9] = -51;
assign sin3[10] = -26;
assign sin3[11] = -1;
assign sin3[12] = 0;
assign sin3[13] = 25;
assign sin3[14] = 50;
assign sin3[15] = 72;
assign sin3[16] = 92;
assign sin3[17] = 107;
assign sin3[18] = 119;
assign sin3[19] = 125;
assign sin3[20] = 126;
assign sin3[21] = 122;
assign sin3[22] = 114;
assign sin3[23] = 100;
assign sin3[24] = 82;
assign sin3[25] = 61;
assign sin3[26] = 38;
assign sin3[27] = 12;
assign sin3[28] = -13;
```

```
assign sin3[29] = -39;
assign sin3[30] = -62;
assign sin3[31] = -83;


assign sin4[0] = -73;
assign sin4[1] = -51;
assign sin4[2] = -26;
assign sin4[3] = -1;
assign sin4[4] = 0;
assign sin4[5] = 25;
assign sin4[6] = 50;
assign sin4[7] = 72;
assign sin4[8] = 92;
assign sin4[9] = 107;
assign sin4[10] = 119;
assign sin4[11] = 125;
assign sin4[12] = 126;
assign sin4[13] = 122;
assign sin4[14] = 114;
assign sin4[15] = 100;
assign sin4[16] = 82;
assign sin4[17] = 61;
assign sin4[18] = 38;
assign sin4[19] = 12;
assign sin4[20] = -13;
assign sin4[21] = -39;
assign sin4[22] = -62;
assign sin4[23] = -83;
assign sin4[24] = -101;
assign sin4[25] = -115;
assign sin4[26] = -123;
assign sin4[27] = -127;
assign sin4[28] = -126;
assign sin4[29] = -120;
assign sin4[30] = -108;
assign sin4[31] = -93;

always @ (posedge clk_4m)
  begin
      if(count == 31)
          count = 0;
      else
          count = count + 1;
```

```
        end
```

(3)相位选择及输出。

```
assign qout = ((A16k==1)&(B16k==1)) ? sin1[count]+128 :((A16k==0)& (B16k==1))?
sin2[count]+128 : ((A16k==0)&(B16k==0))? sin3[count]+128 : sin4[count] +128;
```

例程 5 MPSK 频谱。

说明 本例程为 MATLAB 代码。在同样的信息速率下,不同 M(2、4、8)取值的 MPSK 信号的频谱特性。

1. 参数设置

```
A = 1;                                          %幅度
Ts = 1;                                         %符号周期,1bit/符号
fc = 2;
N_sample = 8;                                   %采样点
N = 100;                                        %样值点数
dt = Ts/fc/N_sample;
t = 0:dt:N*Ts-dt;
Lt = length(t);

d = (sign(randn(1,N))+1)/2;
 i = 0;
 for j = 1 : N;
     i = i+1;
     dd(i) = d(j);
          for j1 = 1 : fc*N_sample-1
              i = i+1;
              dd(i) = 0;
          end
end
gt = ones(1,fc*N_sample);
d_NRZ = conv(dd, gt);                           %输入数据(NRZ)
```

2. BPSK 调制

```
ht = A*cos(2*pi*fc*t);                          %载波
d_2psk = 2*d NRZ - 1;
s_2psk = d_2psk(1:Lt).*ht;                      %已调信号

[f,s_2pskf] = T2F(t,s_2psk);                    %计算频谱的函数
plot(f,10*log10(abs(s_2pskf).^2),'b');          %绘图
hold on
```

3. QPSK 调制

```
Ts = 2;                                         %符号周期,2bit/符号
dt = Ts/fc/N_sample;
t = 0:dt:N*Ts-dt;
Lt = length(t);
```

```
d = (sign(randn(1,N))+1)/2;
i = 0;
for j = 1 : N;
      i = i+1;
      dd(i) = d(j);
       for j1 = 1 : fc * N_sample-1
             i = i+1;
             dd(i) = 0;
    end
end
d_NRZ = conv(dd, gt);                                        %输入数据(NRZ)
ht1 = A * cos(2 * pi * fc * t);                              %载波(I路)
ht2 = A * sin(2 * pi * fc * t);                              %载波(Q路)
d_4psk = 2 * d_NRZ - 1;
s_4psk = d_4psk(1:Lt). * ht1 + d_4psk(1:Lt). * ht2;          %已调信号
[f,s_4pskf] = T2F(t,s_4psk);
plot(f,10 * log10(abs(s_4pskf).^2 ),'r');
hold on
```

4. 8PSK 调制

```
Ts = 3;                                                      %符号周期,3bit/符号
dt = Ts/fc/N_sample;
t = 0:dt:N * Ts-dt;
Lt = length(t);
d = (sign(randn(1,N))+1)/2;
i = 0;
    for j = 1 : N;
         i = i+1;
         dd(i) = d(j);
          for j1 = 1 : fc * N_sample-1
               i = i+1;
               dd(i) = 0;
          end
    end
d_NRZ = conv(dd, gt);                                        %输入数据(NRZ)
ht1 = A * cos(2 * pi * fc * t);
ht2 = A * sin(2 * pi * fc * t);
d_8psk = 2 * d_NRZ - 1;
 s_8psk = d_8psk(1:Lt). * ht1 + d_8psk(1:Lt). * ht2;         %已调信号
[f,s_8pskf] = T2F(t,s_8psk);
plot(f,10 * log10(abs(s_8pskf).^2 ),'g');
```

5. 频谱函数

```
%%%%% 计算信号的傅里叶变换 %%%%%
%%%%% 输入为时间和信号矢量,输出为频率和信号频谱 %%%%%
```

```
function[f,sf] = T2F(t,st)
dt = t(2) - t(1);
T = t(end);
df = 1/T;
N = length(st);
f = -N/2 * df : df : N/2 * df -df;
sf = fft(st);
sf = T/N * fftshift(sf);
```

例程 6　QPSK 性能仿真。

说明　本例程为 MATLAB 代码。

```
SNRindB1 = 0:2:10;
SNRindB2 = 0:0.1:10;
for i = 1:length(SNRindB1)
    [pb,ps] = pe_sim(SNRindB1(i));
    sber(i) = pb;
    sser(i) = ps;
    echo off;
end
echo on;
for i = 1:length(SNRindB2)
    SNR = exp(SNRindB2(i) * log(10)/10);
    theo_err_prb(i) = 0.5 * erfc(sqrt(SNR));
    echo off;
end
echo on;
semilogy(SNRindB1,sber,'o');
hold on
semilogy(SNRindB1,sser,'*');
hold on
semilogy(SNRindB2,theo_err_prb)

function [pb,ps] = pe_sim(snr_dB)
N = 10000;
E = 1;
snr = 10^(snr_dB/10);
sgma = sqrt(E/snr)/2;

%%%%% QPSK 映射 %%%%%
s00 = [1 0];
s01 = [0 1];
s11 = [-1 0];
s10 = [0 -1];

for i = 1:N
```

```
        temp = rand;
        if(temp < 0.25)
            d1(i) = 0;
            d2(i) = 0;
        elseif(temp < 0.5)
            d1(i) = 0;
            d2(i) = 1;
        elseif(temp < 0.75)
            d1(i) = 1;
            d2(i) = 0;
        else
            d1(i) = 1;
            d2(i) = 1;
        end
    end
    numofse = 0;
    numofbe = 0;

    for i=1:N
       %%%%% 加入高斯噪声 %%%%%
        n(1) = gngauss(sgma);
        n(2) = gngauss(sgma);
        if((d1(i)==0)&d2(i)==0)
            r = s00+n;
        elseif((d1(i)==0)&d2(i)==1)
            r = s01+n;
        elseif((d1(i)==1)&d2(i)==0)
            r = s10+n;
        else
            r = s11+n;
        end
        %%%%% 计算相关值 %%%%%
        r00 = dot(r,s00);
        r01 = dot(r,s01);
        r10 = dot(r,s10);
        r11 = dot(r,s11);
         %%%%% 利用相关值进行接收判决 %%%%%
        [r_max,dn] = max([r00 r01 r10 r11]);
        switch dn
              case 1
                  decis1 = 0;decis2 = 0;
              case 2
                  decis1 = 0;decis2 = 1;
              case 3
```

```
                decis1 = 1;decis2 = 0;
            case 4
                decis1 = 1;decis2 = 1;
            otherwise
                disp('Unknown method.')
        end
        %%%%% 误码率统计 %%%%%
        ser = 0;
        if(decis1~=d1(i))
            numofbe = numofbe + 1;
            ser = 1;
        end
        if(decis2~=d2(i))
            numofbe = numofbe + 1;
            ser = 1;
        end
        if(ser==1)
            numofse = numofse + 1;
        end
    end
    ps = numofse/N;
    pb = numofbe/(2 * N);
```

例程 7 MQAM 调制系统。

采用 Simulink 搭建的 MQAM 调制系统如附图 2 所示。

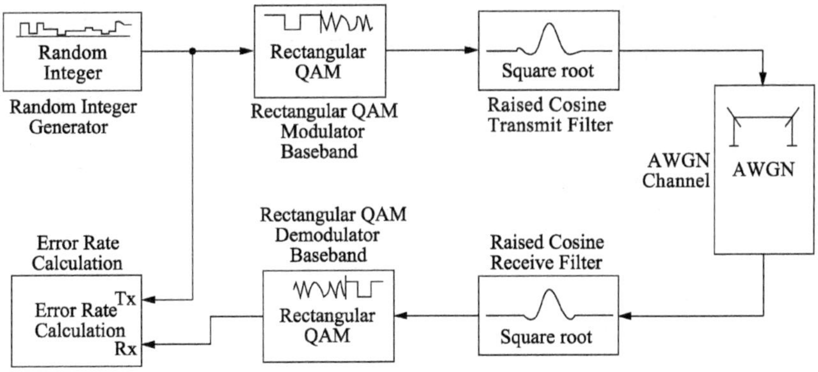

附图 2

各模块参数说明如下。

(1)Random Interger Generator 的参数设置(附表 1)。

附表 1

参数名称	参数值
M-ary number	k
Initial seed	37(默认)

续表

参数名称	参数值
Sample time	xSampleTime
Frame-based outputs	unchecked
Interpret vector parameters as 1-D	unchecked
Output data type	double

采样时间 xSampleTime 具体值在脚本程序中定义。

(2)Rectangular QAM Modulator Baseband 的参数设置(附表 2)。

附表 2

参数名称	参数值
M-ary number	M
Input type	Integer
Constellation ordering	Binary
Normalization method	Average Power
Average power(watts)	1
Output data type	double

(3)Rectangular QAM Deodulator Baseband 的参数设置(附表 3)。

附表 3

参数名称	参数值
M-ary number	M
Normalization method	Average Power
Average power(watts)	1
Phase offset (rad)	0
Constellation ordering	Binary
Output data type	Integer

MQAM 调制中 M 的取值可以改变。

(4)AWGN Channel 的参数设置(附表 4)。

附表 4

参数名称	参数值
Initial see	67
Mode	Signal to noise rate (SNR)
SNR(dB)	xSNR
Input signal power(watts)	1

信道的信噪比由变量 xSNR 确定,在后面的仿真过程中可以通过改变这个变量的数值得到相应的误码率,并且根据两者的关系绘制 MQAM 调制的误码率曲线。

(5)Raised Cosine Transmit Filter 的参数设置(附表 5)。

附表 5

参数名称	参数值
Filter type	Square root
Group delay (number of symbols)	4
Rolloff factor	0.2
Input sampling mode	Sample-based
Upsampling factor (N)	8
Filter gain	Normalized
Export filter coefficients to workspace	Unchecked

(6)Raised Cosine Receive Filter 的参数设置(附表 6)。

附表 6

参数名称	参数值
Filter type	Square root
Input samples per symbol (N)	8
Group delay (number of symbols)	4
Rolloff factor	0.2
Input sampling mode	Sample-based
Output mode	Downsampling
Downsampling factor (L)	8
Sample offset (0 to L-1)	0
Filter gain	Normalized
Export filter coefficients to workspace	Unchecked

群延时(group delay)设为 4，相应的在 Error Rate Calculation 模块中 Receive delay 为 8，即为收、发滤波器的群延时之和。

(7)Error Rate Calculation 的参数设置(附表 7)。

附表 7

参数名称	参数值
Receive delay	8
Computation delay	0
Computation mode	Entire frame
Output data	Workspace
Variable name	xErrorRate
Reset port	Unchecked
Stop simulation	Unchecked

把仿真模型的运行时间设置为 xSimulationTime,这个变量的数值将在脚本程序中定义。

(8)主程序 MQAM_main. m。

为了得到不同 M 取值的 QAM 调制信号误码率与信号的信噪比之间的关系曲线,需编写如下 m 文件。

```
%设置调制信号的抽样间隔
xSampleTime = 1/1000000 ;
%设置仿真时间的长度
xSimulationTime = 10;
%x表示信噪比的取值范围
x = 0:2:20
%性能曲线的不同颜色
color = ['r','g','b','m'];
hold off
%M-ary QAM值
  Mary = [16, 32, 64, 128];
  for i = 1:length(Mary)
      M = Mary(i);
       k = log2(M);
      for j = 1:length(x)
            xSNR = x(j);
            %执行MQAM仿真模型
            sim('MQAM_mod_awgn');
            %获取调制信号的误码率
            y(j) = xErrorRate(1);
      end
      %绘制信噪比与误码率的关系曲线
      semilogy(x,y,color(i) );
        hold on
      end
  grid on
  legend('16QAM', '32QAM', '64QAM', '128QAM');
  xlabel('SNR(dB)');
  ylabel('Error Rate');
```

例程 8 π/4-QPSK 信号及其眼图观测。

说明 本例程为 MATLAB 代码。

1. 变量初始化

```
m = 200;                                        %符号数目
bits = 2 * m;                                   %bit数目
sps = 10;                                       %样值/符号
iphase = 0;                                     %初始相位
order = 5;                                      %滤波器阶数
bw = 0.2;                                       %归一化滤波器带宽
data = zeros(1,bits);
```

```
d = zeros(1,m);
q = zeros(1,m);
dd = zeros(1,m);
qq = zeros(1,m);
theta = zeros(1,m);
thetaout = zeros(1,sps * m);
```

2. 设置正交两路比特流

```
data = round(rand(1,bits));
dd = data(1:2:bits-1);
qq = data(2:2:bits);
```

3. 设置初始相位

```
theta(1) = iphase;
thetaout(1:sps) = theta(1) * ones(1,sps);
```

4. 相位转移

```
for k = 2:m
    if dd (k) == 1
        phi_k = (2 * qq(k)-1) * pi/4;
    else
        phi_k = (2 * qq(k)-1) * 3 * pi/4;
    end
    theta(k) = phi_k +theta(k-1);
    for i = 1:sps
        j = (k-1) * sps + i;
        thetaout(j) = theta(k);
    end
end
d = cos(thetaout);
q = sin(thetaout);
```

5. 对信号进行滤波

```
[b,a] = butter(order,bw);
df = filter(b,a,d);
qf = filter(b,a,q);
%绘图处理
kk = 0;
        'Filtered pi/4 QPSK Signal Constellation',...
        'Filtered pi/4 QPSK Eye Diagram',...
        'Unfiltered Direct and Quadrature Signals',...
        'Filtered Direct and Quadrature Signals',...
        'Exit Program');
  if k == 1
        sigcon(d,q)
        pause
  elseif k == 2
```

```
            dqeye(d,q,4 * sps)
            pause
        elseif k == 3
            sigcon(df,qf)
            pause
        elseif k == 4
            dqeye(df,qf,4 * sps)
            pause
        elseif k == 5
            numbsym = 10;
            dt = d(1:numbsym * sps);
            qt = q(1:numbsym * sps);
            dqplot(dt,qt)
            pause
        elseif k == 6
            numbsym = 10;
            dft = df(1:numbsym * sps);
            qft = df(1:numbsym * sps);
            dqplot(dft,qft)
            pause
        elseif k == 7
            kk = 1;
        end
    end
```

6. 子函数

(1)绘制眼图子函数。

```
function [] = dqeye(xd,xq,m)
lx = length(xd);
kcol = floor(lx/m);
xda = [0,xd];
xqa = [0,xq];
for j = 1:kcol
    for i = 1:(m+1)
        kk = (j-1) * m + i;
        y1(i,j) = xda(kk);
        y2(i,j) = xqa(kk);
    end
end
subplot(221)
plot(y1,'k');
title('D/Q EYE DIAGRAM');
xlabel('SAMPLE Index');
ylabel('Direct');
subplot(212)
```

```
plot(y2,'k');
xlabel('Sample Index');
ylabel('Quadratute');
subplot(111)
```

(2)绘制信号单图子函数。

```
function[] = sigcon(x,y)
plot(x,y)
axis('square')
axis('equal')
title('SIGNAL CONSTELLATION')
xlabel('Direct Channel')
ylabel('Quadrature Channel')
```

(3)绘制信号双图子函数。

```
function[] = dqplot(xd,xq)
lx = length(xd);
t = 0:lx-1;
nt = t/(lx-1);
nxd = xd(1,1:lx);
nxq = xq(1,1:lx);
subplot(211)
plot(nt,nxd);
a = axis;
axis([a(1) a(2) 1.5 * a(3) 1.5 * a(4)]);
title('Direct and Quadrature Channel Signals');
xlabel('Normalized Time');
ylabel('Direct');
subplot(212)
plot(nt,nxq);
a = axis;
axis([a(1) a(2) 1.5 * a(3) 1.5 * a(4)]);
xlabel('Normalized Time');
ylabel('Quadratute');
```

例程9 频偏估计。

说明 本例程为MATLAB代码。

```
for l= 1:length(EbN0dB)
    for n =1:loop_num
    EbN0 =10^(EbN0dB(l)/10);                                %信噪比的真值
    Std_dev=sqrt(1/EbN0);                                   %噪声的方差
    eta = 2 * Std_dev * randn(1,H);
                                        % eta是均值为0,方差为4 * (N0/Eb)的高斯白噪声
    for m =-(H-1)/2:(H-1)/2
     phi(m+(H+1)/2) = 8 * pi * delta_f * T * (m+(H+1)/2) + 4 * theta0 + eta(m+(H+1)/
 2);
```

```
                                   %4 倍 theta(k)表达式,已经去除调制数据
    end
    for k=-(H-1)/2:(H-3)/2
     beta(k+(H+1)/2) = (3 * H/2) * (1-((k+1/2)/(H/2))^2)/(H^2-1);%窗函数
     delta_phi(k+(H+1)/2) =phi(k+1+(H+1)/2)-phi(k+(H+1)/2);
                                                     %求相邻码元相差
    end
     alpha0_estim = 0;
    for k=-(H-1)/2:(H-3)/2
     alpha0_estim = alpha0_estim + delta_phi(k+(H+1)/2) * beta(k+(H+1)/2);
                                                     %相邻码元相差估计
    end
     delta_f_estimate = alpha0_estim/(8 * pi * T);            %估计 delta_f
     delta_f_mean(l) = delta_f_mean(l) + delta_f_estimate;    %先累加 delta_f
     delta_f_mse(l) = delta_f_mse(l) + delta_f_estimate^2;    %先累加 delta_f 平方
end;
     delta_f_mean(l) = delta_f_mean(l)/loop_num;              %恢复 delta_f 的均值
     delta_f_mse_theoretical =
          sqrt((1/(T^2)) * 3./(pi^2 * 4 * H * (H^2-1) * 10.^(EbN0dB/10))/10);
                                                %频偏估计误差的均方差的理论值
    delta_f_mse(l) = sqrt(delta_f_mse(l)/loop_num - delta_f_mean(l)^2);
                                                     %恢复 delta_f 标准差
end;
```

例程 10　相位估计。

说明　本例程为 MATLAB 代码。

```
for l = 1:length(EbN0dB)
    sum_zI=0;
    sum_zQ=0;
    for n = 1 :loop_num
        EbN0 =10^(EbN0dB(l)/10);                       %信噪比的真值
        Std_dev = sqrt(1/EbN0);                        %噪声的方差
        eta = 2 * Std_dev * randn(1,H);       % eta 是均值为 0,方差为 4 * (NO/Eb)的均匀噪声
        for k = 1:H
            phi(k) = 4 * theta0 + pi + eta(k);
                                 %经过模 2pi 后,phi(k)在(0, 2pi)间取值,均值为 pi
            z(k)=2 * exp(j * (phi(k)/4-pi/4));
                                 %已经不考虑调制数据影响并假使完成理想频偏矫正
                                            %确保 z(k)相位取值范围在(-pi/4,pi/4)
            sum_zI = sum_zI + real(z(k));
            sum_zQ = sum_zQ + imag(z(k));
        end
        theta0_est = atan(sum_zQ/sum_zI);                    %vv 算法估计 theta0
        theta0_mean(l)=theta0_mean(l) + theta0_est;
        theta0_err = theta0_est - theta0;
```

```
        theta0_mse(l) = theta0_mse(l) + theta0_err^2 ;
    end;
    theta0_mean(l) = theta0_mean(l) * 360/(loop_num * 2 * pi);
    theta0_mse(l) = sqrt(theta0_mse(l)/loop_num) * 360/(2 * pi);
end;
```

例程 11 符号同步模块。

说明 本例程为 VHDL 代码。

(1)DPD 模块。

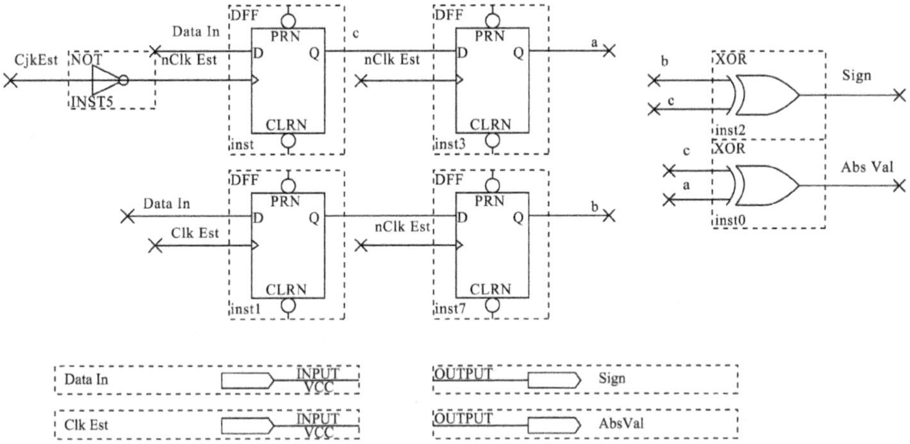

(2)DCO 中的 PhsAdj 模块代码

```
LIBRARY ieee;
USE ieee. std_logic_1164. all;

ENTITY PhsAdj IS
    PORT
    (
        Deduct          : IN STD_LOGIC;
        Insert          : IN STD_LOGIC;
        ClkHigh         : IN STD_LOGIC;
        ClkHalf         : OUT STD_LOGIC
    );
END PhsAdj;
ARCHITECTURE a OF PhsAdj IS
    SIGNALT_ClkHalf  : STD_LOGIC;
BEGIN
PROCESS (ClkHigh)
    VARIABLE C_4 : INTEGER RANGE 0 TO 3;
    BEGIN

    IF ClkHigh'EVENT AND ClkHigh = '1' THEN
            IF C_4 = 0 THEN
                T_ClkHalf <= '1';
```

```
                IF Insert = '1' THEN
                    C_4 := 0;
                ELSIF Deduct = '1' THEN
                    C_4 := 2;
                ELSE
                    C_4 := 1;
                END IF;
            ELSIF C_4 = 1 THEN
                T_ClkHalf <= '1';
                IF Insert = '1' THEN
                    C_4 := 1;
                ELSIF Deduct = '1' THEN
                    C_4 := 3;
                ELSE
                    C_4 := 2;
                END IF;
            ELSIF C_4 = 2 THEN
                T_ClkHalf <= '0';
                IF Insert = '1' THEN
                    C_4 := 2;
                ELSIF Deduct = '1' THEN
                    C_4 := 0;
                ELSE
                    C_4 := 3;
                END IF;
            ELSIF C_4 = 3 THEN
                T_ClkHalf <= '0';
                IF Insert = '1' THEN
                    C_4 := 3;
                ELSIF Deduct = '1' THEN
                    C_4 := 1;
                ELSE
                    C_4 := 0;
                END IF;
            END IF;
              END IF;
            END PROCESS;
        ClkHalf <= T_ClkHalf;
        END a;
```

例程 12 产生高斯分布随机序列。

说明 产生高斯分布随机序列方法的 MATLAB 脚本如下所示。

```
function [gsrv1, gsrv2] = gngauss(m,sgma)          %m为均值,sgma为方差
u = rand;                                          %产生(0,1)区间均匀分布的随机变量
z = sgma * (sqrt(2 * log(1/(1-u))));               %瑞利分布随机变量
```

```
u = rand;
gsrv1 = m + z * cos(2 * pi * u);                    %高斯分布随机变量
gsrv2 = m + z * sin(2 * pi * u);
```

例程 13 加性高斯白噪声信道。

说明 本例程采用 Simulink 模块实现。

1. AWGN 信道模块介绍

加性高斯白噪声信道(AWGN channel)模块位于 Blocks|Communications Blockset|Channels|AWGN Channel,它的作用是在输入信号中加入高斯白噪声。加性高斯白噪声信道模块有一个输入端口和一个输出端口,输入信号既可以是实信号,也可以是复信号。

当操作模式设置为 Variance from port 时,加性高斯白噪声信道模块具有两个输入端口,其中第二个输入端口输入的是表示高斯白噪声方差的信号。加性高斯白噪声信道模块有以下几个参数。

(1)Initial Seed(初始化种子)。

加性高斯白噪声信道模块的初始化种子。不同的 Initial Seed 对应于不同是输出,相同的 Initial Seed 产生相同的输出。因此,只要设置相同的 Initial Seed 就能够再现相同的随机过程,这种特性对于需要多次重复的仿真过程来说是相当重要的。当输入信号是一个 $m\times n$ 的矩阵时,Initial Seed 可以是一个 n 维向量,向量中的每个元素对应一列输入信号。

(2)Mode(操作模式)。

加性高斯白噪声信道模块的操作模式。当 Mode 设置为 Signal to noise ratio(E_s/N_0)时,加性高斯白噪声信道模块根据信噪比 E_s/N_0 确定高斯白噪声的功率,这时候需要确定 3 个参数:信噪比 E_s/N_0、输入信号功率以及信号周期。当 Mode 设置为 Signal to noise ratio(E_b/N_0)时,加性高斯白噪声信道模块根据信噪比 E_b/N_0 确定高斯白噪声的功率,这时需要确定 4 个参数:信噪比 E_b/N_0、每符号比特数、输入信号功率以及信号周期。当 Mode 设置为 Signal to noise ratio(SNR)时,加性高斯白噪声信道模块根据信噪比 SNR 确定高斯白噪声的功率,这时候需要确定两个参数:信噪比 SNR 以及周期。当 Mode 设置为 Variance from mask 时,加性高斯白噪声信道模块根据方差确定高斯白噪声的功率,这个方差由 Variance 指定,并且必须是正数。当 Mode 设置为 Variance from port 时,加性高斯白噪声信道模块有两个输入:一个用于输入信号,另外一个输入用于确定高斯白噪声的方差。

(3)Symbol periods(符号周期)。

加性高斯白噪声信道模块每个输入符号的周期(单位为 s)。本参数在 Mode 属性设置为 Signal to noise ratio(E_s/N_0)时有效。

(4)Variance(方差)。

加性高斯白噪声信道模块产生的高斯白噪声信号的方差。本参数在 Mode 属性设置为 Variance from mask 时有效。

2. 应用实例

AMPS(advanced mobile phone system)是由 AT&T Bell 实验室开发的最早的移动通信系统,它采用二进制频移键控(BFSK)对信号进行调制。在 AMPS 中,信道的带宽为 30kHz,话音信道的频率间隔为 24kHz,控制信道的频率间隔为 16kHz,信道的传输速率为 10kb/s。本实例将结合 BFSK 介绍高斯白噪声信道(AWGN channel)模块的一个应用。系统框图如附图 3 所示。

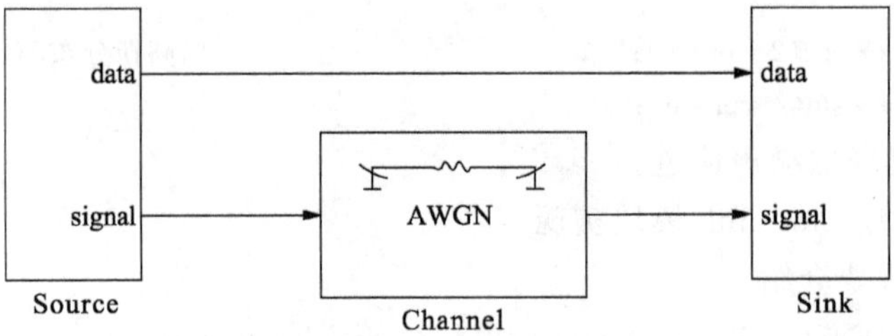

附图 3　基于 AWGN 的系统框图

从附图 3 中可以看到，实例由 3 个部分组成：Source（信源模块）、Channel（信道模块）以及 Sink（信宿模块）。

（1）信源模块（Source）。

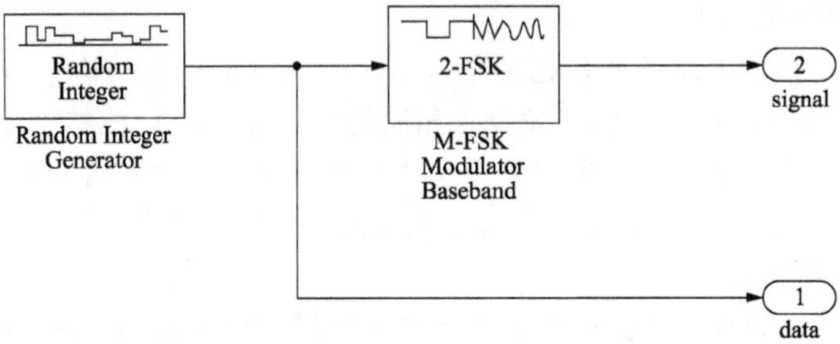

附图 4　信源模块 Source

Source（信源模块）产生数据的速率为 10kb/s，每帧的周期为 1s，因此，一帧长度等于 10000bit。附图 4 所示是 Source（信源模块）的结构框图，它由两部分组成：Random Integer Generator（随机整数产生器）和 M-FSK Modulator Baseband（BFSK 基带调制器）。其参数设置参考附表 8 和附表 9。

附表 8　Random Integer Generator（随机整数产生器）的参数设置

参数名称	参数值
模块类型	Random Integer Generator
M-ary number	2
Initial Seed	37
Sample time	1/BitRate
Frame-based outputs	Checked
Samples per frame	BitRate

附表 9　M-FSK Modulator Baseband（BFSK 基带调制器）的参数设置

参数名称	参数值
模块类型	M-FSK Modulator Baseband
M-ary number	2
Input type	Bit
Symbol set ordering	Binary
Frequency separation(Hz)	FrequencySeparation
Phase continuity	Continuous
Samples per symbol	SamplesPerSymbol

(2)信宿模块(Sink)。

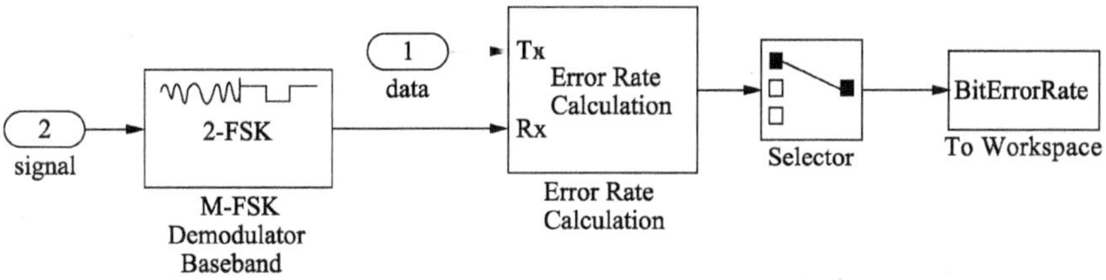

附图5 信宿模块 Sink

如附图5所示,在Sink(信宿模块)中,M-FSK Demodulator Baseband(BFSK基带解调器)对接收信号进行解调,然后通过Error Rate Calculation(误码率计算器)计算该帧的误比特率、误码率计算器产生的数据是一个三维向量,分别表示误码率、误码个数以及信号总数。因此,通过一个Selector(选择器)选择向量的第一个元素作为输出信号。这个输出信号进入To Workspace(工作区)模块,并且保存为变量BitErrorRate。主要模块的参数设置参照附表10~附表13的设置。

附表10 M-FSK Demodulator Baseband(BFSK基带调制器)的参数设置

参数名称	参数值
模块类型	M-FSK Demodulator Baseband
M-ary number	2
Input type	Bit
Symbol set ordering	Binary
Frequency separation(Hz)	FrequencySeparation
Samples per symbol	SamplesPerSymbol

附表11 Error Rate Calculation(误码率计算器)的参数设置

参数名称	参数值
模块类型	Error Rate Calculation
Receive delay	0
Computation delay	0
Computation mode	Entire frame
Output data	Port
Reset port	Checked
Stop simulation	Unchecked

附表12 Selector(选择器)的参数设置

参数名称	参数值
模块类型	Selector
Number of input dimensions	1
Index mode	One-based
Index option	Index vector(dialog)
index	1
Input port size	3

附表 13 To Workspace(工作区写入模块)的参数设置

参数名称	参数值
模块类型	To Workspace
Variable name	BitErrorRate
Limit data points to last	Inf
Decimation	1
Samples time	−1
Save format	Array

(3)Channel(信道模块)。

在本实例中,Channel(信道模块)是一个 AWGN Channel(加性高斯白噪声产生器),它将噪声叠加到信源模块产生的 BFSK 调制信号中。AWGN Channel(加性高斯白噪声噪声产生器)的参数设置如附表 14 所示。

附表 14 加性高斯白噪声产生器(AWGN channel)的参数设置

参数名称	参数值
模块类型	AWGN Channel
Initial Seed	67
Mode	Signal to noise ratio(SNR)
SNR(dB)	SNR
Input signal power(watts)	1

最后,将运行参数 Simulation |Simulation Parameters|Stop Time 设置为 SimulationTime。本实例需要运行多次才能得到信道的信噪比与信号误比特率之间的关系,为此需编写如下的脚本程序:

```
%x 表示信噪比
x=0:15;
%y 表示信号的误比特率
y=x;
%BFSK 调制的频率间隔等于 24kHz
FrequencySeparation=24000;
%信源产生信号的比特率等于 10kb/s
BitRate=10000;
%仿真时间设置为 10s
SimulationTime=10;
%BFSK 调制信号每个符号的抽样数等于 2
SamplesPerSymbol=2;
for i=1:length(x)
    %信道的信噪比依次取 x 中的元素
    SNR=x(i);
    %运行仿真程序,得到的误比特率保存在工作区变量 BitErrorRate 中
    sim('project9_2');
    %计算 BitErrorRate 的均值作为本次仿真的误比特率
    y(i)=mean(BitErrorRate);
end
```

%绘制 x 和 y 的对数关系图

semilogy(x,y);grid on;

例程 14 瑞利衰落信道。

说明 本例程采用 Simulink 模块实现。

1. 信道模块介绍

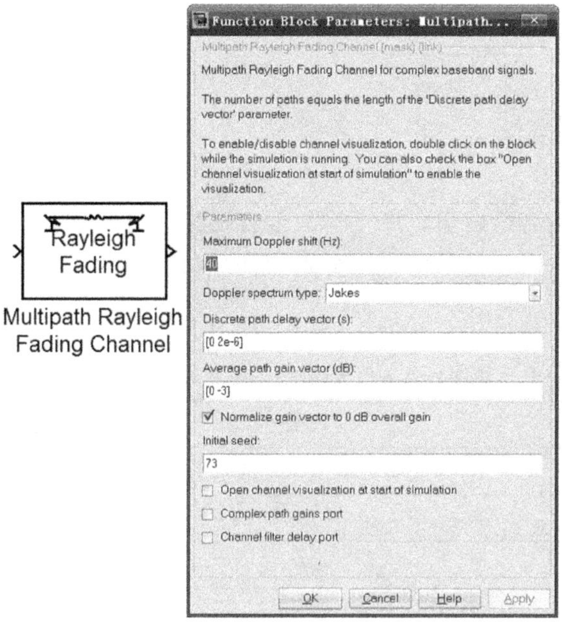

附图 6 多径瑞利衰落信道模块及其参数设置

多径瑞利衰落信道模块(multipath rayleigh fading channel)实现基带信号的多径瑞利衰落信道仿真,它的输入信号是标量形式或帧格式的复信号。多径瑞利衰落信道模块及其参数设置对话框如附图 6 所示。

在多径瑞利衰落信道模块中,输入信号被延迟一定的时间之后形成多径信号,这些多径信号分别乘于相应的增益,叠加之后就形成了瑞利衰落信号。

多径瑞利衰落信道模块主要有以下几个参数。

(1)Maximum Doppler shift (Hz)(最大多普勒频移),多径瑞利衰落信道模块的最大多普勒频移(单位为 Hz)。

(2)Doppler spectrum type(多普勒谱类型),指定瑞利过程的多普勒谱类型,Flat Gaussian ;Rounded;Restricted Jakes;Asymmetrical Jakes;Bi-Gaussian;Bell。

(3)Discrete path delay vector (s)(离散路径延迟矢量),指定每条路径的延迟的矢量。

(4)Average path gain vector (dB)(平均路径增益矢量),指定每条路径增益的矢量。

(5)Normalize gain vector to 0dB overall gain(增益向量归一化),当选择本参数前面的复选框之后,多径瑞利衰落信道模块把参数 Gain vector 乘于一个系数作为增益向量,使得所有路径的接收信号强度之后等于 0dB。

(6)Initial seed(初始化种子),多径瑞利衰落信道模块的初始化种子。

2. 应用实例

在本实例中,将比较 BFSK 调制信号在加性高斯白噪声信道和多径瑞利衰落信道中传输时的性能差异。附图 7 是本实例的系统结构框图,实例由 3 个部分组成:Source(信源模块)、Channel(信道模块)以及 Sink(信宿模块)。其中信源模块、信宿模块同例程 13。

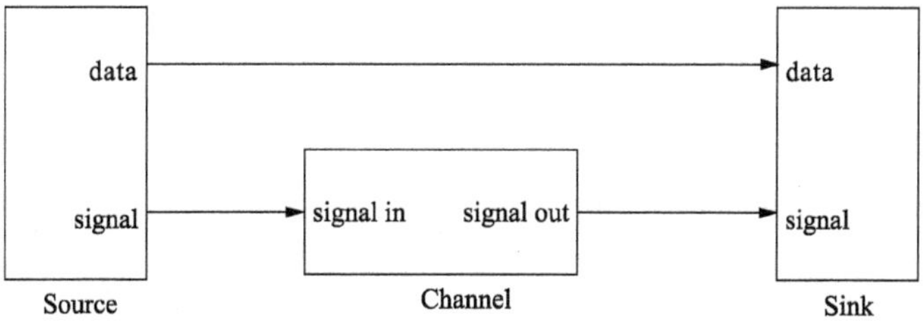

附图 7 基于瑞利衰落信道的系统框图

在本实例中，Channel(信道模块)由两部分组成，分别是 Multipath Rayleigh Fading Channel(多径瑞利衰落信道模块)与 AWGN Channel(加性高斯白噪声产生器)，如附图 8 所示。信道模块首先在 BFSK 调制信号中引入两径瑞利衰落，然后在衰落信号中叠加高斯白噪声。

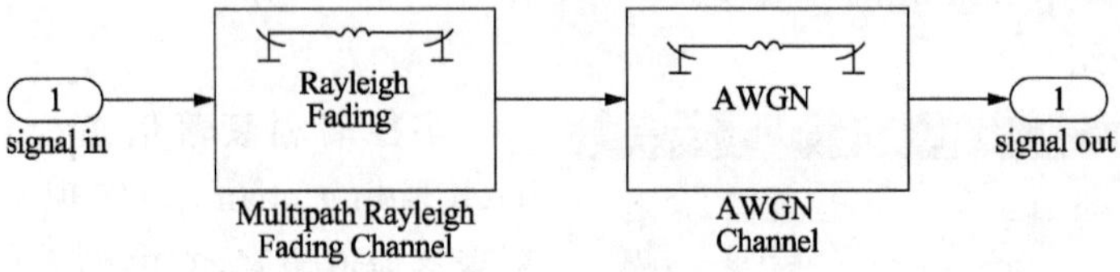

附图 8　信道模块(Channel)

信道模块中的多径瑞利衰落信道模块和加性高斯白噪声产生器的参数设置分别如附表 15 和附表 14 所示。这里使用了两径瑞利衰落信道，两径信号的时延分别为 0μs 和 2μs，它们的相对增益则分别等于 0dB 和－3dB。

附表 15　Multipath Rayleigh Fading Channel(多径瑞利衰落信道模块)的参数设置

参数名称	参数值
模块类型	Multipath Rayleigh Fading Channel
Maximum Doppler shift(Hz)	Fd
Delay vector(s)	[0 2e－6]
Gain vector(dB)	[0 －3]
Normalize gain vector to 0 dB overall gain	Checked
Initial Seed	67

最后，将运行参数 Simulation | Simulation Parameters | Stop Time 设置为 SimulationTime，并且编写如下的脚本程序：

```
%x 表示信噪比
x=0:15;
%y 表示信号的误比特率
y=x;
%BFSK 调制的频率间隔等于 24kHz
FrequencySeparation=24000;
%信源产生信号的比特率等于 10kb/s
BitRate=10000;
%仿真时间设置为 10s
SimulationTime=10;
%BFSK 调制信号每个符号的抽样数等于 2
SamplesPerSymbol=2;
%发送端和接收端的相对运动速度(km/h)
Velocity=40;
%光速
LightSpeed=3 * 10^8;
```

```
%载波频率(Hz)
Frequency=825 * 10^6;
%计算载波的波长
Wavelength=LightSpeed/Frequency;
%根据运动速度和波长计算多普勒频移
Fd=Velocity * 10^3/3600/Wavelength;
%准备一个空白图
Hold off;
%执行实例的仿真程序,得到相应的曲线
project9_2main;
%保持实例中的曲线图
Hold on;
%循环执行仿真程序
for i=1:length(x)
    %信道的信噪比依次取 x 中的元素
    SNR=x(i);
    %运行仿真程序,得到的误比特率保存在工作区变量 BitErrorRate 中
    sim('project9_3');
    %计算 BitErrorRate 的均值作为本次仿真的误比特率
    y(i)=mean(BitErrorRate);
end
%绘制 x 和 y 的对数关系图
semilogy(x,y,'r');gird on;
```

运行本实例程序,得到一个信噪比与误码率关系的曲线图,比较其与 AWGN 信道下的曲线图的差别,得出相应结论。

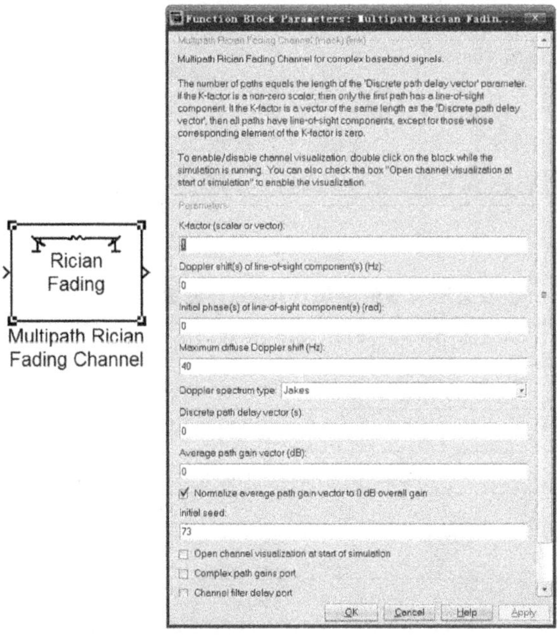

附图 9 多径莱斯衰落信道模块及其参数设置

例程 15 莱斯衰落信道。

说明 本例程采用 Simulink 模块实现。

1. 信道模块介绍

多径莱斯衰落信道模块(multipath Rician fading channel)实现基带信号的多径莱斯衰落信道仿真,它的输入信号是标量形式或帧格式的复信号。多径莱斯衰落信道模块及其参数设置对话框如附图 9 所示。

莱斯衰落信道模块主要有以下几个参数。

(1) K-factor(K 因子)。莱斯衰落信道模块的 K 因子,它表示视距传播路径(LOS)的能量与其他多径信号的能量之间的比值。

(2) Doppler shift (s) of line-of-sight component(s) (Hz)(视线分量的多普勒频移)。多径莱斯衰落信道模块的视线分量的多普勒频移(单位:Hz)。

(3)Initial phase(s) of line-of-sight component(s) (rad)(视线分量的初始相位)。视线分量的初始相位。

(4)Maximum diffuse Doppler shift (Hz)(最大散射多普勒频移)。最大散射多普勒频移，是一个正标量。

(5)Doppler spectrum type。莱斯随机过程的多普勒谱。

(6)Discrete path delay vector(s)。指定每条路径传播时延的矢量。

(7)Average path gain vector (dB)。指定每条路径增益的矢量。

(8)Initial seed。高斯噪声产生器的种子。

(9)Normalize gain vector to 0dB overall gain(增益向量归一化)。当选择本参数前面的复选框之后，多径莱斯利衰落信道模块把参数 Average path gain vector 乘于一个系数作为增益向量，使得所有路径的接收信号强度之后等于 0dB。

2. 应用实例

在本实例中，将比较 BFSK 调制信号在多径莱斯衰落信道中传输时的性能差异。本实例的系统结构框图如附图 7 所示，分别由 Source(信源模块)、Channel(信道模块)以及 Sink(信宿模块)三部分组成。信源、信宿模块同例程 14。

在本实例中，Channel(信道模块)由两部分组成，分别是 Multipath Rayleigh Fading Channel (多径瑞利衰落信道模块)与 AWGN Channel(加性高斯白噪声产生器)，如附图 10 所示。信道模块首先在 BFSK 调制信号中引入两径瑞利衰落，然后在衰落信号中叠加高斯白噪声。

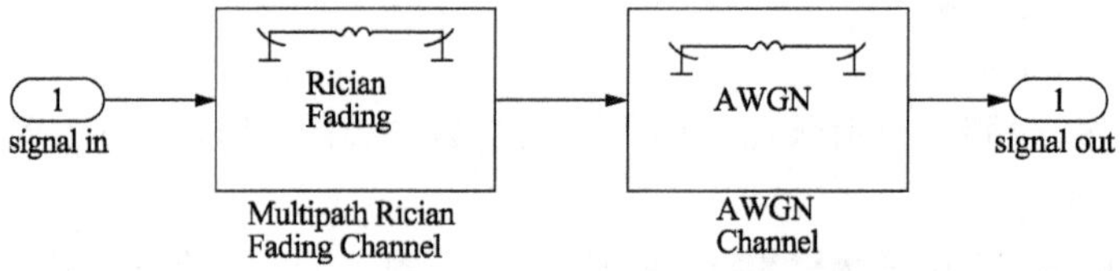

附图 10　信道模块 channel

信道模块中的多径莱斯衰落信道模块和加性高斯白噪声产生器的参数设置分别如附表 16 和附表 14 所示。这里我们使用了两径瑞利衰落信道，这两径信号的时延分别为 0 和 2μs，它们的相对增益则分别等于 0dB 和 -3dB。

附表 16　Multipath Rician Fading Channel(多径莱斯衰落信道模块)的参数设置

参数名称	参数值
模块类型	Multipath Rician Fading Channel
Maximum Doppler shift(Hz)	Fd
Sample time	1/BitRate/SamplesPerSymbol
Discrete path delay vector(s)	[0 2e-6]
Average path gain vector(dB)	[0 -3]
Normalize gain vector to 0 dB overall gain	Checked
Initial Seed	67

最后，将运行参数 Simulation |Simulation Parameters|Stop Time 设置为 SimulationTime，并且编写如下的脚本程序：

```
%x表示信噪比
x=0:15;
%y表示信号的误比特率
y=x;
%BFSK调制的频率间隔等于24kHz
FrequencySeparation=24000;
%信源产生信号的比特率等于10kb/s
BitRate=10000;
%仿真时间设置为10s
SimulationTime=10;
%BFSK调制信号每个符号的抽样数等于2
SamplesPerSymbol=2;
%发送端和接收端的相对运动速度(km/h)
Velocity=40;
%光速
LightSpeed=3*10^8;
%载波频率(Hz)
Frequency=825*10^6;
%计算载波的波长
Wavelength=LightSpeed/Frequency;
%根据运动速度和波长计算多普勒频移
Fd=Velocity*10^3/3600/Wavelength;
%准备一个空白图
hold off;
%执行实例的仿真程序，得到相应的曲线
project9_2main;
%保持实例中的曲线图
hold on;
project9_3main;
hold on;
%循环执行仿真程序
for i=1:length(x)
        %信道的信噪比依次取x中的元素
        SNR=x(i);
        %运行仿真程序，得到的误比特率保存在工作区变量BitErrorRate中
        sim('project9_4');
        %计算BitErrorRate的均值作为本次仿真的误比特率
        y(i)=mean(BitErrorRate);
end
%绘制x和y的对数关系图
semilogy(x,y,'g');grid on;
```

运行本实例程序，得到莱斯衰落信道下信噪比与误码率关系的曲线图，比较其与瑞利衰落信

道和 AWGN 信道下的曲线图的差别，得出相应的结论。

例程 16　采用自适应线性均衡的未编码 PSK 传输系统。

说明　多径信道抽头系数为[0.04，−0.05，0.07，−0.21，−0.5，0.72，0.36，0，0.21，0.03，0.07]。

1. 系统分析

对给定的时不变多径信道，根据 9.2.1 节自适应线性均衡原理，系统设计如下：

首先，均衡器工作于训练模式。在发送信号前加上一段训练序列，利用该序列对均衡器系数进行训练；系数更新采用 LMS 算法。

然后，均衡器工作于均衡模式。利用训练得到的均衡器系数对接收信号进行均衡。由于信道没有时变，本阶段不需要利用判决信号更新均衡器系数。

参数说明如下：

参数	说明	参数	说明
N_train	训练序列长度	miu	系数更新步长因子
N_symbol	数据符号长度	Filter_len	均衡器长度
SNR	信噪比	M	调制阶数

2. MATLAB 程序代码如下

(1)仿真参数设置。

```
N_train = 20;                                % 训练符号长度
N_symbol = 5000;                             % 数据符号长度
SNR = 20;                                    % 信噪比，单位 dB
M = 4;                                       % PSK 调制阶数
miu = 0.005;                                 % 均衡器系数更新步长
Filter_len = 18;                             % 均衡器长度
pha_offset = pi/4;
Constell_train = pskmod([0:1],2,0);
Constell_symbol = pskmod([0:M-1],M,pha_offset);
Ch_taps = [0.04 -0.05 0.07 -0.21 -0.5 0.72 0.36 0 0.21 0.03 0.07];
                                             %信道时域抽头系数
Taps_len = length(Ch_taps);
[Ch_maxtap,Ch_lag] = max(Ch_taps);
Delay = Ch_lag + floor(Filter_len/2) - 1;
```

(2)计算信道幅频响应。

```
Ch_freq_ampresp = abs(fft(Ch_taps,64));
figure;plot(Ch_freq_ampresp);title('信道幅频响应');
```

(3)产生训练符号。

```
Train_seq = randint(1,N_train,2);
Train_psk = pskmod(Train_seq,2,0);
```

(4)产生 PSK 调制信号。

```
Msg = randint(1,N_symbol,M);
Sig_psk = pskmod(Msg,M,pha_offset);
```

(5)信号经过信道。

```
Frame_trans = [Train_psk,Sig_psk];
Frame_recev_temp = conv(Ch_taps,Frame_trans);
Frame_recev = awgn(Frame_recev_temp,SNR,'measured');
scatterplot(Frame_recev(N_train+Delay:end));title('均衡前信号星座图');
```

(6)线性均衡部分-训练和均衡。

```
C_Filter = zeros(Filter_len,1);
Receive_sample = zeros(Filter_len,1);
N_total = N_train + N_symbol;
err_power = zeros(N_total,1);
Msg_demapped = [];
err = 0;
for k =1:N_total
     Receive_sample = [Frame_recev(k);Receive_sample(1:end-1)];
     %训练模式
     if k>max(Delay,Filter_len-1) & k<=N_train+Delay
          Q(k) = C_Filter.' * Receive_sample;
          err = Q(k) - Train_psk(k-Delay);
          C_Filter = C_Filter - miu * err * Receive_sample;
     elseif k>N_train+Delay
     %均衡模式
         [Const_min,Cons_ind]=min(abs(Q(k)-Constell_symbol));
         Decision = Constell_symbol(Cons_ind);
         err = Decision - Q(k);
         Msg_demapped = [Msg_demapped,Cons_ind - 1];
     end
     err_power(k) = abs(err).^2;
end
scatterplot(Q(N_train+Delay+100:end));title('均衡后信号星座图');
```

(7)计算解调后误符号率。

```
Symbol_compare = Msg_demapped(1:end) - Msg(1:end-Delay);
Ser = length(find(Symbol_compare))/length(Symbol_compare)
```

例程 17 采用自适应判决反馈均衡的未编码 PSK 传输系统。

说明 多径信道抽头系数为[0.04,−0.05,0.07,−0.21,−0.5,0.72,0.36,0,0.21,0.03,0.07]。

1. 系统分析

对给定的时不变多径信道,根据 9.3.1 节自适应线性均衡原理,系统设计如下:

首先,均衡器工作于训练模式。在发送信号前加上一段训练序列,利用该序列对均衡器系数进行训练;系数更新采用 LMS 算法。

然后,均衡器工作于判决反馈均衡模式。利用训练得到的均衡器系数对接收信号进行均衡。由于信道没有时变,本阶段不需要利用判决信号更新均衡器系数。

参数说明如下:

参数	说明	参数	说明
N_train	训练序列长度	miu	系数更新步长因子
N_symbol	数据符号长度	FFFilter_len/FBFilter_len	前馈/反馈滤波器长度
SNR	信噪比	M	调制阶数

2. MATLAB 程序代码

(1)仿真参数设置。

```
N_train = 20;                                  % 训练符号数
N_symbol = 5000;                               % 数据符号数
SNR = 25;                                      % 信噪比,单位 dB
M = 4;                                         % PSK 调制阶数
miu = 0.005;                                   % 前馈和反馈滤波器系数更新步长
FFFilter_len = 4;                              % 前馈滤波器长度
FBFilter_len = 5;                              % 反馈滤波器长度
pha_offset = pi/4;
Constell_train = pskmod([0:1],2,0);
Constell_symbol = pskmod([0:M-1],M,pha_offset);
%信道时域抽头系数
Ch_taps = [0.04 -0.05 0.07 -0.21 -0.5 0.72 0.36 0 0.21 0.03 0.07];
% Ch_taps = [0.227 0.460 0.688 0.460 0.227];
% Ch_taps = [0.407 0.815 0.407];
Taps_len = length(Ch_taps);
[Ch_maxtap,Ch_lag] = max(Ch_taps);
```

(2)计算信道频率响应。

```
Ch_freq_ampresp = abs(fft(Ch_taps,64));
% plot(ch_freq_ampresp); title('信道幅频响应');
```

(3)产生训练符号。

```
Train_seq = randint(1,N_train,2);
Train_psk = pskmod(Train_seq,2,0);
```

(4)产生数据符号。

```
Msg = randint(1,N_symbol,M);
Sig_psk = pskmod(Msg,M,pha_offset);
```

(5)信号经过多径信道。

```
Frame_trans = [Train_psk,Sig_psk];
Frame_recev_temp = conv(Ch_taps,Frame_trans);
Frame_recev = awgn(Frame_recev_temp,SNR,'measured');
scatterplot(Frame_recev(N_train+Delay:end));title('DFE 均衡前星座图');
```

(6)判决反馈均衡部分—训练和均衡。

```
C_FF = zeros(FFFilter_len,1);                  % 前馈滤波器系数
C_FB = zeros(FBFilter_len,1);                  % 反馈滤波器系数
Receive_sample = zeros(FFFilter_len,1);
Decision_sample = zeros(FBFilter_len,1);
N_total = N_train + N_symbol;
```

```
Delay = Ch_lag + floor(FBFilter_len/2) - 1;
err_power = zeros(N_total,1);
Msg_demapped = [];
for k =1:N_total
    Receive_sample = [Frame_recev(k);Receive_sample(1:end-1)];
    %进行前馈和反馈滤波
    Q(k) = C_FF.' * Receive_sample - C_FB.' * Decision_sample;
    if k>Delay & k<=N_train+Delay
    %训练模式
        [Const_min,Cons_ind]=min(abs(Q(k)-Constell_train));
        Decision = Constell_train(Cons_ind);
        err = Train_psk(k-Delay) - Q(k);
    %前馈和反馈滤波器系数更新
        C_FF = C_FF + miu * err * Receive_sample;
        C_FB = C_FB - miu * err * Decision_sample;
        Decision_sample = [Decision;Decision_sample(1:end-1)];
    elseif k>N_train+Delay
    %判决反馈模式
        [Const_min,Cons_ind]=min(abs(Q(k)-Constell_symbol));
        Decision = Constell_symbol(Cons_ind);
        err = Decision - Q(k);
  Msg_demapped = [Msg_demapped,Cons_ind - 1];
  %前馈和反馈滤波器系数更新
          C_FF = C_FF + miu * err * Receive_sample;
          C_FB = C_FB - miu * err * Decision_sample;
          Decision_sample = [Decision;Decision_sample(1:end-1)];
    end
    err_power(k) = abs(err).^2;
  end
  scatterplot(Q(N_train+Delay+100:end));title('DFE 均衡后星座图');
```

(7)计算判决反馈均衡器均衡后的误符号率。

```
Symbol_compare = Msg_demapped(1:end) - Msg(1:end-Delay);
Ser = length(find(Symbol_compare))/length(Symbol_compare)
```

附录 B　缩略词英汉对照表

	A	
AAS	Adaptive Antenna System	自适应天线系统
ACL	Asynchronous Connection-Less	异步无连接链路
ACM	Adaptive Coding Modulation	自适应编码调制
ADPCM	Adaptive DPCM	自适应差分脉冲编码调制
AFC	Automatic Frequency Control	自动频率控制
AM	Amplitude Modulation	振幅调制(调幅)
AMI	Alternate Mark Inversion	传号交替反转
AMPS	Advanced Mobile Phone System	先进移动电话系统
ADSL	Asymmetric Digital Subscribers Line	非对称数字用户环路
ARQ	Automatic Repeat reQuest	自动反馈重传
ATM	Asynchronous Transfer Mode	异步传递方式
ATSC	Advanced Television Systems Committee	美国高级电视业务顾问委员会
AWGN	Additive White Gaussian Noise	加性高斯白噪声
	B	
BER	Bit Error Rate	误比特率
BRAN	Broad Radio Access Network	带射频接入网
BTC	Block Turbo Codes	分组 Turbo 码
	C	
CCIR	International Consultive Committee for Radiotelecommunication	国际无线电咨询委员会
CCITT	International Consultive Committee for Telegraph and Telephone	国际电报电话咨询委员会
CDMA	Code Division Multiple Access	码分多址
CMI	Coded Mark Inversion	传号反转
CPFSK	Continous Phase Frequency Shift Keying	连续相位频移键控
CCSDS	Consultative Committee for Space Data System	空间数据系统咨询委员会
COFDM	Coded OFDM	编码正交频分复用
CPLD	Complex Programmable Logic Device	复杂可编程逻辑器件
CRC	Cyclic Redundancy Check	循环冗余校验
CVSD	Continuously Variable Slope Delta modulation	连续可变斜率增量调制
	D	
DAB	Digital Audio Broadcasting	数字音频广播
DAMA	Demand Assignment Multiple Address	按需分配多址接入
DCO	Digital Control Oscillator	数控振荡器

续表

	D	
DCT	Digital Cosine Transform	离散余弦变换
DDS	Direct Digital Synthesis	直接数字合成技术
DFE	Decision-Feedback Equalizer	判决反馈均衡
DFS	Dynamic Frequency Selection	动态频率选择
DFT	Discrete Fourier Transform	离散傅里叶变换
DLF	Digital Loop Filter	数字环路滤波器
DPCM	Differential PCM	差分脉冲编码调制
DPSK	Differential PSK	差分相移键控
DM	Delta Modulation	增量调制
DSP	Digital Signal Processing	数字信号处理
DTMF	Dual Tone Multiple Frequency	双音多频
DVB	Digital Video Broadcasting	数字电视广播
DWT	Discrete Wavelet Transform	数字小波变换
	E	
ECL	Emitter-Coupled Logic	射极耦合逻辑
EDA	Electronic Design Automation	电子设计自动化
ESA	European Space Agency	欧洲空间局
	F	
FDD	Frequency Division Duplex	频分双工
FDMA	Frequency Division Multiple Access	频分多址
FEC	Forward Error Correction	前向纠错
FFT	Fast Fourier Transform	快速傅里叶变换
FM	Frequency Modulation	调频
FPGA	Field Programmable Gate Array	现场可编程门阵列
	G	
GFSK	Gaussian Frequency Shift Keying	高斯频移键控
GIF	Graphics Interchange Format	图形交换格式
GMSK	Gaussian MSK	高斯最小频移键控
GSM	Global System for Mobile Communications	全球移动通信系统
	H	
HDB_3	3rd Order High Density Biploar	三阶高密度双极性
HDSL	High-bit-rate Digital Subscriber Line	陆地广播、高速数字用户环路
HDTV	High-definition Television	高清晰度数字电视
HPA	High-power Amplifier	高功率放大器
	I	
IDFT	Inverse Discrete Fourier Transform	离散傅里叶逆变换
IFFT	Inverse Fast Fourier Transform	快速傅里叶逆变换

续表

	I	
IRD	Integrated Receiver Decoder	综合接收解码器
ISI	Intersymbol Interference	码间干扰
ITS	Institute for Telecommunications Science	电信科学协会
ITU	International Telecommunications Union	国际电信联盟
	J	
JPEG	Joint Photographic Experts Group	联合图像专家组
	L	
LDPC	Low Density Parity Check code	低密度奇偶校验码
LOS	Line of Sight	视距
	M	
MAC	Media Access Control	介质访问控制
MCPC	Multiple Channel Per Carrier	每载波多路
MCU	Micro-Control Unit	微控制器
MLSE	Maximum Likelihood Sequence Estimate	最大似然序列检测
MSE	Mean Square Error	均方误差
MSK	Minimum Shift Keying	最小频移键控
	N	
NASA	National Aeronautics and Space Administration	(美国)国家航空和宇宙航行局
NMT	Nordic Mobile Telephone	北欧移动电话
	O	
OFDM/OFDMA	Orthogonal Frequency Division Multiplexing	正交频分复用
ONU	Optical Network Unit	窄带光网络单元
OQPSK	Offset Quadrature Phase Shift Keying	偏置正交相移键控
	P	
PCM	Pulse-Code Modulation	脉冲编码调制
Pdf	Probability density function	概率密度函数
PLL	Phase-Locked Loop	锁相环
PN	Pseudo Noise	伪噪声
PPV	Pay Per View	付费电视
PSNR	Peak Signal-to-Noise Ratio	峰值信噪比
	Q	
QAM	Quadrature Amplitude Modulation	正交振幅调制
QoS	Quality of Service	服务质量
	R	
RLE	Run-length Encoded	行程长度压缩编码
RMSE	Root MSE	均方根误差
RSC	Recursive Systematic Convolution Code	递归系统卷积码

续表

	S	
SATA	Serial Advanced Technology Attachment	串行高级技术附件，一种基于行业标准的串行硬件驱动器接口
SCO	Synchronous Connection Oriented	同步面向连接链路
SCPC	Single Chanel Per Carrier	单路单载波
SDTV	Standard Definition TV	标准清晰度数字电视
SDU	Service Data Unit	业务数据单元
SIG	Special Interest Group	特别兴趣小组
SNR	Signal Noise Ratio	信噪比
SQPSK	Staggered QPSK	参差四相相移键控
SOPC	System on a Programmable Chip	片上系统
STC	Space Time Code	空时编码
	T	
TACS	Total Access Communications System	全入网通信系统
TCL	Transmission Convergence Sublayer	传输汇聚子层
TCM	Trellis Coded Modulation	网格编码调制
TDD	Time Division Dual	时分双工
TDM	Time Division Multiplexing	时分复用
TDMA	Time Division Multiple Access	时分多址
TPC	Turbo Product Codes	Turbo 乘积码
TTL	Transistor-Transistor Logic	晶体管-晶体管逻辑
	V	
VCM	Variable Coding Modulation	可变编码调制
VHDSL	Very-High-bit-rate Digital Subscriber Line	超高速数字用户环路
VOD	Video-On-Demand	视频点播
	W	
WLAN	Wireless Local Area Network	无线局域网
WLL	Wireless Local Loop	无线本地环路
WMAN	Wireless Metropolitan Area Network	无线城域网

附录 C DVB-S2 中（码率 2/3，n_{ldpc} = 64800）LDPC 码编码相关数据

0 10491 16043 506 12826 8065 8226 2767 240 18673 9279 10579 20928
1 17819 8313 6433 6224 5120 5824 12812 17187 9940 13447 13825 18483
2 17957 6024 8681 18628 12794 5915 14576 10970 12064 20437 4455 7151
3 19777 6183 9972 14536 8182 17749 11341 5556 4379 17434 15477 18532
4 4651 19689 1608 659 16707 14335 6143 3058 14618 17894 20684 5306
5 9778 2552 12096 12369 15198 16890 4851 3109 1700 18725 1997 15882
6 486 6111 13743 11537 5591 7433 15227 14145 1483 3887 17431 12430
7 20647 14311 11734 4180 8110 5525 12141 15761 18661 18441 10569 8192
8 3791 14759 15264 19918 10132 9062 10010 12786 10675 9682 19246 5454
9 19525 9485 7777 19999 8378 9209 3163 20232 6690 16518 716 7353
10 4588 6709 20202 10905 915 4317 11073 13576 16433 368 3508 21171
11 14072 4033 19959 12608 631 19494 14160 8249 10223 21504 12395 4322
12 13800 14161
13 2948 9647
14 14693 16027
15 20506 11082
16 1143 9020
17 13501 4014
18 1548 2190
19 12216 21556
20 2095 19897
21 4189 7958
22 15940 10048
23 515 12614
24 8501 8450
25 17595 16784
26 5913 8495
27 16394 10423
28 7409 6981
29 6678 15939
30 20344 12987
31 2510 14588
32 17918 6655
33 6703 19451
34 496 4217
35 7290 5766

36 10521 8925
37 20379 11905
38 4090 5838
39 19082 17040
40 20233 12352
41 19365 19546
42 6249 19030
43 11037 19193
44 19760 11772
45 19644 7428
46 16076 3521
47 11779 21062
48 13062 9682
49 8934 5217
50 11087 3319
51 18892 4356
52 7894 3898
53 5963 4360
54 7346 11726
55 5182 5609
56 2412 17295
57 9845 20494
58 6687 1864
59 20564 5216
0 18226 17207
1 9380 8266
2 7073 3065
3 18252 13437
4 9161 15642
5 10714 10153
6 11585 9078
7 5359 9418
8 9024 9515
9 1206 16354
10 14994 1102
11 9375 20796
12 15964 6027
13 14789 6452
14 8002 18591
15 14742 14089
16 253 3045
17 1274 19286
18 14777 2044
19 13920 9900

20 452 7374
21 18206 9921
22 6131 5414
23 10077 9726
24 12045 5479
25 4322 7990
26 15616 5550
27 15561 10661
28 20718 7387
29 2518 18804
30 8984 2600
31 6516 17909
32 11148 98
33 20559 3704
34 7510 1569
35 16000 11692
36 9147 10303
37 16650 191
38 15577 18685
39 17167 20917
40 4256 3391
41 20092 17219
42 9218 5056
43 18429 8472
44 12093 20753
45 16345 12748
46 16023 11095
47 5048 17595
48 18995 4817
49 16483 3536
50 1439 16148
51 3661 3039
52 19010 18121
53 8968 11793
54 13427 18003
55 5303 3083
56 531 16668
57 4771 6722
58 5695 7960
59 3589 14630